02

新知
文库

XINZHI

Spice:
The History of
a Temptation

Published by Harper Collins Publishers 2004 Copyright © Jack Turner 2004

香料传奇

一部由诱惑衍生的历史

［澳］杰克·特纳 著 周子平 译

生活·讀書·新知 三联书店

Simplified Chinese Copyright © 2015 by SDX Joint Publishing Company.
All Rights Reserved.
本作品简体中文版权由生活·读书·新知三联书店所有。
未经许可，不得翻印。

图书在版编目（CIP）数据

香料传奇：一部由诱惑衍生的历史／（澳）特纳著．周子平译．—2 版．—北京：生活·读书·新知三联书店，2015.10 （2019.7 重印）
（新知文库）
ISBN 978-7-108-05468-5

Ⅰ.①香…　Ⅱ.①特…②周…　Ⅲ.①香料-史料-世界　Ⅳ.① TQ65-091

中国版本图书馆 CIP 数据核字（2015）第 194465 号

责任编辑　徐国强
装帧设计　陆智昌　康　健
责任印制　徐　方
出版发行　生活·讀書·新知 三联书店
　　　　　（北京市东城区美术馆东街 22 号 100010）
图　　字　01-2018-7865
网　　址　www.sdxjpc.com
经　　销　新华书店
印　　刷　北京隆昌伟业印刷有限公司
版　　次　2007 年 8 月北京第 1 版
　　　　　2015 年 10 月北京第 2 版
　　　　　2019 年 7 月北京第 8 次印刷
开　　本　635 毫米×965 毫米　1/16　印张 25
字　　数　312 千字　图 29 幅
印　　数　38,001-43,000 册
定　　价　42.00 元

（印装查询：01064002715；邮购查询：01084010542）

新知文库

出版说明

在今天三联书店的前身——生活书店、读书出版社和新知书店的出版史上，介绍新知识和新观念的图书曾占有很大比重。熟悉三联的读者也都会记得，80年代后期，我们曾以"新知文库"的名义，出版过一批译介西方现代人文社会科学知识的图书。今年是生活·读书·新知三联书店恢复独立建制20周年，我们再次推出"新知文库"，正是为了接续这一传统。

近半个世纪以来，无论在自然科学方面，还是在人文社会科学方面，知识都在以前所未有的速度更新。涉及自然环境、社会文化等领域的新发现、新探索和新成果层出不穷，并以同样前所未有的深度和广度影响人类的社会和生活。了解这种知识成果的内容，思考其与我们生活的关系，固然是明了社会变迁趋势的必需，但更为重要的，乃是通过知识演进的背景和过程，领悟和体会隐藏其中的理性精神和科学规律。

"新知文库"拟选编一些介绍人文社会科学和自然科学新知识及其如何被发现和传播的图书，陆续出版。希望读者能在愉悦的阅读中获取新知，开阔视野，启迪思维，激发好奇心和想象力。

生活·读书·新知三联书店
2006年3月

献给海伦娜

目 录

8	地图
9	地理大发现时代的香料
11	哥伦布对大西洋和印度群岛的观念
13	达·伽马的航行路线，1497—1499年
14	麦哲伦环球航行路线，1519—1522年
19	导言　香料的概念
1	**第一部分　香料竞逐**
3	第一章　香料搜寻者
3	驱使千舟竞发的口腹之欲
13	基督徒与香料
26	西班牙人与葡萄牙人之间的论辩和争斗
39	天堂里的香气
59	**第二部分　味觉**
61	第二章　古人的饮食口味
61	芳香物
72	香料腌制的鹦鹉和加填料的睡鼠
78	特里马尔其奥的香料
92	失势，衰落，残存

- 112 第三章 中世纪欧洲
- 112 　　"乐土"的风味
- 122 　　盐、蛆、腐肉？
- 138 　　弑君的七鳃鳗和致命的海狸
- 149 　　贵族的象征

165 第三部分 肉体

- 167 第四章 生命之香料
- 167 　　法老的鼻子
- 182 　　修道院长埃尔哈德的抱怨
- 200 　　天花、瘟疫、香丸

- 210 第五章 爱之香料
- 210 　　当老夫娶了少妻时
- 219 　　热素
- 231 　　香料姑娘
- 256 　　如何让小阴茎展雄风

261　**第四部分　精神**

263　第六章　神之食物

263　　神烟

279　　神之鼻

287　　神圣的气味

296　　旧世纪，新世纪

308　第七章　清淡总相宜

308　　圣贝尔纳的家庭风波

326　　不义之财

337　尾声　香料时代的结束

361　鸣谢

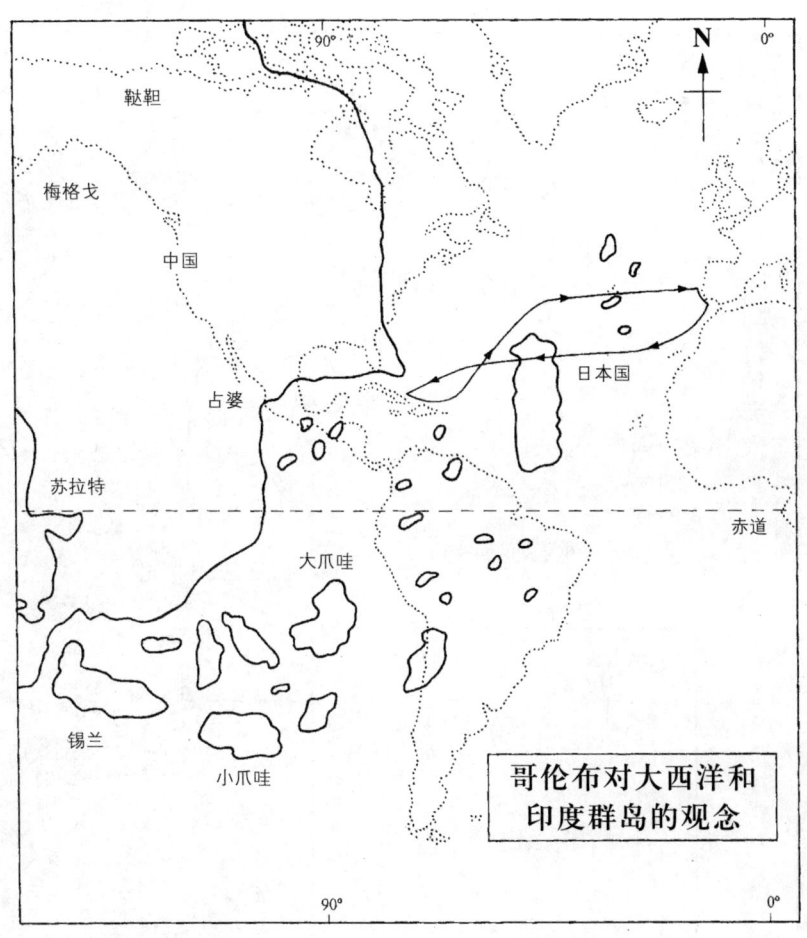

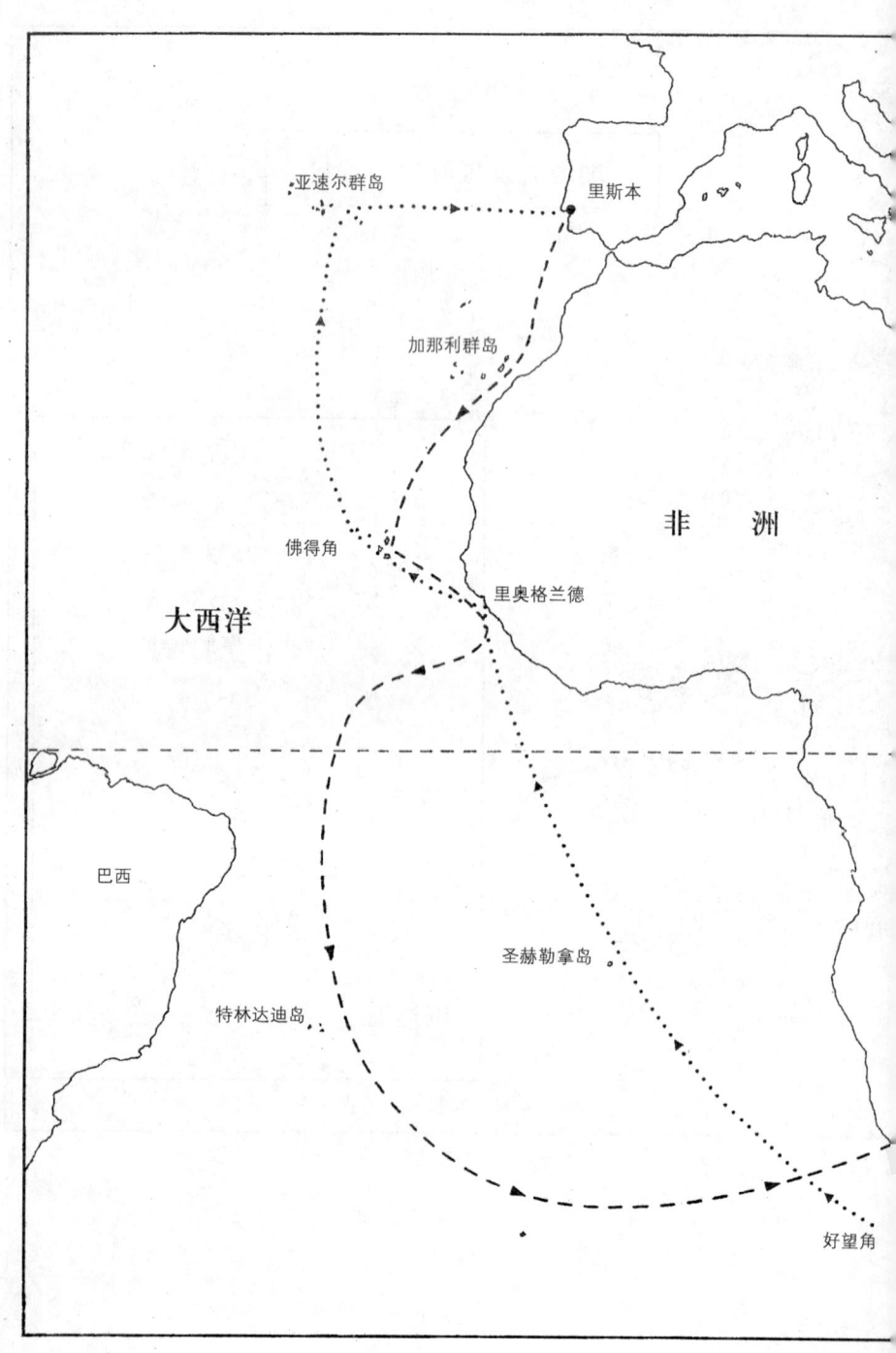

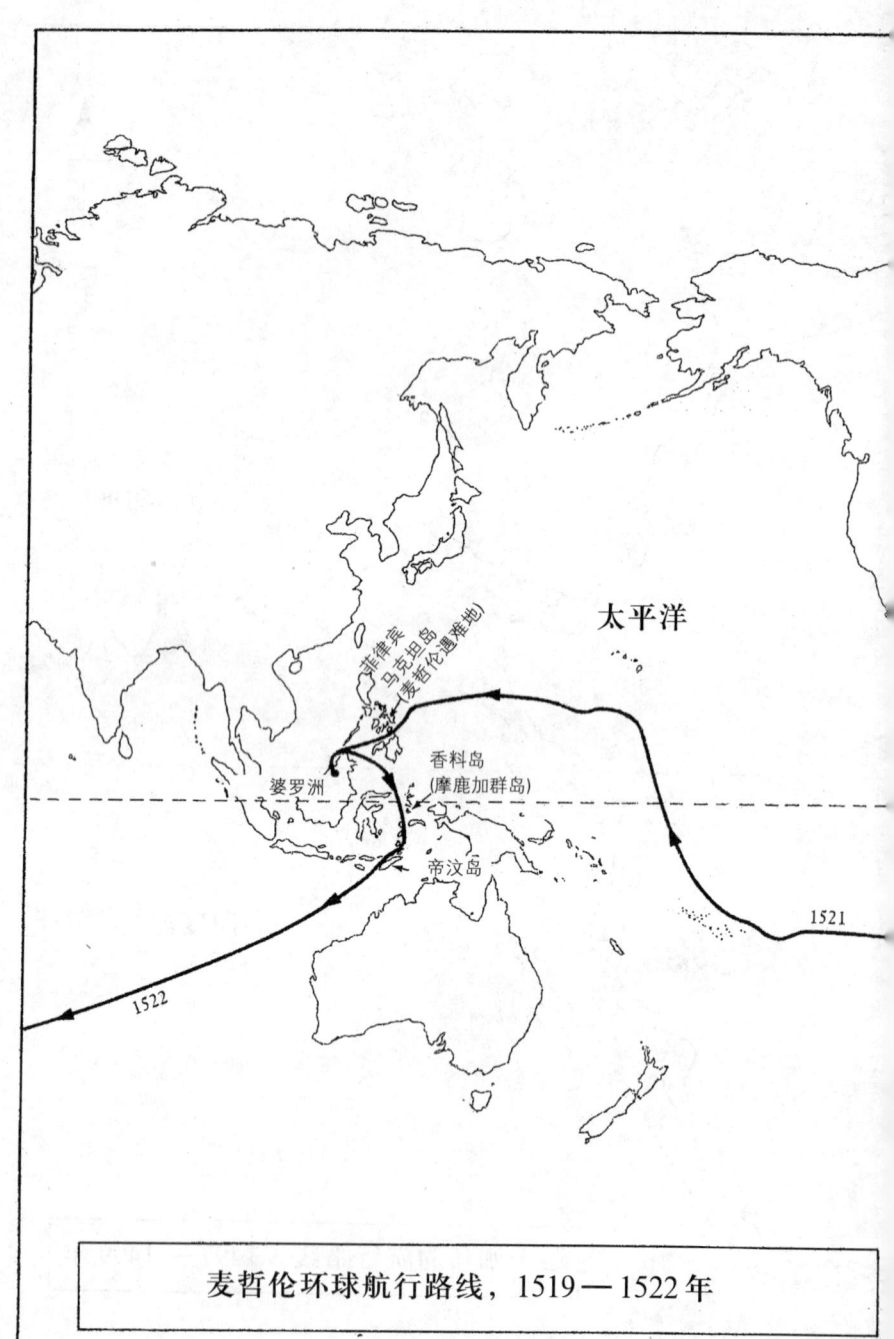

麦哲伦环球航行路线，1519—1522年

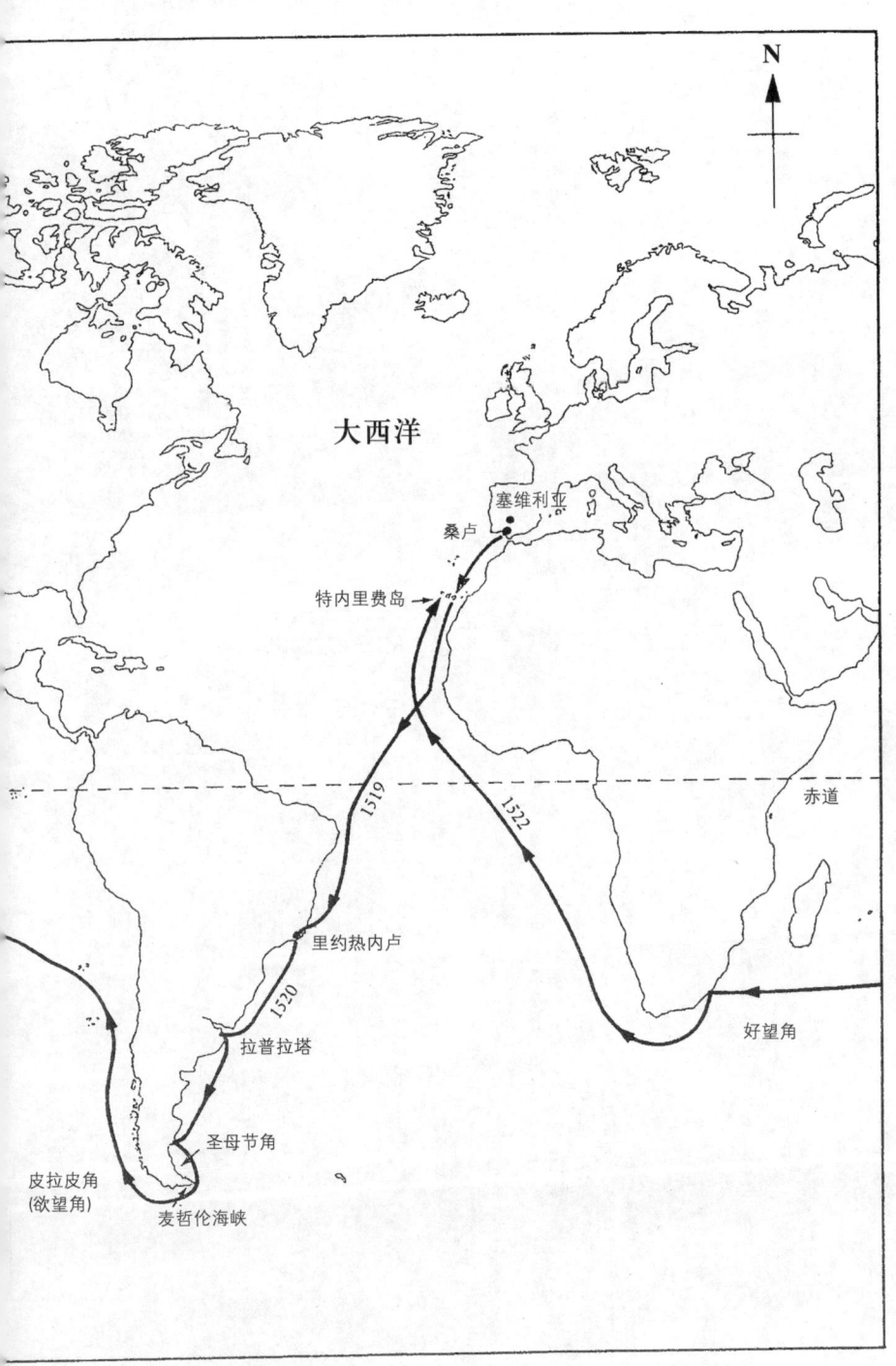

丁香树
原载克里斯托瓦尔·阿科斯塔《论印度东方的药材与药品》
（布尔戈斯，1578年）

导言
香料的概念

> 一位叫克里斯托弗·哥伦布的热那亚人向罗马天主教国王和王后建议,派遣船队从这个国家①的最西端出发去探索印度沿岸的群岛。他请求给他提供船只和航海所需的一切,并许诺说,他们此行将不但是去传播天主教教义,而且肯定能带回多得想象不到的珍珠、香料和金子。
>
> ——殉道士彼得《新世界》(1530年)

那是在阿尔德盖特小学,有一天,我们在讨论了恐龙和金字塔之后,话题转到了"大发现时代"。老师拿出一张印有插图的大地图,上面标着哥伦布和他的探险伙伴们横跨地球的巨大弧线。他们驾驶着桶状的大帆船航行在独角鲸腾跃的海面上,各色鲸鱼喷着水柱,长着厚厚的下巴的头顶上绽放着絮状的云朵。鹦鹉在头上飞翔,身着盔甲的高傲绅士们在新发现的陆地的海滩上小心翼翼地前行,向当地人询问,他们是否愿意皈依基督教,或者是否碰巧有些什么香料。

作为10岁的儿童,我们看不出他们的这些询问有些什么特别的道

---

① 指意大利。——译者注

理。我们是一群吃比萨饼的异教徒。至于香料，老师告诉我们说，由于中世纪欧洲人吃的东西极为粗劣，需要大量的胡椒、生姜和桂皮以遮盖咸盐和质地粗糙又不新鲜的肉的味道。那是中世纪时代，人们只能吞食这些东西。这我们怎么能不同意呢？看来是颇有道理的，特别是对当时中学历史课本中普遍存在的那些令人困惑的内容来说：不管是拖着雪橇走到南极的饱受冻疮之苦的挪威人，还是那些寻找并不存在的大海和河流的干渴得奄奄一息的探险者，还是携带十字架去从异教徒手中夺取圣物匣的骑士，这一切在一个10岁的男学生看来都是一些怪异之举和无意义的追求。而这里所说的这些发现者则多少要更明智些，更人性些：我们学校的伙食固然糟糕，他们的则坏得要乘船环绕世界去寻求解药，在一个10岁的澳大利亚孩子看来这不但可信，而且也是和我们很有关系的，正由于此，我们这里才成了英国人的殖民地。

以我一个10岁的蒙童的眼光看来这里说得有一定道理，虽然已是有很大修整的说法。最早到亚洲的英国人的确是去寻找香料的，正如在他们之前的伊比利亚发现者一样（澳大利亚因为没有香料便成为晚些时候的探索之地）。香料是探索发现的催化剂，扩大一些，用通俗历史学家有些滥用的词语来说，它们重塑了世界。葡萄牙、英国、荷兰在亚洲的领地略微夸张一点说乃是由寻找桂皮、丁香、胡椒、肉豆蔻仁和肉豆蔻皮等始而形成的，而美国的领地也多少如此。是的，不论在现代还是几百甚至几千年前，对香料的渴求都是激发人类探索的巨大动力。为了香料的原因，财富聚了又散，帝国建了又毁，以致一个新世界由之发现。千百年来，这种饮食上的欲求驱使人们横跨这个星球，从而也改变着这个星球。

可是从现代人的眼光看来，香料竟会有这么强大的吸引力，看来也很费解。我们总会想：不管食物差到什么程度，那些异域的辛辣调料值得这样小题大做吗？在一个人们把经商的能量投入到追求武器、石油、矿产、旅游和毒品这类缺乏诗意的商品上的时代，那种把这些能量投入到寻找似乎不那么重要的香料上的做法，在我们看来也实在是一种难以参透之谜。

可是在另一种意义上说，香料的吸引力今天在我们身边也仍然存在。只要你用遥控器在美国电视节目的低端搜索的时间够长，用不了多久你便会在脱口秀和疯狂的赛车节目之间找到一个叫做"香料"(Spice)的色情节目频道。对它的内容你可能会有些迷惑——我开始还以为那是个教烹调技术的频道，可是看到那些有着充了气一般巨乳的妖艳女郎在上下起伏的油光闪亮的躯干下销魂荡魄的广告时，你的疑惑就会顿时消散了。选用"香料"做频道的名称我想是为了起一种联想的作用：它暗示一种奇异而禁忌的愉悦，同时预示一种强烈的味道——市郊淫荡的场景和游泳池边气喘吁吁的邂逅。少量的一点，会引发适度的兴奋，过量则会使感觉麻木。

这样理解大概不会错的。可是虽然"香料"频道可能显示了美国电视某些创造性的特点，读者会认为它对香料本身并没有告诉我们什么东西。然而事实是，这个词所包含的色情方面的联想是古已有之的，香料一直被与性欲相连，现在看来仍然是这样，至少在电视领域里是如此。香料在古代就有着春药的名声，而这个词的色情方面的弦外之音不过是一种比喻的残留物。除了"香料"频道，这种联想还有许多其他方面的共鸣，其中有关这个论题的权威者如巴巴拉·卡特兰——她写了七百多本爱情小说——在其所写的有关春药的烹调书《爱之膳》(*Food for Love*)的前言中就许诺说："要把香料带入你的生活！"早在电视的发明和这位爱情小说家之前有一部《雅歌》(*the Song of Songs*)集，其中对情人的联想是"长着精美水果的石榴园，散沫花和缬草，缬草和藏红花，菖蒲和肉桂，树木繁多——乳香，没药，芦荟，香料荟萃……"①不管是有意还是无意地，卡特兰在把香料和爱情联系在一起时，她沿袭了一种可以追溯到古代巴勒斯坦人的文学传统。

当然，"香料"所蕴涵的绝不只是一种朦胧的情欲的联想。除了浪漫故事（如果可以用这个词的话）外，更有富于浪漫情趣的作者，在他们看来，香料是与想象中神秘而华贵的东方形象密切相连的，这个词充满了诗意。在《仲夏夜之梦》中，泰坦尼娅告诉奥伯龙她与一个低能者的母亲在"印度弥漫香料味的氛围"中的谈话；在新英格兰农庄的阴郁环境中赫尔曼·梅尔维尔②想象着魔幻般的有着漫野青翠的香料园的东方岛屿。更有无数人，对他们来说，香料和香料贸易唤起的是各种模糊、诱人的景象：漂荡在热带海洋上的独桅帆船，东方集市的阴凉角落，大漠中逶迤穿行的阿拉伯人骆驼商队，闺房撩人欲望的馨香，蒙兀尔人宫廷的香筵。华尔特·惠特曼③站在加利福尼亚向西瞭望，所见的是东方"鲜花锦簇的半岛和香料遍地的岛屿"。马洛④写道："从亚历山大出发的船队，满载香料和丝绸，正扬着风帆……沿坎迪海岸缓缓驶过。"丁尼生⑤也以同样的抒情笔调赞美"无垠的东方"，"海浪溅起的碎沫冲刷着／肉豆蔻海礁和丁香岛"。香料和与之有关的贸易历来是爱德华·赛德所称的东方学者的丰富的想象力的产物之一。从辛巴德古代阿拉伯故事集到几部最近的（往往也同样奇妙的）非虚构畅销小说，这些学者以想象奇幻、诱人、浪漫和冒险之事

---

① 缬草是一种产于喜马拉雅山脉的芳香植物，古时用于制香水和油膏。菖蒲是一种半水生草本芳香植物，广泛分布于从黑海到日本的地区，用途与缬草类似。乳香和没药是一种胶粘芳香树脂，产于南阿拉伯和非洲之角地区。乳香在古代主要用于做焚香。没药用途广泛，可制焚香、调料、尸体防腐剂等。
② 梅尔维尔（1819—1891年），美国小说家，作品多反映航海生活。——译者注
③ 惠特曼（1819—1892年），美国诗人。——译者注
④ 马洛（1564—1593年），英国戏剧家、诗人。——译者注
⑤ 丁尼生（1809—1892年），英国诗人。——译者注

而出名。梅斯菲尔德①的诗歌《货物》(Cargoes)中的怀旧情愫仍使我们感动,诗中写道:

> 从地峡之处驶来的堂皇富丽的西班牙帆船,
> 沿着长满绿色棕榈树的海岸穿越赤道,
> 船上满载着钻石、翡翠、紫水晶、
> 黄玉、桂皮香料,
> 还有葡萄牙金币。

这一切与梅斯菲尔德时代满载"泰恩煤"和"便宜的锡盘子"的"肮脏的英国海港船"相比,可谓天上地下。

与我们时代商船所载的货物当然更为不同,但香料自身所负载的含义大部仍潜藏在我们的头脑中,它们仍然在我们心中唤起一种超乎调料的东西,一种由语词引起的辛辣余味,一种无比华贵富庶的昔日的回响。当这些典型的东方货物运抵西方的时候,它们已经具有了一段富有意义的历史,在这方面它们可以和少数几种其他食物相比,能够与其所载的意义之重、之丰富相比者只有面包("今日请赐予我们每日所需的面包")、食盐("大地之盐")和酒("酒中寓有真理"②,不过烈酒也常与死亡、生命、欺骗、无度、人的嘲弄者或一面镜子等含义相连)。但是香料所负载的象征意义比这些比拟的寓意更为复杂多样和有更大的矛盾性。当香料被船和骆驼商队从东方运来的时候,它们自身也带着无形的负载,那些加于它们身上的众多联想、神秘和幻象。这既使一些人对它们趋之若鹜,也使另一些人唯恐避之不及。千百年来,香料一直承载着这些加于它们身上的寓意重负,这使人们

---

① 梅斯菲尔德(1878—1967年),英国诗人。——译者注
② 括号中的引语均出自《圣经》中耶稣之口。——译者注

既爱之又恶之。

　　如何对这些作出解释呢？香料的这些负载是从何而来的呢？本书的目的就是对这些问题作出回答。与在我那遥远的教室中所得到的那些确定的想法相反，对人类食欲上的这一偏爱作出解释绝不是三言两语所能做到的：香料对于人的吸引力远远不止是一种解决吃食问题的权宜手段，中世纪的人所吃的东西也并不像我们现代人通常所想象的那般差。这是一段曲折繁复、历经数千年的历史，它的开端始于埋在叙利亚荒漠之中的被烧黑了的陶罐中的一小把丁香。在幼发拉底河岸的一个小镇上，一位名叫普兹拉姆的男子的住房被一场大火所烧毁，这从宇宙的大视角来看不过是一个小事件：一栋新房又在老房的废墟上盖了起来，以后旧的又去，新的又盖，如此往复不尽，而生活也就这样地延续，延续。终于到了有一天，一支考古队来到如今位于这些废墟上的一个尘土飞扬的村庄，他们在普兹拉姆曾经住过的房中、在堆积着的烧焦的泥土中挖掘出一批刻有文字的泥板。可庆幸的是（此乃对考古学家而非普兹拉姆而言），那场把房子烧毁的大火把那些易碎的泥板烧成了坚实的瓷片，如在窑中烘烤过一般，这使得它们历经千年而留存了下来。另一件值得庆幸的事是，这些瓷片中有一块上提到当地的一位统治者，从其他资料上查得是雅迪克—阿布王(King Yadihk-Abu)。他的名字使得那场大火以及那把丁香的年代被确认为发生在公元前1721年前后。

　　这些丁香能留存下来这一事实本身已经是奇迹了，而这一发现的真正令人惊奇之处在于它是一个植物学上的奇事。在近代之前，丁香生长于今日印度尼西亚群岛最东边的5个小火山岛上，其中最大的横向也不过10英里（约16公里）。由于丁香只生长在这个合称为摩鹿加群岛的5个小岛上，德那地、蒂多尔、莫蒂、马基安和马赞在16世纪成了家喻户晓的名字，成为相距半个地球之远的各个帝国竞相掠夺的对象。在德那地和蒂多尔之间的争夺中，塞万提斯为他的小说《摩鹿加公主》找到了一个适当的具有异国情调的背景。尽管对于16世纪的读者来说摩鹿加群岛充满魅力，可在普兹拉姆的时代，可以肯定地说，就连最富于想象力的人也不曾想到。因为那是一个美索不达米亚的刻写家用他们的楔形文字刻写英雄吉尔伽美什的故事的时代，是野人胡姆巴巴在黎巴嫩雪松森林中大步流星奔走的时代，是魔仆和狮人在天涯海角游荡的时代。在指南针、地图、生铁出现之前几百年，当世界还处于比它后来的样子要远为广漠和神秘的时候，丁香竟然从摩鹿加群岛冒着烟的热带火山锥来到叙利亚的焦渴的沙漠。这是怎么发生的？是谁把它们带到了那里？这只能任人的神思去遐想了。

自普兹拉姆的丁香遭火劫之后，历史上还出现了许多更有名的丁香搜寻者：克里斯托弗·哥伦布、瓦斯科·达·伽马、费迪南德·麦哲伦，他们冒着坏血病、海难、漫漫长途和无知的风险去找寻"香料生长之地"，其结果可说既有喜又有忧。此外更有一些令人敬畏而英勇的无功而返：塞缪尔·德·尚普兰和亨利·哈得逊在加拿大积雪的荒漠中遍寻肉豆蔻而不得；朝圣的牧师们搜寻过寒冷的普利茅斯丛林；有人冻死在诺维雅·真木尔雅的冰山之间，有人将白骨留在了无名的海岸，半个地球无处不是他们搜寻的目标。

这些寻找香料的探险故事已见于许多书中的记载，本书以下要追寻的不是香料之途的曲折艰难，也不是那些在这些征途上探险的商人们（多为不幸的）的命运。本书不是一部香料贸易史，至少不是在通常的、记述性意义上的香料贸易史。我不打算去追索把丁香带给普兹拉姆或把肉豆蔻带给西班牙国王的曲折的路途，更不是要揭示香料如何"改变了世界"（那些过于热切地抱有这种观点的人可以去看卡罗·希波拉写的热闹的讽刺剧《胡椒——历史的马达》(Le poivre, moteur de l'histoire)。事实上，我对因果关系、对香料如何塑造世界的棘手问题不是那么感兴趣，我更感兴趣的是世界如何围绕香料发生变化的：为什么香料有如此巨大的吸引力，这种吸引力是怎么发生、发展和衰落的。在着重记述香料贸易所满足的人的食欲上的那种偏好时，我这里所作的并不是对一种贸易的研究，而是对它得以存在的原因的研究。

这些原因比我们乍想起来的要复杂得多。味道只是香料的众多诱人之处之一，香料有很多奇香怪味，它们并不都是可供我们在餐桌上享用的，有些味道人们甚至并不喜欢。和香料久远的烹调方面的历史夹缠在一起的还有一些更古老的、直到晚近的时代仍然存于那些香料的消费者们头脑中的作用。除了给那些咸而无味的牛肉增加味道以及调剂四旬斋日乏味单调的鱼食之外，香料还被用于广泛的目的，诸如召唤神灵、祛病驱邪、防止瘟疫等。它们还可以重燃衰微的欲火，或者用某位作者的话说，使短小的阳物重振雄风——这种说法一定会使"香料"频道的那些策划者们感到高兴。作为药物它们有着无可匹敌的名声，它们被比做忠实的信徒，比作可以扇起火山般情欲的种子。

可是，如果说它们颇得人们的喜爱，它们同样也遭人怀疑。就在年代不很久远的一个时期，曼恩海岸一些较为守旧的居民还常常听到人们讥讽他们"虔诚得不会去吃黑胡椒"。这提醒人们，或许是无意识地，曾有一个时期胡椒是一种禁忌食物。它不但告诉人们有一群有违习惯的人，同时也揭示了有一种颇为含混和存有矛盾的饮食偏好。因为当批评者（这样的人可不在少数）在解释为什么香料遭人厌弃的时候所举的理由正是那些崇尚者所爱之慕之的原因：有助于提味、展示于人、保健和增强性功能这些益处，在他们说来成了骄傲、奢侈、贪食和沉迷情色等不赦的恶习。它们绝不是一种不遭非难的饮食口味，而这也正是它们的魅力所在。只有从香料这种既受喜爱又遭厌弃的复杂的双重特性来检视它们，才能够充分描述这种饮食偏好的强烈程度，换句话说，也才能说明我们在阿尔德盖特小学听说的那些探险家们为什么千里迢迢来到异国的海岸，以其身后的基督教徒的大炮和巨船撑腰，向当地人强索桂皮和胡椒。

凡作者都倾向于夸大自己选题的重要性，我也希望我这里对一种饮食偏好所作的剖析不被仅仅看做是一种尚古主义。各类作家如贾里德·戴尔蒙德(Jared Diamond)和金特尔·格拉斯(Günter Grass)，都曾评论过食物在塑造人类的命运过程中所起的巨大（但却奇怪地多为人所忽略的）作用，这种作用即使在环境恶化的时代看来也不大会改变。在这个领域里香料占有特殊的一席之地，尽管它们从营养学的角度来说并非必要之物，可是为获取它们所从事的那些贸易活动对于世界历史发展中的两个最重要的问题却有着根本的重要性：欧洲与广大外部世界接触的缘起，其最终的崛起并占统治地位。因此，简而言之，这里的出发点是种学术上的兴趣。但是在以下的章节中，我避免涉及因果关系的问题，而把注意力集中于更切身的和人性方面的问题。本书的写作带有这样一种意识：历史常常被篡改而使之变得易于接受，香料就是一个极好的例子。它们常常被归于经济或烹调的领域，这使其充满奇幻和魅力的历史变得大为减损，它们对人的根本的吸引力所在被埋没于物质主义的经济和政治历史的沼泽中。巨型帆船、海盗和开拓者的记述故事读起来当然更有趣味，但它们对于解释香料贸易为什么会存在毕竟作用不大。

如果说我有一个论点的话，那就是我认为，香料在人们的生活中起着比我们通常所认为的要更为重要、更不寻常和多方面的作用。尽管这种说法听起来有些新奇，但是却包含着一种深层的历史的要点。因为，从根本上来说，与向欧洲提供香料相连的那一伟大历史的发展乃起源于一种人类的需要：一种感官、情绪和情感的需要；起源于朦胧的味觉和信仰的领域。所有那些伟大的、由香料所引发的活动和戏剧性事件，所有那些战争、渡海、英勇、野蛮和徒劳都难以捉摸地起源人们对于香料的情感、感觉、印象和态度。香料贸易之存在本身、哥伦布渡海寻找虚幻的美洲香料、考古学家在叙利亚沙漠发现4000年前的丁香——这些都是能让历史和考古学家们作无穷猜想的事件，研究者们的猜想使其变得更为细微和详尽。但是一个易为人忽略的而其他种种由之引发的问题是：香料贸易为什么得以存在？这一切都源于欲望。

十分明显的是，对于这样一个短时存在的课题，读者和作者双方都要表现一定的灵活性。香料的故事是一团散着香气却头绪万千、难于梳理的历史乱麻。历经数年试图从中理出个头绪的努力使我懂得，根本不可能把它们编织成较为齐整、明晰的线索，像历史学家通常对时间和空间的梳理那样。这里我不采用记叙的方式，而是试图在这样一个散漫的课题的斑驳杂陈的事实中分离出一些有根据的习俗传统，梳理出香料历史上一些重要的有连贯性的东西，并追随其时代的演变。结果有点像复调音乐，虽然并没有得出令人满意的解决方法。

本书开头对历史学家所称的"香料竞逐"作了简短的探讨，那是15世纪末到16世纪初欧洲花大力气搜寻香料的几十年时间。随后的几章探讨了作为这种搜寻驱动力的那种饮食上的欲望的一些主要特点，标题依次是：味觉，肉体，精神，它们分别讲述了和香料有关的烹调、性、医药、魔力和厌恶。末尾略述了香料后来失宠的一些原因：它们如何逐渐失去了人们的仰慕，最终退而成为今天这种只是使人略感特殊的食物。这些只是从一些广阔的视野来讲述的，不甚顾及习惯和年代上的顺序。不过我要说，这种依论题叙述的优点要超过它的缺点。一些中世纪的以至偶有现代的作者总是回顾数百年甚至千年的历史，为他们自身使用香料寻找先例和依据。事实上，我想做的一件事就是想揭示这种习俗传统是从多么遥远的古代延续下来的。我并不是想说从始至终有一套有关香料的观念不变地延续下来，我只是想说，香料有一种自身的传统，它是回响和回忆的共鸣，表面看来的很简单的食用香料的做法，实际有着沉重的历史负载。

在时间和空间中跳越还有其他一些好处。如果我的叙述不断从时空的某一点转向另一点，这实际上恰恰是香料自身经常发生的事：在一个有违常理的地方突然冒出来，一个它们本不应该在的地方。当然这样做的一个缺点是，每个这样的论题本身都值得写几本书，从第二天起我就被内容的丰富弄得不知所措。要解决这个问题只能用一支大刷子粗线条地勾画，别无其他办法。在我不得不借助特别笼统的概述的地方，同时尽量对有关的学术辩论的复杂和细微之处（如果存在的话）作一些注记。

在开始的时候首先对我所说的"香料"作一些概念的澄清大概是会有帮助的。以下罗列的这些远不是全面的，而且也不打算作为一种技术性的指导。事实上并不存在一个单一而令人满意的定义：如果去问一位化学家，一位植物学家，一位厨师或一位历史学家，香料是什么，你得到的将是完全不同的回答。甚至问不同的植物学家，你也会得到不同的定义。事实上，这个词本身，它的演变和贬值，正是贯穿本书的一个主题。

和通常一样，《牛津英语词典》（*OED*）是一个好的出发点：

> 从热带植物中提取的各种有强烈味道或香味的植物性物质，由于其所具有的香气和防腐性质，通常被用做调料或其他用途。

总括地说，香料并不是一种香草（这里指植物中带香味的叶状绿色部分），香草是叶片，而香料是从植物的其他部分获取的：树皮、根、花蕾、树胶与树脂、种子、果实或柱头。香草多生长在温带地区，香料则生长在热带地区。从历史上来说，这意味着香料比香草要难获取得多，因而也珍贵得多。

生长环境也从更根本上对香料作了解释。从化学角度来说，使香料具有香料特性的是这种植物所含的稀有的叫做油精和油脂体的高度挥发性化合物，正是它们赋予了香料特殊的味道、香气和防腐特性。植物学家把这种化学物质归类于次要化合物，这是因为它们对植物的新陈代谢来说是次要的，也就是说它们在光合作用或营养吸收过程中不起作用。然而次要不等于没有必要，它们的存在是由于一种进化反应，是植物对于其所生长的热带环境下的寄生虫、细菌、真菌的威胁的一种抵抗手段。简言之，香料的化学性质（归根到底是使香料成为香料的东西）从进化论的角度说即相当于刚毛之于豪猪，或躯壳之于乌龟。自然状态下的桂皮是一种一流的盔甲，肉豆蔻诱人的香味对于某些昆虫来说则是一种毒剂。香料的吸引力（从植物的角度来说）是达尔文进化论的一种反向结果，它们对人产生诱惑的恰是使一些动物对之拒斥的东西。①

当然，在历史上人们对于香料的化学性质或自然选择的奇事都是不可能知道的，使香料显得与众不同的是其他一些特点。在欧洲人发现美洲之前，那些稀有而珍贵的香料从实际的定义上说是来自亚洲的

---

① 香料对人来说如果食用过量也会是一种毒剂，长期过量食用肉豆蔻可诱发肝癌。

产物。地中海盆地也有不少本地土生的香料植物，其中许多香料现在都被普遍地与东方烹调联系在一起，如胡荽、孜然芹、藏红花等（中世纪时英格兰是藏红花的主要产地，这提示人们，香料的交易线路是双向的）。另一方面，一些以前被算做香料的东西今天已不再被归于此类。早在14世纪，佛罗伦萨商人弗朗西斯科·巴尔都西奥·派格罗蒂(Francesco Balduccio Pegolotti)曾写过一本有关商业概览的书，书中罗列了多达188种当时认为的香料，其中包括杏仁、橘子、食糖和樟脑。当凯普莱特小姐①要人拿香料时，她的保姆以为她要红枣和榅桲果。但是一般地说，香料的共同特点是体态小，耐保存，难获得。尤其要提一下的是，香料（spice）这个词带有一种独特、无可替代的含义。说香料是特殊之物（special）是同义语反复，事实上这两个词是同根词。正如它们的名称中蕴涵着非寻常之义，这名称也与魅力诱人相连。

从各种尺度来说，香料中最为特殊的也最具历史的重要性是胡椒，它是 Piper nigrum——一种产于印度马拉巴尔海岸的多年生爬藤植物的果实。它的蔓上长着密集细长的穗，上面结有成串的胡椒子，成熟时变为黄红色，宛如红浆果树丛。这种植物上长有三种真正的胡椒：黑胡椒、白胡椒和绿胡椒。最常见的黑胡椒在尚未成熟时即采摘，用开水稍浸，然后放在太阳下晒干。数天之后，其皮皱缩变黑，于是这种香料外表带有了一种特有的皱纹。白胡椒与黑胡椒为同一果实，只是在藤上留滞的时间略长，收获之后外壳由浸泡变软，晒干后在水中或用机械磨搓剥离。绿胡椒或腌胡椒子是在尚未成熟时即行采摘的，然后像黑胡椒一样，立即浸泡于盐水中。胡椒有几种相似物（这颇容易使人混淆），各属于不同的品种。Melegueta胡椒在中世纪时曾被广为使用，但现在仅见于一些卖特产品的铺子里，与长胡椒的命运

---

① 指莎士比亚剧本《罗密欧与朱丽叶》剧中的朱丽叶。——译者注

相同。（长胡椒因与黑胡椒同出于印度，更易混淆。Melegueta 胡椒则源于非洲。）通常与其他胡椒混在一起卖的颇好看的粉胡椒子则完全是另一种东西。这种源于南美洲的植物事实上是略带毒性的，它们之所以受欢迎乃是由于其外表而不是味道。

丁香则是不会被混淆的，它们是 Syzygium aromaticum[①]未成熟的干了的花骨朵。Syzygium aromaticum 是一种常青树，高可达 25 到 40 英尺（7.5 到 12 米），周身包裹着一种色泽鲜亮气味浓郁的叶子。如在桑给巴尔岛或印度尼西亚岛上香味馥郁的丛林中巡游一遭的话，会是一种难忘的经历。在以帆船航行的时代，据水手们称在距岛很远的海上即能闻到飘来的丁香香味。丁香花蕾是成串长着的，颜色由绿而黄，继而变粉，最后变为深赤褐色。像胡椒一样，采摘时机至为重要，因为花蕾必须在完全成熟之前即行采摘。在繁忙收获的几天里，部族中较为灵活的人爬到树端，用棍子把丁香花蕾打落，纷纷坠落的丁香花蕾被集于网中，然后拿去晾晒，使其在热带的骄阳下变黑、变硬，成为外观看来像钉子一样的东西，丁香也因而得名，其拉丁文名称 clavus 原义即为"钉子"。这种联想在几种主要语言中都是共通的。对丁香最早的确切记载见于中国的汉代（公元前 206—公元 220 年），当时"ting-hiang"（钉香）被用于大臣们在朝见皇帝前咀嚼，以改善口气。

由于历史和地理的原因，丁香常被与肉豆蔻仁和肉豆蔻皮联系在一起。后两者同生于一种叫做 Myristica fragrans 的树上。这种树上长有一种像杏一样的球根状橘黄色果实。收获时用长杆打落，收集于筐中。果实在干时爆开，露出其中小而带香味的核仁：亮棕色的肉豆蔻仁被包在朱红色的肉豆蔻皮网中。在太阳下晒干后，肉豆蔻皮与仁剥离，颜色由深红变为棕红。与此同时，里边的带香味的仁变硬，颜

[①] 有时亦被称为 Eugenia caryophyllata。

色从鲜亮的巧克力色变为灰棕色，像一个坚硬的木头弹子。据传说有来自康涅狄格的不道德的香料商人用一些廉价的木料削制成假肉豆蔻仁以欺骗不懂行的买主，这使该州被冠以"肉豆蔻州"的诨名。人们用"木头肉豆蔻"称那些假的或人造的肉豆蔻。谢勒·德维尔（Schele de Vere）在其有关19世纪的《美国风气》（*Americanisms*）一书中曾把新闻界和国会中那些制造假电报、政治骗局和虚假选举结果的人称为"木头肉豆蔻"。

掺假、被骗的买者和品种的误认是香料史上经常出现的话题，过去它们使买主苦恼，如今又使历史学家们在核实资料时犯难。这个问题对桂皮来说特别突出，后面我们将会谈到，它使对其研究变得特别复杂，至今学者仍在对之进行着在外行人看来很难理解的辩论。长有这种香料的桂树的学名是 Cinnamomum Zeylanicum，这是一种小的不起眼的常青树，外形有些像月桂，原产地是位于斯里兰卡岛西部和西南部的多雨地带。桂皮是由该树的内皮所制，用刀剥离，切成小块，置于太阳底下晾晒，使其卷曲成为干脆的像纸制的卷筒。桂树（cinnamon）最出名的亲缘植物是山扁豆肉桂（cassia）[①]，其原产地为中国，后广见于东南亚。山扁豆肉桂和其他一些肉桂品种被认为是桂树家族的穷亲戚，皮红而较粗糙，有更浓的辛香味。（山扁豆桂皮的生产也较容易和便宜，近代西方所出售的桂皮事实上多为这一种。）可以看到中世纪的消费者对桂皮的差异颇能适应，这有点出人意料，但并不很使人惊奇。

对最后一种主要的香料——生姜（Zingiber officinale），即使最没有鉴别力的人也不会搞错。人们种植生姜的历史如此之久远，以至于现在已经看不到野生的了。在所有的香料中，生姜是最好侍弄的，

[①] 本书有时亦译为"玉桂"。——译者注

也最容易移植。这种植物不能自己结子，其繁殖必须通过人工作根茎的切移。(在漫长的海上航行中，中国船员们在箱子中种植这种香料，用以防止坏血病。)只要周围的土壤和空气有足够的热度和湿度，生姜细长的茎很快就会发芽，开花为浅绿色密集的穗状，然后变为紫色，最后变黄。生姜香料是它的根，即块状根茎。不过，尽管生姜易于移植，在冷藏、空运和温室技术出现之前，欧洲人没有吃过新鲜的生姜，至少在欧洲的人没有。这种香料通过船和商队远道运来，有时用糖浆浸渍，但多数情况只是较为省事的干姜，粉状的或是整块的，那种特有的瘤状的块茎至今在中国的山货店仍然能够见到。

有关这些主要的、产自亚洲热带地区的香料就是本书的主要论题，"戏的主角"。在讲述的过程中偶尔会略微偏离它们，因为正如我们所看到的，"香料"从来不是一个很明确的范畴，曾有其他一些物种加入进来，后又被人们剔除，但这些是最重要和主要的，这不论从为之所付的代价、其来源和名声或是从人们对之需求的长久和强烈程度来说都是如此，这些香料自成一类。不过，虽然本书的直接论题是香料，在更广些的意义上，本书势必也要谈到欧洲和亚洲，谈到使得香料有吸引力的人们的那种口味，以及它们产生的一些连带关系。但是就大部分说，本书以下篇章中的情景和行为是从一个欧洲人的角度来写的，这部分地是由于我在语言上的局限性，但同时也是出于遵循所谓的"奇异性递增律"(the law of increasing exoticism)。一件皮大衣在莫斯科是寻常物，在迈阿密就成了奢侈品。当世界在人们看来是一个广漠之地时，对香料，特别是我们所谈的这些香料来说亦是如此。它们游离其原产地越远，就变得越有吸引力，就越能激起人们对之的情趣和抬高其价值，同时也被加以更多的异国情调。在亚洲为特殊的东西，到了欧洲就成了奇异之物。在欧洲人的奇想中，从来没有，以后大概也永远不会再有可以与之相较的东西了。

第一部分
香料竞逐

胡椒藤
原载彼得罗·马蒂奥利 *Commentarii in Sex Libros Pedacii Dioscoridis Anazarbei*（威尼斯，1565年）

第一章
香料搜寻者

> 当我发现印度群岛的时候,我说它们是世界上最富庶的领地,我谈及那里的金子、珠宝、钻石以及香料,连同它们的贸易和市场。因为这一切都没有马上出现,我遂成了人们嘲骂的对象。
>
> ——克里斯托弗·哥伦布第三次航行通信,写于牙买加
> (1503年7月7日)

驱使千舟竞发的口腹之欲

按照加泰罗尼亚人的传统,有关"新世界"的消息是在巴塞罗那的巴瑞·格蒂克(该城在中世纪时的城区)深洞般的、桶状并有拱形穹顶的"梯奈尔大厅"(Saló de Tinell)的宴会厅中正式宣布的。这里我们只能借助于传统习俗来描绘,因为对这一场面的见证的细节极其稀少,这给画家、诗人以及好莱坞的制片商们留下了在构想这一标志(至少是象征性地)中世纪与近代分界时刻的自由想象的空间。他们通常把它想象为一种有着适当排场的盛大场面,国王和王后亲临主持,各路精英会聚一堂:伯爵和公爵们珠光宝气,貂皮、天鹅绒加身;

主教峨冠博带；侍臣们身着笔挺的朝服；穿制服的各级侍从汗流浃背。外国使节和要人们目瞪口呆地看着这场景，心怀各种情感——敬畏、迷惑和羡慕。站在他们面前的是得胜回朝的克里斯托弗·哥伦布，是的，他终于可以解消人们对他的怀疑了，他是给人们带来自从冰河时期结束以来生态系统最重要的消息的信使，整个世界的形态从此将被重新描绘。

或者说这是我们现在所知道的情况，而其细节大多是历史想象的结果，是得益于有五百多年的时间来消化这一消息后才有的看法。但是在1493年人们没有这样全景的视角，事实上，很多东西是模糊不清的。那是4月末的一天，准确的日期已无从查考，哥伦布的确从美洲返回了，但他本人并不知道这一事实。照他对这一历史事件的看法是，他刚刚去了趟印度群岛，虽然他对人们讲的故事或许是直接从中世纪的冒险传奇中截取的，但他有让那些对他心存怀疑的人哑口无言的证据：金子、黄绿相间的鹦鹉、印度人和桂皮。

至少哥伦布是这样认为的。他的金子的确是金子，虽然量并没有那么多。他的鹦鹉也的确是鹦鹉，虽然并不是亚洲的品种。同样，他的印度人——六个惶恐不安、拖着脚步不愿上前去接受在场的众人检视的人也并不是印度人，而是加勒比人，一个不久就被西班牙殖民者以及他们所携带的更为致命的细菌所灭绝了的人种。哥伦布所错用的名称在那种错误的观念被弄清之后仍长久地使用着。

就香料的情形来说，哥伦布凭着奇想所起的名字可没有存续那么久。一位目击者报告说，那树枝看起来的确像肉桂的树枝，但那味儿比胡椒还要强烈，闻起来像丁香——或许那是生姜？还有使人困惑的是（这对香料来说是最不应该的），哥伦布的香料在返航的途中变质了，照哥伦布的说法，这不愉快的结果是他外行的采摘技术造成的。但是时间的推移提供了一个较为简单的解开这个谜的方法，而他的怀疑者甚至在那时也许就已经猜到了,那就是,他的"桂皮"并不是什么香料,而是一种不知名的加勒比树的树皮。正如他认为他去了趟印度一样,他的桂皮也只是他错误的假想,一种过度的想象的结果。哥伦布的一番艰苦航行使他所到之地距他实际要去的地方足有半个地球之远。

1493年4月,他一厢情愿的植物学见解被识破了,这离奇得使人难以想象,而那些在其中下了赌注的人更不愿意想象这种令人泄气的结局。正如每一个中学生都知道的(或者应该知道的),当哥伦布遭遇美洲的时候,他所要寻找的不是一个"新世界",而是一个旧世界。他要寻找的东西在他出航之前与西班牙君主们所签的协议上有清楚的记载,协议上还许诺,如果成功,搜寻者可得到所获的全部金银珠宝及香料的十分之一。不管他身后之名有多大,就他当时的许诺来说,他并没有取得很大的成功。因为后来事实证明,西班牙的征服者们在美洲"新世界"并没有找到他们所要寻找的香料,虽然他们在阿兹台克和印加人的庙宇和要塞中所发现的财物,比他们从卡斯蒂①所带回的要多得超乎想象。自那以后,这些西班牙的征服者们便被与金银的闪光而不是香料的芳香联系在一起。可是当初在哥伦布起锚远航时,当他在巴塞罗那报告他的经历时,当他和天主教君主们并肩坐在贵宾席上,因为他的劳苦而受到尊崇和享有富贵时,人们并不是这样看的。他的远洋航行所带来的意想不到的而且也不可能想象得到的后果,模糊了后来人们对其动机的看法,过分强调了事物的一个方面。哥伦布所寻找的并不只是理想中的"黄金国",他同时也在寻找在某些方面可以说是更有诱惑力的"美食国"。

为什么会是这样呢?对之可以作出或复杂或简单的解释,最简单也是最浅层的答案是,香料是极其贵重的,它们的贵重源于它们的玄

---

① 古代西班牙北部的一个王国。——译者注

第一章 香料搜寻者

妙和难以获得。在遥远的热带土地上收获后，经过复杂莫名的渠道，跨越了半个地球，这些香料来到威尼斯、布鲁日和伦敦的市场，而那些提供这些香料的人和地方更像神话中的一般。这种情形的造成既有地理上的原因，也是当时的地缘政治的结果。香料的生长之地——从印度马拉巴尔海岸的丛林和偏远地区到印度尼西亚群岛火山喷发的"香料岛"——是基督徒们不敢涉足的地方，横跨香料航路上的是从印度尼西亚到摩洛哥的广大伊斯兰地带。香料是基督徒的恋物，因此也成了伊斯兰教徒的摇钱树。在从东方到西方的漫长旅途中的每一程，各色中间人都要把价格抬高一些，这使得它们到达欧洲时价格已经成了天文数字，有时膨胀了百分之一千或更高。随着成本的增高，它们也带上了魅力、危险、遥远和利润的光环。在欧洲人的眼里，在那由无知而被遮盖、借想象而幻化得生机勃勃的地平线上，在那遥远的香料生长的地方，树上长出的都是金钱。

可是，虽说这景象是诱人的，那横在路上的障碍看起来却是难以逾越的——这是说在哥伦布之前。哥伦布的解决办法是根本性的，也是第一流的。照他的说法，东方的物品不一定要自东方来，西方人也不应当花这么多的钱去填满异教徒的口袋。既然世界是圆的，香料就也就可以从另一个方向来，绕过地球的背面从西方来，这不是一个简单的逻辑吗？（与一种流传久远的传说相反，中世纪有见识的欧洲人中很少有人认为地球是扁平的，从古代的时候起，凡有见识的人都已经接受地球是球形的看法。）人们要去印度群岛，要得到那里的财富，他们只要从西班牙往西走就行了。这一点古代的人就说过，但是迄今没有人对这一想法进行实际检验。稍花一些气力，香料就会变得与卷心菜和鲱鱼一样普通。哥伦布建议（虽然不是这样明确地），可以从西方向东方航行，以到达传说中的中国和印度群岛，或者用他的知识顾问、佛罗伦萨的人文学家托斯卡内利的话说，"ad loca aromatum"

（到香料存在的地方）。

　　这个主意是一个引人产生幻觉和神迷的许诺——并不是因为它展示了为发现而去发现的前景，甚至也不是因为它特别有创见性，而是因为与其相连的财政上的收益。如果能够成功，哥伦布的计划将能给他的西班牙赞助人带来滚滚财富。哥伦布许诺说，为这次远征的装备只需花上一小笔支出——相当于一个中等卡斯蒂利亚贵族一年的收入，他将把印度群岛从那神话般的王国中拖将出来，使其融入西班牙贸易和征服的主流。对哥伦布远征的故事有大量离奇的猜测和学者的探究，使其带有了大量神话般的色彩，但事实上他的成功依赖于说服一群投资者，然后是王室，使他们相信，对他相对来说花费不多的计划是值得下赌注的。有一些专家不同意他的说法，但是在15世纪也如现代的民主社会，专家的意见和证据的分量并不总能左右形势。有一个强大的势力集团和资金的支持，那些说他脑子有毛病的人就起不了多大作用了。他的远征能够实施是因为他获得了支持和资金，他能得到资金是因为他许诺将回报以更多，要比给他的多得多。如果在今天，他会被认为是一个大胆的有创见性的风险投资家。

　　因此就有了前面所简略描写的出现在梯奈尔大厅的情景。如果说这位远征归来的探险者所选择的展示品其意义在当时看来比现在要大得多，那么他在为自己辩护时所犯的错误也是如此。很少有欧洲人去过真正的印度群岛，更少有人见过香料植物生长的自然形态。有关香料以及印度群岛的报道很少见到，即使有也往往是被大加虚构了的，这使得中世纪丰富的想象力可以自由驰骋，但很少有人的想象力像哥伦布那样丰富。在见到了陆地一个月之后，他所目睹的东西已经足以让他感到满意。他在航海日志中写道："毫无疑问，在这片土地上有着大量的金子……以及钻石、珠宝和无尽的香料。"——事实上，到那时为止他一样也没有亲眼见到。两天之后，当他率领他的小船队在加勒比海湾和礁石中小心穿行的时候,他发现了隐藏在棕榈树和沙滩之后的宝藏,他坚信"这些岛屿就是在世界地图上标在最东端的那些为数众多的岛屿。他(哥伦布)说,那上面有大量财富、宝石和香料……"。尽管证据不足,但他的决心已定。他出行的目的是寻找香料,而他一定要找到香料。愿望是发现之母。

尽管哥伦布信心十足,然而不能否认的是,他的"香料"有些不同寻常——很重要的一点就是,它们的味道、气味和外观都与通常的香料,譬如他自己及他的赞助人从他们每天的餐桌上所知道的那些香料不一样。但是哥伦布不愿醒悟,事实上在有关香料这个论题上,读哥伦布的航海日志和通信就像是在研究堂吉诃德式的幻觉。他的想象力使他不顾不讲情面的事实的挑战,也无视任何证据。在到达加勒比海后的一个星期内,他有一个打消任何怀疑的借口:一个欧洲人,对于在其自然生长环境下的植物不熟悉,必定会犯想不到的错误:"但是我不认识它们,这一点使我颇感遗憾。"这是一个免责条款,这是他后来一生都固执坚持的。

就这样,哥伦布不断地观察,不断地寻找,而像他这样抱着一厢情愿想法的人也不在少数。他手下的人声称找到了芦荟和大黄(后者当时正从中国和喜马拉雅地区进口),只是因为没有带铁锹而无法挖一棵样本回来。传言在亢奋的探险者中四处流传,不断有人报告说见到了香料。有人说发现了某种乳香树[①]。Niña号帆船的水手长声称,他应当得到所许诺的奖赏,尽管他说可惜的是他把样本丢了(是真的出错了,还是在嘲弄地利用上司的乐观情绪?)。不断地派出搜寻小组,不断地带回来更多的样本和相应的辩护词,那时常用的辩护已变

[①] 乳香是一种生长在东地中海地区的常青灌木(Pistacia lentiscus)的树脂,中世纪寻求的人很多,用于做染料、香水、清漆等的原料以及香料。乳香的主要产地是希俄斯的希腊岛,哥伦布的热那亚同胞曾在那里找到过这种香料。

为：香料必须在适当的季节采摘。无知总使他们感到困惑，同时又给他们提供了遁词。1492年12月6日在古巴近海停泊时，哥伦布在提到岛上的美丽港口和灌木林时写道："上面长满了船队首领（哥伦布）所确信的香料和肉豆蔻，只不过它们还没有成熟，他认不出它们来……"

另一方面，哥伦布认为可以确信的是，惊人的东西就要出现。如果说第一批"印度"香料不尽如人意的话，他所掌握的证据和证词至少足以使王室相信，他正在走向获得可观之物的途中。①立即开始着手为第二次更大规模的远征作准备，船队由至少17条船组成，船员有数百人，1943年9月25日由加的斯扬帆起航，所怀抱的是一样的没有根据的乐观情绪。在加勒比的丛林中，远征队的医师迭戈·阿尔瓦雷斯·昌卡发现传说中的那些宝物的证据很逗弄人而难而捕捉："有一些树我以为是长肉豆蔻的，可迄今尚未结果实。我这样说是因为我认为它们树皮的味道和气味像肉豆蔻。我看见一个印度人在他的脖子上挂着一串生姜根，也有芦荟，虽然与我们迄今所见到的有所不同，但它们与医生所用的那种芦荟肯定是同一品种。"昌卡和他的上司抱着同样的幻想，也有着同样的借口："我们还找到了一种桂皮，虽然它们没有我们在国内所知的那种桂皮那样好，不知道这是否因为我们不懂得什么是采摘的最好时机，还是因为这里长不出更好的来。"

但并不是所有人都像那些粗心的树种辨别人那样幼稚和轻信。为了有助于寻找，哥伦布每次远征都带了各种主要香料的样本，把它们拿给印度人②看，这样印度人就能够——他们是这样想的——带着他们去找真正的香料。但是欧洲人的信念是这样坚定，即使他们的样本也不能扭转他们的错误观念，相反倒会加强它们。在第一次远征中，

---

① 并非所有人都相信他的说法。有些当时在梯奈尔大厅现场的人认为，那些印度人是摩尔人，哥伦布去的是非洲海岸的某个地方。
② 这里指为哥伦布及手下人所误认的印第安人。——译者注

两名船员受命带着香料样本深入古巴腹地，1943年11月2日发回的报告说："西班牙人向他们展示了船队首领让他们带的桂皮和胡椒等香料，印度人打着手势告诉他们在东南一带有的是，可是到了那地方，他们却不清楚到底有没有。"他们所到之处净传着这样的故事。"船队首领拿桂皮和胡椒给当地的一些印度人看……他们辨识了以后……打着手势说这东西附近有不少，就在东南方向。"

事实上，西班牙人所犯的是一种常使陌生人在陌生地感到茫然的错误：信息上的不准确，交流上的问题，认定找到的就是所想找的东西，而不管事实如何。这样的事情每踏上一块新陆地都在重演着。那些已经被到来的白种的、长着大胡子的陌生人弄得莫名其妙的印第安人被示以一些完全不认识的干了的植物样本，或者因为急于要摆脱这些到访者，或者因为急切地想帮忙但又不愿意承认不知在何方（这至今仍是加勒比人的一种很盛行的传统），印第安人胡乱地挥一挥手，含糊其辞地报告说，金子和香料就"在那边"。而那些西班牙人因为绝不会放弃他们的信念，拒绝相信可能会有不愉快的结局，当然乐意地接受了最符合他们愿望的说法。与他们的期望相左的东西被视为不正常，而不是他们出了错的证据。没有人能够明白帝国的这块土地上没有香料。

在这次及以后的远航中，他们所到之处带回的都是同样的故事。可是过了不久，人们就不太相信那些借口了，哥伦布由于不能兑现他那些有关金子和香料的许诺渐渐失去了人们的信任。他去加勒比岛屿的四次远航中，每次只能带回为数不多的金子和一些既说不上真也说不上假的"香料"样本。这些只勉强使他逃脱世人的嘲笑，而留待后来的人去继续这种搜寻，而他每次都有着现成的借口。斐迪南国王开始对他的为梦幻缠绕的船队首领失去了信心，1496年的一封匿名便函指出了除哥伦布以外人人都越来越清楚的事实：从岛上带回的那些所谓香料一钱不值。一个尚能保持清醒头脑同时也许是第一个认清了真实情况的人，是第二次远航中的船员（库内奥的）①米其尔。他在第二次航行中于1494年1月20日写于伊莎贝拉岛的一封信中表明，他很快使自己屈从了一个没有香料的美洲的看法。一次被派出深入腹地的小队带回两个印第安人，作为对没有发现任何香料的补偿，他们带回一些金子的样本："我们都很高兴，不再去关心什么香料，想的只是这些世人崇拜的金子。"可不是吗，只有金子才是未来之所在。

可是，即使在那时，以及随后的几十年里，对美洲的香料所抱的希望一直绵延不绝。（卡萨斯的）巴托洛美一直到1518年仍然愿意相信，新西班牙是"很不错的"生姜、丁香和胡椒的生长地。特别值得一提的是，尽管阿兹台克的征服者赫尔南·柯蒂斯从所征服的蒙特苏马帝国带回大批财宝上缴国室国库，他仍为那难以获得的美洲香料而感到不安。在接二连三写给国王的信中，他一再保证要找到通往"香料岛"的新路线，并屡次为那些定期驶回卡斯蒂的满载财宝的船中未能加进香料而惭愧地表示歉意。他托辞说他手下的人仍在寻找。在他1526年写的第五封信中，像在他之前的哥伦布一样，他请求国王再忍耐一下。他许诺说，只要假以时日，"我一定能够找到通往'香料岛'和其他众多岛屿的路线……倘非如此，陛下可以像惩罚那些对君王不言实情的人那样惩罚我"。

幸运的是，并没有人拿柯蒂斯的虚张声势当回事：他没有找到香料，但也没有受到惩罚。在以后的几十年中，还有一些征服者在继续寻找，但是像哥伦布一样，他们都发现自己是在一厢情愿地追赶鬼火。在大陆的南端，冈察罗·皮查若被幻想驱使着去寻找桂皮，结果连命也搭上了，从秘鲁阿尔蒂普拉诺冰封的高原跌入了亚马逊丛林，离真正

---

① 按当时习惯，在提到人名时常加上出生地，译文中将其置于括号中。——译者注

要找的东西有半个星球之远。另一些人向北方航行，去寻找肉豆蔻并开通了一条通往加拿大内陆冰雪覆盖的荒漠深处的通道。经过一番努力，他们从金银上收获了梦想和财宝。后来又有蔗糖、毛皮、棉花、鳕鱼和奴隶。可是直到哥伦布最初出发去寻找香料一百多年之后，美洲香料之谜才被最后破除。

可是在当时，这场搜寻并非像它看起来的那样失败。中美洲的丛林中生长有香草和牙买加多香果，它们杂交品种的味道和类似胡椒的外表正是使众多人迷惑的原因。此外还有很多成熟的可供采摘的植物财宝：烟叶、玉米、土豆、西红柿、可可豆。哥伦布本人带回了凤梨和木薯。几个世纪后亚洲香料最终被引入了美洲，结果十分成功，以致今天格林纳达这个由岛屿组成的共和国已成为肉豆蔻的主要生产国，其国旗上甚至都有着肉豆蔻标志。即使对哥伦布本人来说，尽管大家都知道他是受了迷惑搞错了，事实上他也找到了一种颇接近香料的东西。他在1492年1月15日写于伊斯帕尼奥拉岛的航海日志中提道："此外还有大量aji，这是他们的胡椒，它比（黑）胡椒还要贵重。所有的人只吃这种东西，它十分有益健康。每年可（从伊斯帕尼奥拉岛）用小型帆船载满50船回去。"西班牙宫廷的意大利人文学家彼得·马蒂尔指出，5粒哥伦布带回的这种新植物品种比20粒（印度）马拉巴尔胡椒还要辣，味道也更浓。哥伦布本人也为其辛辣程度感到惊奇，他（像在他之后的众多粗心的新来者一样）向国王和王后报告说，他发现加勒比的食物"极辣"。当地人似乎在他们吃的每样东西里都要放上这种火烧火燎的胡椒。

即使像哥伦布这样的梦想者也没能预见到他的"aji"在后来的成功：当然那是一种红辣椒（chili），它们在西班牙新领地上漫山遍野地疯长。在数十年间，这种植物传遍了世界，其速度之快，竟使得在亚洲旅行的欧洲人对其原产地开始怀疑起来，就像我们对没有辣味的泰国或印度食物会感到惊奇一样。可是在1493年人们是不可能知道红辣椒在后来的这种受欢迎程度的,否则对那些把希望或钱财投在空想的美洲香料上的那些人也会是些许安慰。但由于红辣椒极易栽培和收获,它没能像东方香料那样在数千年里一直是一种重要的赚钱之物。就香料本身来说,即就"新世界"被发现的主要原因之一来说,"新世界"可以说是有些令人失望的。

基督徒与香料

> 1500年之后,凡在卡利卡特所得之胡椒无不浸染着红色血迹。
> ——伏尔泰《通史论与民族的道德精神》(1756年)

在其出生地葡萄牙以外,在那些昔日之辉煌长久为人们所记忆的地方,瓦斯科·达·伽马通常被作为略逊于哥伦布的其当代人而为人们所纪念。这种评价多少有些不公平,因为在若干意义上可以说达·伽马完成了哥伦布未完成的事业。在哥伦布到达美洲之后5年,达·伽马航海到达了印度,他找到了哥伦布想找而没有找到的东西:一条通往旧世界的新路。二人可以看做是彼此互补的,这从他们出驶的目的和结果来说都是如此。尽管这在当时是很少人意识到的,由于他们二人之功,大陆为之连接起来。

哥伦布航行的困难之处在于它是史无前例的,但从航海的角度来说,向远离地心之处航行相对来说不那么复杂。在他的小船队驶至离西班牙领土不远的加那利群岛时,可以借助东北向信风,那股风可以在一个多月的时间内载着他们渡过大西洋。相比之下,达·伽马的航行历经了两年之久，跨海约24 000英里（约38 600公里），是哥伦布航程的4倍。哥伦布航海至美洲的时候，他要使他手下的人挨过30天不见陆地之苦，而达·伽马的船员们则要忍耐90天。在各种意义上说，达·伽马航海之举都是一首史诗，而且也确有这样一首史诗，那是在其激励之下葡萄牙著名诗人路易斯·瓦斯·德卡蒙伊斯（Luís Vaz de Camões）以该题材创作的壮丽而宏大的葡萄牙民族的《史诗》，这首长达1 102节的娓娓诗篇是对这一航海壮举的恰如其分的不朽颂赞。

正如通常的伟大业绩一样，这次航海远征也是一出由英雄主义、愚昧无知和严酷无情组成的混合剧。在里斯本的巴勒姆塔教堂作完最后的祈祷之后，船员们告别了妻子儿女，踏上了一条"没有把握的征程"（caminbo duvidoso），三艘小帆船和一艘供给船于1497年7月8日向南驶向塔格斯。在通过加那利群岛之后，船队继续向南沿非洲海岸航行，绕过非洲大陆西部的突出部分，驶向佛得角岛屿。接着船队挥师西南方向，驶入公海，意图避开几内亚湾的赤道无风带。这些他们是从先前几十年的搜寻非洲黄金和奴隶的葡萄牙远征船队那里得知的。驶过赤道向南航行一段之后，他们从北半球的夏季进入了南半球的冬季，南纬低纬度地区的阵风不断地把他们向东吹回向非洲，可此时他们离好望角北部仍有很远，这使得他们不得不与逆流和逆风作迂回的搏斗，以便最终绕过非洲大陆的南端。当他们终于驶离大西洋向印度洋挺进时，距告别家乡已经6个月了。

到那时为止，他们所经历的航程是在其10年前巴尔特洛梅乌·迪亚斯的探险船队探索过的，此后他们进入了未知海域。这时坏血病开始侵袭疲惫不堪的船员们，伽马在不断增长的紧张气氛中小心地率领船队沿非洲东海岸向北航行。一路上在各种港口停靠以补充给养和探询消息时，这些葡萄牙人受到了各种各样的接待，有小心翼翼的合作，有困惑与不解，也有公开的敌意。在到达今天肯尼亚的马林迪港时，他们有了一个转机，船队十分幸运地找到了一位熟悉横渡印度洋航线的领航员。此时已是4月，最早集聚的湿润而狂猛的来自西南方向的夏季季风，在短短的23天里便把船队吹过了印度洋。5月17日，也就是离开葡萄牙10个月之后，一名值班船员在海洋空气中嗅到了一股植物的味道。第二天，透过季风吹刮的雨幕，印度陆地上的高山终于扑入眼帘，船队到达了马拉巴尔，也就是印度的"香料海岸"。

多亏运气好和领航员的高超技能，船队离沿岸的主要港口城市卡利卡特只有不到一天的航程。显然，这些新来客不知道能期待些什么，但他们也并非毫无准备。长期在非洲西海岸航行的经验使得这些葡萄牙人已经习惯了在陌生地生存和与陌生人打交道。和以往的航行一样，这次他们也采用名声不太好但谨慎的做法，即带了一个叫做"第格拉达多"①的人，这通常是一个重罪犯或被驱逐的人如改换信仰的犹太人，其任务是被派到岸上去和当地人进行最初的接触。如果遇到并非不常有的对方怀有敌意的情况，"犯人"被认为是可以牺牲的。就这样，5月21日当船员们都安全地待在船上休息时，一位不知名的来自阿尔加维的罪犯被派到岸上去碰运气。

很快这位看来有点怪异的白脸陌生人就被人群围住了。对于那些感觉很好玩的印第安人来说，他们所知道的只是来者不是通常到卡利卡特的国际大市场的中国人或马来人。最有可能的假设就是，陌生人来自伊斯兰世界的某个地方，虽然他对和他讲的几句阿拉伯语看来不大明白。因为没有更好的选择，人们把他带到了住在当地的两位突尼斯商人的住处。后者看到一位欧洲人旁若无人地跨进门来自然吃惊不小，所幸的是，那两位突尼斯人可以说一些热那亚语和西班牙卡斯蒂利亚方言，这就使得初步的交流能够进行。以下是一段著名的对话：

---

① 葡萄牙语，义为"犯人"、"放逐者"。——译者注

突尼斯商人："你莫名其妙地到这个地方来干什么？"

第格拉达多："我们是来寻找基督徒和香料的。"

那两个突尼斯人可能对他的回答不太满意，但是就概括性来说，这个回答很简练地说明了那次远征的目的。

达·伽马的航行受香料驱使的程度并不逊于早其5年的随哥伦布远征的那伙人。和哥伦布一样，寻找基督徒也只不过是嘴上说说而已。在一定程度上，商业和宗教利益是并行的，可是二者比较起来，香料要比宗教实惠得多，在这些船员及那些后来者的思想中何者更重要是很显然的。那位留下了对这次航海仅存的记载的不知名的解说者直截了当地道出了出行的宗旨所在：

> 1497年葡萄牙第一位曼纽尔国王派遣4艘船出航，意在搜寻香料。为首者为瓦斯科·达·伽马及其兄保罗和尼柯拉·克尔伯。吾一行人于1497年7月8日周六由雷斯蒂耶罗港起航，愿上帝保佑吾人此行当有善果。阿门。

他们的祷告没有白费力气，哥伦布出行与所要去的地方偏离了半个地球，而这群葡萄牙人却与矿脉的源头撞了个正着。

1498年5月，当达·伽马所雇的那位"犯人"蒙头转向地闯上岸之时，正值马拉巴尔海岸处于全球香料贸易中心的时期，在一定程度上今天仍然可以这样说。马拉巴尔（Malabar）之名取自远来的船员们在距岸边很远时就可遥望见的一条山脉的名字，是一个很合适的国际混名。达拉维语①词头（mala，义为"山"）嫁接于一个阿拉伯语词尾（barr，义为"大陆"）。从古代起直到中世纪结束，西行的贸易为

---

① 印度南部地区的人使用的一种语言。——译者注

阿拉伯人所统治，正是这些阿拉伯商人为印度大陆提供了所需的物资。该山脉为高止山脉的西部，它的悬崖峭壁构成了德干高原的最西端。地势较低、形状似鱼的海岸是挤缩在山与海之间的狭长地带，那时与现在这个地区都是香料的生产与集散地。卡利卡特是沿岸一带最大但不是唯一的港口，一些比邻的小港口接收从东部内地运来的上好的香料，在这里转售、装船运往西方，通过印度洋到达阿拉伯和欧洲。商人们从高止山脉的丛林中搞到人参、小豆蔻和一种当地的桂皮，携带下山，用一种平底船通过平原上纵横的河流和内陆水域运送出海，其中最主要的山货是胡椒。

胡椒是马拉巴尔得以繁荣的基石，那时的胡椒对于马拉巴尔来说正像今天的石油之于波斯湾，它们对于这些地区的居民来说是福祸相倚的。结这种胡椒的植物的原生地是覆盖高止山脉山坡低处的丛林。这种爬藤植物在热带丛林中阳光斑驳、阴凉、湿热咸宜的环境中狂生猛长。虽然这种香料早已在世界的各个热带地区广泛移植栽种，行家们认为马拉巴尔的胡椒仍然是最好的。像马拉巴尔生活的几乎所有其他方面一样，胡椒的收获和贸易周期也是随着印度雨季（monsoon）的步调运行的（这个词源于阿拉伯语词 mawsim，义为"季节"）。每年5月底到6月初为"爆发期"，每当此时暴雨会随着由阿拉伯海吹来的西南风的锋头横扫印度大陆。在随后的几个月里，高止山脉山坡的上部都是乌云滚滚，暴雨连绵。到了9月份，雨水渐少，山谷和峡谷里云雾蒸腾，漫长而湿热的气候笼罩着丘陵。到11月时，风向会出现180度的调头，中亚夏日的热空气被向南倒吸回去，和缓而干燥的陆风从东北吹向西南，自喜马拉雅山脉起吹过次大陆，跨过印度平原，转向海洋。在这种炎热而干燥的气候下，胡椒浆果集聚成串，膨胀增大，随着成长成熟，气味渐变浓烈，到了12月份时就可以收获了。在雨季回转之前，从马拉巴尔乡村沿任何方向走，你都要小心翼翼地绕过无处不在的一片片晾晒的胡椒子。

正是由于香料和雨季的原因,当马拉巴尔最早出现在历史上时,它已经是印度洋沿岸各国的商人和旅游者频繁交会的地方了。香料是目的,季风是手段。早在公元初的几个世纪,这里已经有了中国人和犹太人的定居点,这里的犹太人定居点是中东以外最早的犹太人定居点之一。而远在那之前,来自美索不达米亚的商人已经到过这个地方,迦勒底地区乌尔市的考古学家里昂纳多·乌利(Leonard Wooley)在这里发现了几段公元前600年①的柚木,这是马拉巴尔海岸的另一诱人之物。在基督纪元开始的时代,当伽马的故乡葡萄牙还是一片贫瘠的荒漠,卢西塔尼亚人部落向着没有帆船航行的大西洋上张望的时候,希腊水手已经大批涌向了马拉巴尔,这使胡椒有了一个别有韵味的梵文名称yavanesta,义为"希腊人的热情"。多半由于其物种的丰富,伊斯兰教自7世纪起在这里建立起来,印度穆斯林繁衍、定居和转换宗教,直到500年后北方的莫卧尔穆斯林攻打过来。早在达·伽马那个时代,已经有少数勇敢的意大利商人从黎凡特通过漫长而危险的陆路来到这里。当达·伽马的船队在马拉巴尔下锚时,这里已经是一个庞大的、大有利润可图的商业网络上的一个重要节点,而且这种状况一直保持了好几百年。

对于那些从中获利的人来说,达·伽马的到来意味着闯入了一个强大的敌手,葡萄牙人掀起了"政变"。这些葡萄牙人能够冲破险阻渡海而来只是事情的一个方面,此后他们还要在马拉巴尔危险的政治浅滩中摸索前行,而对于此道他们完全是两眼一抹黑。伽马似乎期望他们在印度所看到的情形也如葡萄牙人在西非的贸易航行中所了解的那

---

① 与外界的接触很可能比这更早。在对公元前3世纪的美索不达米亚城市的挖掘中,发现了一些只有印度南部和斯里兰卡沿岸河流中才有的贝壳。

种情况，那时他们能以一些不值钱的小玩艺儿换回各种宝物。所以当他们看到富裕而有经验的印度人要求以金银支付时，委实吃惊不小。就像哥伦布在美洲的经历一样，达·伽马认识上的错误也造成一种悲喜参半的后果。当他进入卡利卡特去拜见当地的统治者查摩林（Zamolin）的时候，他对人口与宗教的繁盛颇感惊叹，他满以为能够见到祭司王约翰的东基督教领地，以致把印度教中的一幅图误以为是一幅普通的母子图。对于一些"圣者"塑像上所雕刻的牙和角他有些困惑不解，不过他也赶忙匍匐在地以感谢这些印度神灵们保佑他安全地到达了这里。

但这只是一次孤立的而且肯定是在不知情的情况下所显示的宗教方面的容忍。由于达·伽马把自己视为一个正义十足的十字军卫士，出征的目的就是不惜以一切手段获取利益，这使得印度和葡萄牙的关系注定一开始就不顺利。在第一次与查摩林会见时，伽马很快就以他在宗教方面的偏执和无知使原本就使人担心的关系更趋紧张，来者的出言不逊或许是有意要引发事端。查摩林是一位谦谦有礼、老于事故的统治者，接待惯了来自印度洋周边国家的商大，所以他肯定不习惯于接受葡萄牙人所送的卑微的供品和小玩艺儿，如蜂蜜、礼帽、猩红色兜帽和洗脸盆等。这些没有教养的造访者是些什么人，能够对他——"山与波浪之主"——像对待一个不穿衣服的野蛮人的酋长？

各方面都充满了困惑、不解和猜疑。结果伽马被短暂地扣押在岸上，这更给视印度人为"狗一样"的行为偏执狂们火上浇油。在船上的葡萄牙人越来越担心是那些摩尔人给查摩林灌输了有害的思想，这些担心是有道理的，那些摩尔人看到有机会把新来的威胁扼杀在摇篮里时，当然会鼓励查摩林把这位没有教养的新来者监禁起来，或者干脆杀掉。

然而查摩林不愿意把事情做得这样绝，他允许伽马手下的人可以自由从事贸易。在整个7、8月中，他们在相互怪罪和互不信任的气氛下断断续续地作了一些交易。在经过一个紧张空气不断升级的夏季后，伽马怂怂然掉转船头打道回葡萄牙，留下一种不祥的气氛。在起锚时，他愤怒地恫吓一群摩尔商人，扬言不久就会回来。从各方面说他都会信守他的诺言，因为他临走时满载着一个夏日的努力成果，一批可观的香料货。

与哥伦布从印第安人那里弄来的那些不能让人信服的纪念品不同，伽马的证据是实打实的，但是除了香料以外，在几年的时间里，人们并没有完全意识到此外还发现了些什么。在给国王的报告中，伽马描绘了一幅在一定程度上被扭曲了的图景。就在那时他仍然坚持认为，印度教是基督教的一种异端，在那个国家待了两个月后，他似乎得出这样的结论：他所见到的明显的多神教是一种误解的"三位一体"①。但是大家都看得很清楚的是有宝物在前头，而曼纽尔王不是一个坐失良机的人。宫廷里那些怀疑者的异议和要小心从事的告诫被制止了，通往印度和财富的道路是敞开的。人们立即着手组建一支更大的船队，为第二次航行作准备。

新的远征在彼得罗·阿尔瓦里斯·卡伯拉尔的率领下于1500年3月8日起航，这支由13艘帆船和一千多名船员组成的庞大船队与3年前伽马的搜寻远征不可同日而语。如果说伽马的使命是去搜索侦察的话，卡伯拉尔的使命则是要去建立帝国。一经到达印度，初次远征所带有的那些犹疑和惴惴不安不久就为明确的赤裸裸的帝国侵占意图所取代（在去印度的途中，卡伯拉尔发现了巴西，这是在寻找印度的过程中又一个意外发现）。阿拉伯和古吉拉特商人、犹太人和阿美尼亚人，这些已经在贸易中占领了地盘的人都是异教徒，因而都是敌人。

---

① 即基督教中的一种修道会，认为圣父、圣子、圣灵合为一神。——译者注

与印度的自由和民族主义历史学家长期所持的看法相反，葡萄牙人并不是第一个把暴力带入海洋的人，但他们在这方面肯定比以前的人更有技巧。此外他们也是第一个主张对非邻近水域拥有主权的人，声称他们是以上帝的名义这样做的。当贾梅士用维吉尔风格的诗的语言赞颂他的同胞的功绩时，他让主神朱庇特赋予葡萄牙征服者以统治权："从所征服的富庶的黄金半岛，到遥远的中国和比那更远的东方岛屿，整个广阔的海洋都将臣服于他们。"这里，如果把"朱庇特"换成"上帝"的话，就与曼纽尔王当时的见识完全一样了。根据国王的命令，卡伯拉尔须以任何必要的手段夺取对香料贸易的控制权，葡萄牙人的所为就是上帝的所为。

有一个时期，上帝看起来也确乎在他们一边。达·伽马曾惊喜地发现阿拉伯商人对葡萄牙人的可怕的大炮没有回应的手段，如今又轮到卡伯拉尔施展拳脚了。当他到达卡利卡特时，他要求查摩林驱逐所有的穆斯林商人，这当然遭到查摩林的拒绝，毕竟，卡利卡特的繁荣是建筑在自由贸易和对外国海运的尊重这两根支柱上的。这使得双方关系越来越紧张。由于查摩林迟迟不动手，卡伯拉尔便扣留了一条满载香料准备驶向红海的阿拉伯商人的大船，这激起了一场暴乱，使53名被困在岸上的葡萄牙人被打死。于是卡伯拉尔用大炮对准了城市，两天的野蛮轰炸迫使查摩林抱头逃命。经过这场不知深浅地对抗葡萄牙人的"命令"之后，卡利卡特及城内的一切现在都成了可随意猎取的对象。葡萄牙人劫获了所有能够找到的穆斯林货船并将其凿沉，穆斯林商人被吊在帆樯的绳索上，当着岸上家人的面被烧死。

卡利卡特的命运不过是冰山之一角，在后来的几年中，这个城市和马拉巴尔的其他几个港口城市又遭受了几次同样的灾难。这些往往都由地方的口角开始，而都以达到葡萄牙王室对印度洋贸易垄断的战略目的而告终。自此之后，各国的商人们都要得到许可才能在那些他们几世纪以来都自由航行的水域中行驶，葡萄牙人的目标简直可以说是要把印度洋变为葡萄牙的一个内湖。一切竞争的企图都被课之以税或从各海面上除之。

就这样，这些最早到东方的葡萄牙先驱者以血腥而笨拙的方式开始了他们亚洲帝国的建设，这些帝国的有些部分后来延续了近五百年之久，是所有欧洲帝国中在亚洲建立最早、历时最长的一个。但是与那些后来的领地不同的是，这一新帝国建立的目标不是占领地盘、填补地图上的空白，而是要夺取贸易据点和要地，以建立一个贸易网络。帝国的目标不久就多样化了，但是可以实事求是地说，获取香料是最早的推动力。当时最重要的是控制贸易，尤其是香料贸易中心。正如一位历史学家所说的，在这块葡萄牙的印度领地最初形成的那些年里，它是一个香料帝国。

使里斯本及其竞争者所瞩目的当然是香料，后来在帝国退却之时回首这段征服的黄金时期，历史学家耶稣会士费尔南·德凯鲁兹（Fernão de Queyroz，1617—1688年）声称，达·伽马的遗产特别是香料的拥有必将"使世界震惊"。在欧洲，最感震惊的是意大利人，因为他们将是最大的输家。当亚洲的香料运抵地中海水面之时，贸易事实上是由一小撮威尼斯巨商所垄断的。对他们来说，达·伽马的举动展示了一种可怕的前景。在最初听到达·伽马远征的消息时，他们表示怀疑和好笑，可是当这些消息第二次、接着又第三次传来时，他们变得惊慌起来。1501年，两艘满载香料的葡萄牙船抵达佛兰德斯[①]，这使长期垄断市场的意大利人威风大扫。到亚历山大和黎凡特港口[②]

[①] 中世纪欧洲一个伯爵的领地，包括现在比利时的东佛兰德省和西佛兰德省以及法国北部部分地区。——译者注
[②] 亚历山大为埃及北部城市，黎凡特为地中海东部包括自土耳其至叙利亚等国的广大地区。威尼斯商人通常在这里采购香料。——译者注

采购香料的威尼斯商人不久就发现物价飞涨，有几年采购香料的大船空载而归。君王颤抖了，人们讥笑葡萄牙国王曼纽尔为"山货王"暴发户，但即使这样也带来不了多少安慰。

这一切曼纽尔王知道得很清楚，他在达·伽马返回后的几天内写给欧洲各国王储的信中得意地报告了他的成功，称自己为"几内亚大公，征服埃塞俄比亚、阿拉伯半岛、波斯、印度和与之通航并进行贸易的大公"。他炫耀说，滚滚的财富就要流入他的王国，同时就要从威尼斯流走。这些信的收信人中包括他的岳父岳母西班牙君主斐迪南和伊莎贝拉。鉴于他们在香料投资方面所得的微少的回报，他们一定深感屈辱地得知，当西班牙的探索者还在异教徒的加勒比星散的岛屿中搜寻的时候，曼纽尔在灿烂富庶的东方已经取得了成功。为此曼纽尔也深怀感恩之情，他特地印了一些小册子给公众看。在一封洋洋得意的信中他邀请威尼斯人到里斯本来买他们的香料，而事实上，在绝望的1515年那些威尼斯商人除此也别无选择。

一时间，在遥远的马拉巴尔发生的事件似乎引发了一场对旧的地中海秩序的革命。在达·伽马返回的那个夏天，佛罗伦萨的圭多·迪德蒂（Guido di Detti）洋洋得意地说，一旦失去了黎凡特的生意，威尼斯人"就得重新回去干捕鱼的行当"，而威尼斯人自己也有这样的担心。威尼斯人记载日志者吉罗拉米·普廖利（Girolami Priuli）在1501年7月曾估计说，葡萄牙人投资的每一达克特①都将得到百倍的回报；毫无疑问，那些以前通常到威尼斯来购买香料的人，那些匈牙利人和佛兰德人，那些法国人和德国人，以及"山那边的那些人"，现在将要到里斯本去购买香料。在对前景所抱的这种阴郁的看法下，他预言香料贸易的丧失将会是像"新生儿断了奶一样的灾难……对于威

---

① 旧时流通于欧洲各国的一种货币单位。——译者注

尼斯共和国来说，这将是除了让我们失去自由之外最糟糕的消息"。

对于所有那些对威尼斯的财富心怀嫉妒的人来说，这将是一种诱人的前景，可是他们不久就会感到失望。就做生意方面来说，威尼斯人并不是怀抱中的婴儿，而后来事情的发展也表明，葡萄牙人对香料的占有并不像最初看起来的那样稳固。历史学家长期以来都相信了曼纽尔国王夸口的表面之词，认为达·伽马的远征毫无疑问地一举把香料贸易转向了从印度洋到大西洋的航路，但事实远非如此。在经过了几十年的中断之后，随着葡萄牙人最初的成功所引起的震惊在香料运输路线上渐趋缓和，亚历山大和威尼斯开始了反击。结果，在1560年之后的10年左右时间里，亚历山大出售的香料量猛增，以致一位葡萄牙密探甚至建议完全放弃绕过好望角的航路，从黎凡特采购和运送香料，以节省成本。从葡萄牙的封锁下非法流失的香料如此之巨，竟至使人怀疑葡萄牙总督是否也参与了反叛国王的阴谋。

从历史回顾的角度来看，葡萄牙人未能垄断香料贸易并不是什么不寻常的事，即使他们有吓人的大炮，要在远离家门口的印度洋上称王称霸实属不自量力，而曼纽尔自我炫耀的头衔也不过是春梦一场。葡萄牙人宗教上的固执和要建立一个庞大贸易网的狂妄态度很快就招致了众多对头，这些对头在适当的时候会让他们付出沉重的代价。阿拉伯人小而快的船只虽然在炮击对抗中不敌葡萄牙人的大船，但在躲避封锁和全面抬高香料价格方面却十分成功。对于葡萄牙王室来说，每一处要塞、每一尊大炮和每一个武士都意味着利润的损失，对贸易来说武力不是好东西。事实证明，面对外部敌人的困扰，葡萄牙帝国内部是十分空虚的。那些去往印度的葡萄牙人由于要遵守严格的规则，只能按照王室所规定的价格收购和出售香料，此外又要冒着因不卫生患病、船只失事和坏血病而意外丧命的风险等，这些本为发财而来到东方的商人发现很难以合法的手段从事此道，于是走私猖獗、贪污腐败盛行便成必然之事。种种诱惑都驱使人去抢劫而不是按规矩行事，这使得胡椒帝国成本的增加超过了利润的增长。尽管有那些鼓噪和狂热（还有诗歌），这个帝国实际上是一只吱吱作响、四处漏水的破船。如达·伽马的一个后人在总结这一段历史时曾经说的："这里有很多东西让人感到怨愤。"

可是在1498年5月的时候，达·伽马的船员们根本不知道后来的那些复杂问题，有更紧要的事情等着他们去做。当他们漫步卡利卡特的街头，吃惊地看到那些巨商们的豪华庄园，储满了香料的仓房，宽达数英里的宫殿和那些坐在丝绸轿里招摇过市的豪商巨贾，他们自然认为自己找到了宝藏，他们首要的任务就是尽快发财致富，或者干脆就把这里变成自己的家。达·伽马的图谋使本已艰苦不堪的任务更为困难：他在季风改变方向之前就过早地率领船队起锚回程了。到达非洲的那段路程本来借风力只需3星期，结果却用了3个月。途中有30名船员死于坏血病，每条船上只剩下七八个体力可以支撑的水手，第3只船被弃于途中，因为"我们这么少的人手实在无力同时操纵3只船"。当船队终于到达里斯本时，出航时的一百七十多名船员只剩下了55人。达·伽马本人幸亏体格健壮，存活了下来，这多半是由于当头儿的配给要好一些（分配给头领们的质量较好的酒和香料的营养大概起了作用）。在死去的人中有他的弟弟保罗，保罗死于离家只有几天航程的亚述尔群岛。

即使仅从经济的角度说，最初的结果也不如希望的那样可观。那两艘返回葡萄牙的船都是小型的，是为搜寻而不是载货设计的，结果那次远征带回了一定数量的香料，但谈不上惊人。幸存的船员带回了少量的古董，有的真可说是用身上穿的衬衫换的。但是在达·伽马刚回到家的那些热闹的日子里，当国王本人拥抱了这位以前并不出名的贵族并称之为"Almirante amigo"（可敬的朋友）时，人人脑子里都没有去想那些后来出现的问题。因为如果说达·伽马的经历显示了通往印度的海上路线的极大风险，它也昭示了它的无量前途。当那些幸存者在他们两年前曾跪拜过的贝勒姆教堂作感恩祈祷时，他们有理由希望，达·伽马所带回的香料预示的好事还在后头。金融家们在摩拳擦掌，安特卫普（比利时）和奥格斯堡（德国）的欧洲大银行主们心痒难耐地旁观着远方不起眼的葡萄牙。

有一点是清楚的，那就是，旧的秩序已经开始动摇，有理由相信这种秩序不久就会颠倒过来。在达·伽马到达印度10年之后，一位叫做卢多维科·瓦瑟玛（Ludovico Varthema，1465—1517年）的巡回教士到印度的葡萄牙领地及其周围转了一圈，亲眼见到欧洲的第一个亚洲帝国的最初的繁盛。他1506年说的一段话道出了很多人的想法："据我周游世界后的猜想……我认为如果葡萄牙国王照他开始所做的那样继续做下去，他就会成为世界上最富有的国王。"这种猜想在当时看来不无道理。从搜寻香料这个使命以及当时的评价来说，哥伦布看起来失败了，而达·伽马则成功了。

西班牙人与葡萄牙人之间的论辩和争斗

> 看那散布在东方海面上的
> 无数岛屿。
> 看那蒂多尔岛和德那地岛，
> 在它们的山峰上喷射着火焰。
> 你可以看到那些葡萄牙人需要用血购买的
> 气味浓烈的丁香树……
> ——卡蒙伊斯《史诗》（1572年）

当西班牙人和葡萄牙人争夺东方香料的角逐全面展开的时候，葡萄牙人并不总是赢家,这种竞争虽然激烈,有时带着血腥味,但并不是完全没有协议和条约。可是和近代的其他契约一样,15世纪的条约会带来不可预知的效果,有时并不是防止冲突而只是使其改变方向,甚至会挑起冲突。国际生活中这种令人沮丧的事实的一个突出例子就是中世纪后期签订的托尔德西里亚斯条约,它是由这两个伊比利亚国家的大使1494年6月在西班牙西北一个叫托尔德西里亚斯小镇上签署的。

就其划分星球地域的角度来说,托尔德西里亚斯条约可能是有史以来最宏大的外交条约。当哥伦布1493年远征归来之后,西班牙王室(按15世纪的外交步伐来说)迅速行动起来,意在划清所有未来远洋航行的界线:哪些国家有权去开发哪些地方。这个问题被提交给世俗和宗教事务的最终裁判者罗马教廷。同年底亚历山大六世公布有关此事的教皇谕旨,它规定西班牙对跨越佛得角岛屿以西100里格(约515公里)的那条经线以西的所有岛屿拥有主权。西班牙对哥伦布所造访的那些岛屿拥有主权,而葡萄牙对其所发现的西非沿岸拥有主权。

但是对葡萄牙人来说,这个规定不大令人满意。由于教皇是在西班牙出生的,葡萄牙国王若昂二世觉得这个规定带有国家的偏见,他于是要求修改,经过在托尔德西里亚斯的漫长谈判,终于达成了修改协议,结果教皇的地球划分线被向西挪了。根据修改了的新的规定,两个伊比利亚国家各分得距佛得角西端370里格(约1907公里)的经线一侧的地带,葡萄牙占有东侧的所有岛屿,西班牙占有西侧的所有岛屿,这等于说它们两国协商瓜分了世界,就像一个橘子齐整地被分成两半儿。

这个条约看似干净利索,但实际上不乏模糊不清之处,而这种模糊就为未来的争端埋下了种子。关键的一点是,它无法清楚地界定签署国在何种情况下违背了条约,而这是一个条约的致命弱点。因为精确测定经度的天文钟的发明还是几百年以后的事情，这使得在当时不可能精确地确定分界，于是这个划分实际上成了法律的虚构故事。向西驶入大西洋的航海者们只能靠航位推算来确定他是在西班牙还是在葡萄牙的水域。

更严重的是，条约的制定者们和其他1494年的人一样，对于他们所要划分的世界的形状存在着严重的误解。从短期看这对于葡萄牙人有利：[①]由于对哥伦布所去过的岛屿的形状和范围不了解，特别是不了解南美洲东部的巨大突出部分，使得把对巴西的合法占有权拱手送给了葡萄牙。可是巴西在当时只不过被看做通往印度途中的一个补给站，而更重要的是地球那一侧的划分。当时在每个人头脑中认为真正重要的是夺取对于传奇般的最东端的印度群岛的控制。它们究竟会属于谁，是西班牙人还是葡萄牙人？（印度群岛可能属于印度人这一点却不在计算之中。）

正是托尔德西里亚斯条约中这个没有回答、事实上也回答不了的问题日后成了葡萄牙人的噩梦。世界是圆的，显然分界线应是一个环绕地球的大圆圈。当若昂成功地修改了条约时，他把赌注押在了给西班牙数百里格的亚洲水域，以换得对更多大西洋和非洲的拥有权。但是，对东部占得更多意味着对西部占有得更少。问题在于：分界线在什么地方？子午线对应的一侧在什么地方？谁拥有对"香料岛"的所有权？对此，宇宙结构学家们可以作无穷无尽的争论，提出各种精妙的假设，但是没有人能知道究竟谁说的对。

随着每年船队的派遣和地理发现的加速，这个问题不可能长久地停留在学术之争上。事实上，随着东部发现的加速进展，这个辩论变得更为复杂和具有了更多地缘政治上的意义。继达·伽马1497年首次

[①] 原书疑有误，把巴西划归葡萄牙应是从长期来看的一种好处。——译者注

远航之后，接二连三的远征队越来越深入亚洲水域的心腹地带。第一站是斯里兰卡岛和岛上的桂皮。1505年第一个葡萄牙远征队从盖尔国王手里强索了150公担（15 000公斤）桂皮作为"贡品"，这是后来一连串类似的不断升级的强行索要的开端。6年之后葡萄牙人穿越了孟加拉湾，经过短暂而血腥的围攻占领了贸易重地马六甲港口。该港口扼守苏门答腊和马来西亚半岛之间的马六甲海峡，是当时东方最富庶的港口，就像今日的新加坡一样，它的繁荣来自横跨一个天然狭口的重要地理位置。这里聚集着古吉拉特人、阿拉伯人、中国人和马来人的商船，从事着香料以及所有东方珍稀物品的贸易（它的名字可能来源于阿拉伯语malakat，义为"市场"）。马六甲港是所有运往西方的东方香料所经由的咽喉要地，在最早来到这里的葡萄牙人眼里，它是世界上最富有的港口。在马六甲港被攻陷几年之后，一位探险家和年代史编者托梅姆·皮雷斯（Tomé Pires，1468—1540年）以那个时代特有的夸张口吻说："谁做了马六甲的领主，谁就扼住了威尼斯的咽喉。"

可是，即使在这个时候，真正的要地在更靠东的某个地方，在马来人所称的"下风头的地方"。在那些星罗散布的群岛中的某个地方生长着那些最难捉摸也最值钱的香料：丁香和肉豆蔻。1511年时，葡萄牙人只知道这些香料来自神秘的"香料岛"，而当时对他们来说那地方只是一个神奇诱人的想象之地，而不是地图上一个确切的地点。事实上当时欧洲还没有摩鹿加群岛的地图，或至少没有航行可资依据的地图。但对这些岛屿的朦胧含混并不妨碍，反而更促使了人们对它们的玄想。葡萄牙人所能收集到的一些有限情报来自阿拉伯、爪哇和中国的航海者们二三手的报道，剩下的就是一两个自称到过那里的欧洲人让人半信半疑的一鳞半爪的讲述。在大多数人的描述中那里就像直接取自《天方夜谭》中辛巴德航海所去的某个地方。卡斯维尼宇宙志（1263年）定位在婆罗洲附近的一个岛上有丁香，说岛上的居民"脸像皮革护罩，头发似马尾"，他们住在深山之中，"那里夜间可以听到大鼓和小手鼓的声音，还有让人毛发直立的叫声和笑声"。11世纪的旅行家和地理学家（希瓦的）阿尔贝罗尼（Alberouny）讲述了神话般的兰卡岛的故事：

当船驶近这个岛时，一些水手划小船来到岸边。他们留下一些钱或当地人缺少的东西如食盐、腰带等。当他们第二天再来的时候，他们就会得到相同价值的丁香。有些人认为这是在和妖魔做交易，但有一点是清楚的：凡是冒险进入岛的深处的人没有一个再出来。

还有一些阿拉伯人对这些岛屿的记述更神秘和生动，如马苏迪（Masudi，890—956年）的《金子的牧场》（*Meadows of Gold*）：

没有哪一个王国有比这更多的自然资源和出口物，它们之中包括樟脑、芦荟、康乃馨（丁香）、檀香、肉豆蔻、小豆蔻以及荜澄茄等……在不远的另一个岛上，可以听到圆鼓、古琵琶、横笛等乐器声和跳舞及其他各种娱乐的喧闹声。经过这里的海员们都相信Dajjal（基督的敌人）占据着这个岛屿。

尽管这些记述有一些添油加醋，但与16世纪时的情景相差不多。因为这些传说中的香料仅生长在两个小群岛上，其中第一个在现代最大的地图上也只是一个小黑点，当然，在1500年时是没有这样的地图的。要在有着一万六千多个岛屿的群岛中找出这两个岛屿无异于海里捞针。

在这些小黑点最北端的"丁香岛"是今天印度尼西亚最东端的马鲁古省。摩鹿加群岛的5个小岛都只是略大一些的从海上突起的火山锥，周围是一小圈有人居住的狭窄地带。从空中俯看，它们像是一串置于海上的绿色的女巫帽子。两个主要岛屿之一的德那地岛约为6.5英里（约10.5公里）宽，中心的尖顶处高达1英里（1 730米）多。按伊丽莎白时代编著者塞缪尔·珀切斯（Samuel Purchas）的话说，德那地的伽马拉马火山是"是对自然的愤怒"，它定期地喷发，把巨大的石块抛上10 000米的高空，像一瓶巨大的香槟酒打开了盖子。它的孪生兄弟和竞争对手提多尔岛就在1英里之外，像德那地岛一样，它也有一个近乎完美的火山锥。岛只有10英里（约1 609公里）长，高度比德那地岛只矮不到9米，为1 721米，而德那地为1 730米。从它的高峰处可以看见摩鹿加群岛的其他3个岛屿，向南依序排列是：莫蒂尔、马基安、巴赞。在数百万英里海洋和岛屿中它们合起来只占几十平方英里。在16世纪开始的时候以及在那之前1 000年，这里是地球上所消费的每一棵丁香的出产地。

肉豆蔻的产地也是这样隐秘。假如风向对的话，从德那地向南行驶一个星期，一个识路的航行者就能到达一个小的班达群岛，也叫南摩鹿加群岛，它由9个海上突出的岩石和丛林组成，总面积约17平方英里（约44平方公里）。这里，也只有这里生长着肉豆蔻树。

面积狭小和处地偏僻使摩鹿加群岛久不为人知。第一个有一定可信度的自称看见了自然状态下生长的肉豆蔻的欧洲人（虽然很多人对他的讲述持怀疑态度），是16世纪早期的意大利旅行家卢多维科·瓦瑟玛。他发现这些岛屿原始可怕，那里的人"像野兽……愚昧到即使他们想做些居心不良的事，也不知道如何做"。除了香料之外几乎没有什么可以吃的东西。对北摩鹿加群岛的评价他也同样充满微词，他说那里的人"像兽类一般，比班达群岛人还要不开化和没有道德"。葡萄牙历史学家若昂·德巴罗斯（João de Barros,1406—1517年）认为这块地方"不合人意，空气中充满水汽……岸上的条件不利于健康，各种罪恶的滋生之地，除了香料之外别无可取之处"。但是尽管那里水汽弥漫、居民"无赖"，摩鹿加的丁香、肉豆蔻子和皮足以诱使远在半个地球之外的商人来到这里。

1511年，第一个寻找摩鹿加群岛的葡萄牙远征队出发，同年12月，在攻陷马六甲后不久，安东尼奥·德阿布雷乌又率领3艘小船出征。在当地和向导的协助下，这伙葡萄牙人找到了班达群岛。在岛上所采集的肉豆蔻子和皮装满了小船，由于已经没有空余之地可装采摘的丁香，阿布雷乌决定率领马六甲远征队3艘船中的两艘先行返回，留下一个叫佛朗西斯科·塞朗的伙伴继续独自进行搜索。

北摩鹿加群岛的搜寻对于葡萄牙人来说更为不易，虽然后来证明那里的价值更大。经过各种磨难，包括船只在班达海的遇难及在岛屿中迷失方向，塞朗终于划着一只从海盗那里偷来的平底帆船（他在与海盗的搏斗中反败为胜）于1512年到达了德那地岛。他与岛上的苏丹王结成联盟，在该岛与相邻的提多尔岛连续不断的冲突中（这种冲突就像每年的季风侵袭一样频繁）支持前者，这使他赢得了德那地岛民的喜爱。后来他与当地的一位妇女结了婚（有说是提多尔苏丹王阿尔曼索尔的女儿，若果真如此，那便是一个很有计谋的婚姻外交），为自己修建了一个小要塞和贸易站（现仍保存着），从那里把丁香源源不断地运回葡萄牙国内。他在摩鹿加度过了余生。

表面看来，一切都很合里斯本的意。但是，一个迫切和麻烦的事是，葡萄牙对于它所征服的土地是否有合法的拥有权。在许多专家看来，根据托尔德西里亚斯条约西班牙人很可能对这些地方拥有所有权。在当时，人们对地球的圆周长度的估计仍然大大偏低，没人知道太平洋竟会有那么广阔。所有的权威者都认为，"香料岛"距墨西哥海岸边只有数天的航程，这种错误的观念延续了好几年才得到纠正。根据当时被认为是对世界唯一最权威的描述——马蒂姆·弗尔南德斯(Martim Fernandes)1519年撰写的《地理大全》(*Suma de Geografia*)，托尔德西里亚斯所确定的子午线的东侧跨经印度恒河口，这使得摩鹿加群岛应归属西班牙。

当宇宙结构学者们还在争辩和猜测的时候，令人不安的报道和谣传不断传来。从印度向东到摩鹿加群岛要走那么远的距离，这不好的消息颇出乎阿布雷乌和塞朗的意料。由于航行距离之远，他们看来完全有可能已经跨越了葡萄牙的领地，而进入了西班牙的领地。葡萄牙对于他们的远征讳莫如深就更使人猜测不已。当时的地图很少存留下来的原因之一就是它们被作为机密文件对待。西班牙人满腹疑团，在许多人看来，葡萄牙人不像是征服者，更像是他人地界的入侵者。

一个持同样怀疑态度的葡萄牙人是来自遥远的"山后"省的贵族男子费尔南·德马加良斯，英语国家的人称之为麦哲伦。他是早期去往印度群岛的葡萄牙人之一，在征服了马六甲之后他与塞朗一道涉水上岸，他曾救过后者一命。当他的朋友向东航行去往摩鹿加群岛时，他则向西航行到了印度，然后回到了葡萄牙。但他从没有放弃重回印度群岛特别是"香料岛"的雄心壮志。在以后的数年中，他通过塞朗从德那地遭回的满载丁香的平底帆船与后者保持着通信往来。从塞朗的信中可以看出，向东距摩鹿加群岛的距离比葡萄牙当权者所公开承认的要远得多。主要是依据他与塞朗的通信，麦哲伦原来对摩鹿加群岛位于地球的西班牙一侧的猜疑渐渐变成了确信。

确信不久就变成了行动。麦哲伦写信告诉塞朗说他不久就会重新回到他那里，"如果不是用葡萄牙人的方式，就是用卡斯蒂人的方式"。也就是说，他将从欧洲出发向西航行到"香料岛"，完全避开葡萄牙人的地界。这个想法看来是十分可行的，如果他对于地球圆周的估计是正确的，这种航行将比绕道非洲、穿过印度洋的远征要近得多。从技术上说，从严格的航海角度来看，没有任何东西能够阻挡他；但从政治的角度说，这种想法将是爆炸性的。

当然从本质上说，麦哲伦的计划并不是什么新的东西，向西航行到"香料岛"与哥伦布几十年前的计划是一样的，所不同的是麦哲伦知道横亘在他途中的主要障碍，即美洲大陆。向西航行穿过大西洋，麦哲伦想要做的是向南绕过南美洲的最底端，或者穿过一条西南通道，然后继续向西航行到"香料岛"。总之，下一步要发生的情况的轮廓是清楚的。像在他之前的哥伦布一样，首要的问题是要获得必要的资金。在葡萄牙国内，麦哲伦所有为其计划获取资金的努力都失败了。也许是因为国王拒绝给予他定期资助，使他觉得人格上受到了轻慢，这使他渐渐对葡萄牙和曼纽尔国王失去了信心。他也许是宫廷争吵和阴谋的受害者——这是从印度群岛回来的人常有的遭遇。人们不清楚他是否把他的全部猜疑透露给了国王，但多半没有。如果他这样做了，国王也会宁愿不知道这回事：他没有兴趣去听有关他对香料的拥有权所提出的怀疑。不管怎么说，由于没有引起别人对他的计划的兴趣，麦哲伦转向西班牙去寻找更多的资助。于是他在1517年10月20日告别了他的故乡来到塞维利亚。

在边境的另一侧麦哲伦不久就取得了成功。摆脱了葡萄牙宫廷的羁绊后，麦哲伦与福格尔家族在葡萄牙的代理人克里斯托瓦尔·德哈罗联手，该家族是德国的银行业巨头，曾为葡萄牙王室提供过资金资助早先的香料船队。与麦哲伦同样，德哈罗也离开了葡萄牙以寻找更乐于合作的王室伙伴。也许是因为曼纽尔执意要使王室垄断所有的香料贸易以及在定价方面的笨拙做法，德哈罗与国王的关系闹僵了。这两个葡萄牙的背井离乡者一个拥有资金，一个拥有所需的技能。这样，到了1519年，在里斯本宫廷越来越厉声的抗议下，他们又得到了成功的第三个必要条件——西班牙王室的支持。①

在大发现时代所进行的所有远航壮举中，我们有理由说麦哲伦所做的环球航行是最伟大的业绩，无论从所遭受的艰难困苦和所表现出的大胆无畏的精神来说都是如此。1519年9月20日，5艘黑色帆船从西班牙的桑卢港起航，船上共有二百七十多名船员。此次航行构想十分宏大，但由于指挥人员的无知变得极为复杂艰难。尽管有着无数猜测，但始终没有人能知道美洲大陆的端点在什么地方，或者说它有没有端点，如果有的话如何去找到传说中的通道。麦哲伦也许曾设想普拉特河可能是这样一条通道，但是逆流而上航行了一段后发现河水变成了淡水，航路被阻了。试了十几个海湾和河口，每次都失望而返。忧虑、厌倦和疲劳困扰着远征航行。麦哲伦与其西班牙船长们的关系日益紧张，终于在复活节的午夜发生了叛乱，由于一名叛乱者被处死而将之平息。另一名叛乱分子交给了心肠较软的当地人处理。只是当冬天开始过去、在各个河口又作了几次不成功的尝试之后，麦哲伦才终于率领剩下的人穿越了海与岛屿的迷宫，绕过大陆南端的火炉国家——他称之为"火地岛"，然后穿过325英里（约523公里）冰雪弥漫的峡谷，如今这条峡谷被称为麦哲伦峡谷。这已经是一个惊人的业绩了，但付出的代价也十分沉重。当1520年11月28日船队驶入太平洋时，最初的5艘船只剩下了3艘。

幸存者们发现新的大洋很平静，故称之为"太平洋"。但是这种平静只是表面的。像在他之前的哥伦布一样，麦哲伦的计划是建筑在对

---

① 在此之前也许也曾有过西班牙人试图航行去"香料岛"，但是或许因为西班牙王室不愿意与里斯本争衡，或许是由于葡萄牙人的计谋，终未成行。早在1512年巴伦西亚的大主教曾力主一项计划，根据该计划，西班牙人可以向东航行，征服马六甲，然后夺取摩鹿加群岛。

地球圆周的错误的假定上的，而对麦哲伦来说这种错误的假定几乎是灾难性的，因为这使得他对横在他前面的海洋之广阔毫无所知。在14个星期里，幸存的海员们向北面和西面挺进，捉摸不定的风向和对路途的犹疑使他们备尝苦头，而食物和淡水已渐趋枯竭，驱使他们的只有一个固执的念头：摩鹿加群岛就在地平线的那边（事实上他们是极为幸运的，因为他们所选择的航线上正好有一股西向的气流，这种气流就如同海洋上的一条传送带载着他们前行。如果他们的航线再偏北或偏南一些，他们肯定会遭殃）。在横渡太平洋开始后不久，所带的给养用完了，船员们只能用已经变质有味的水泡饼干吃。当饼干也吃完了的时候，他们只能用锯末掺和着老鼠粪充饥，或者用牙咯吱作响地啃船桅横杆末端的皮革来充饥。他们的牙龈是黑色的，很多人患有坏血病。当1521年3月6日终于见到陆地时，许多人都严重地营养不良，精疲力竭，情绪低落。他们至少有99天没有吃到新鲜食物和水了。

　　接着发生了荒谬和有损名誉的事情，像是虎头蛇尾。到达今天的菲律宾所在地后不久，麦哲伦便投入了与这次远征的编年史家所称的"一种几乎赤裸的原始民族"的无端冲突。他在这样的冲突中致死是十分荒唐的，其目的只不过是要显示基督徒武器的威力。这发生在刚刚经历了一次地狱般的渡海远航之后就更是一种讽刺了。"这位勇敢的葡萄牙人——麦哲伦，就是以这种方式满足了他对香料的渴望。"

　　即使到这时候，那些幸存者仍然面临着艰巨的航行任务。既不清楚自己到了什么地方，也不知道该往什么地方去，他们去往了"无数岛屿，执意要找到摩鹿加"。终于，麦哲伦的马来人奴隶（那是他在印度群岛时的留存物）辨认出了绝不会看错的耸立于地平线上的两座孪生山锥：德那地和提多尔。当德那地岛上的少许葡萄牙驻防人员惊讶和沮丧地在一旁观望时，船队船员们兴奋地鸣炮庆祝，继续向邻近的提多尔岛驶去，在那里"像疯了一般"地抢购丁香。记述者的欣慰之情跃然纸上:"我们如此兴奋是毫不足奇的,因为只差两天我们就在海上整整度过了 25 个月的磨难和风险,目的就是要找到摩鹿加。"

经过短暂的停留和补充给养,为数已大为减少的幸存者们便计划返航。这时麦哲伦的领头船特立尼达号的船底因为虫蛀而严重漏水。船员们以最快的速度修好了船体开始返航,试图先通过太平洋到达墨西哥,然而不顺的风和逆流迫使他们退回了摩鹿加,可刚一靠岸船与人员就都被葡萄牙人俘获了,其中只有 4 人后来有幸生还西班牙。

与此同时,另外一艘幸存的船维克多利亚号开始向西返航。[1]经过 9 个月的艰苦航行,绕过好望角向北,纵贯整个非洲大陆的西海岸,穿过直布罗陀海峡,最终回到了西班牙。1522 年 9 月 6 日,当维克多利亚号摇摇晃晃驶入桑卢港时,距它离开这里只差 14 天就满 3 年了。在离港时的二百七十多名船员中只有 18 人生还。当时在港口的一位目睹者在谈到返航的船时这样说道:"船身上的洞多得像筛孔一样,那 18 名疲惫的船员就像力气耗尽的马匹。"

由于提前死去,麦哲伦没有得到他不惜背离祖国而渴望得到的财宝和名誉。作为一个葡萄牙人而效劳于西班牙,他所得到的只是国人对他的责难和他所服务的国家对他的怀疑(如果他能生还西班牙,他肯定会与宫廷的诡计发生冲突)。光荣归属了率领维多利亚号返回桑卢港的一位名叫朱安·塞巴斯蒂安·德埃尔卡诺的祖籍为西班牙盖塔利亚的人,他曾在圣·朱利安港参加了对麦哲伦的反叛。而这位幸存者也获得了战利品,他被奖励了一面盾徽,图案是一个地球,置于两根桂树枝、12 朵丁香花苞和 3 个肉豆蔻子上,两侧各是一个手执香料树枝的马来国王。纹章上的笺言是"Primus circumdedisti me"(你是环绕我的第一人)。

---

[1] 第三艘船康赛普辛号在到达菲律宾时被放弃并烧毁了,"因为人员太少"。

第一章　香料搜寻者

正如这位有耐力的西班牙人比率领他的葡萄牙指挥者活得更长久，在外交大舞台上的情形看来也如此。当维克多利亚号摇摇晃晃地返回港口时，形势又开始变得对西班牙人有利了。原来西班牙王室对提多尔岛的主权只是一种赌注，现在它的船队实际到达了那里，这使得它对摩鹿加群岛理论上的拥有权得到了有力的支持。即使如此，种种的曲折反复仍然不可避免。边境城镇巴达霍斯是西班牙和葡萄牙双方外交家激烈辩论的地方，关键的问题仍然是那个无法回答的难题：摩鹿加群岛的精确经度（事实上，这些岛屿的确位于葡萄牙的领域内，但这还要待多年之后才得到确认）。西班牙人指出他们对提多尔岛的实际占有，而葡萄牙人称他们是潜入他人领地者，西班牙人也以同样的恶语相加。谈判迁延无决，免职一个接着一个也毫无用处，而问题的最终解决不是由于外交家而由于马德里皇家国库的会计。根据1529年签订的萨拉戈萨条约的条款，手头吃紧的西班牙君主不顾大臣们极力相劝，把对"香料岛"的领土主张权以350 000达克特作了交易，以支付他行将举行的盛大婚礼的费用。由此，西班牙人花了如此多的心智、汗水、现金和鲜血所得到的对摩鹿加群岛归属的主张权，被出卖去换得皇家婚礼的资金。

这是一项伟业的不光彩的结局，许多人包括哈罗对国王的这种短视行为提出了抗议。此前估计从这些岛屿每年可获得的利润为40 000达克特，而这一交易所得实际还不到10年的利润。而另一使投资者们感觉失望的事是迄今那些利润并没有兑现，维多利亚号的返航也没能给哈罗和其他投资者带来多少欢乐情绪。在到码头欢迎的人中有一位投资者对这次远征的花费和所得的回报作了详细的计算，该记录300年后被学者马丁·费尔南德斯·纳瓦雷特（Martín Fernández Navarrete）所发现。这份被称为"清算档案"的未加修饰的有关成本和利润的小结令人读起来饶有兴味。在远征船队中排位倒数第二、只有85吨的维克多利亚号的破漏的船舱中卸下了381袋丁香,这是到达提多尔岛后疯狂采购的结果,重量估计在520公担1阿罗瓦① 11磅,折合60 060磅或27 300公斤。其他香料包括:桂皮、肉豆蔻皮、肉豆蔻子。奇怪的是还有一支羽翎(天堂鸟的?)。

在旁边的支出栏中罗列的费用包括:武器、粮食、锤子、灯笼、鼓、沥青和柏油、手套、一块胭脂虫红、23磅干藏红花粉、铅、水晶、镜子、6架金属天体观测仪、梳子、彩色天鹅绒、飞镖、罗盘、各种小装饰品和其他杂物开支。加上5艘船中损失的4艘、给船员们的预支费、幸存者的欠费、领航员的退职费和奖金等,此次远征总的结果是,381袋丁香在市场上卖出后仅有少量结余。对投资者来说这是令人失望的,与葡萄牙在东方所得的巨额利润比起来实在可怜。但不管怎么说总还是有盈利。这个结果肯定是可在财务记录上大书一笔的事情:一小船丁香支付了首次环球航行的费用。

天堂里的香气

> 这是一个快乐的果林,飘溢着香料的香气。
> ——一首北翁布里亚人写于1325年的诗 Cursur Nundi 中所描写的天堂景象

哥伦布、达·伽马、麦哲伦这三位大发现时代的开拓者在成为地理发现者之前实际上是香料的搜寻者。尾随他们而来的是那些不太出名的后来者,沿着他们在未知领域里的探索之路,航海家们、商人、海盗,最后是欧洲各列强的军队,一齐开始了香料的大搜寻,他们为

---

① 西班牙重量单位。——译者注

占有香料而拼死争斗，有时付出血的代价。

继早期伊比利亚半岛国家的成功之后，香料贸易的主导权转到了新教徒手中。在16世纪末，英国和荷兰的商人开始出现在亚洲的海面上，他们为获取香料的愿望所驱使，用康拉德的话说，"就像爱情之火"在胸中燃烧。他们比以前在大西洋和亚洲海面上的那些商人们有更好的组织和更无情的手段。他们彼此之间、与天主教国家和与所有亚洲的竞争对手及走私者展开争夺，为的是把香料直接运到阿姆斯特丹的海伦格拉赫特（Herengracht）或伦敦的"胡椒巷"（Pepper Lane）。

在这些来自北方的后来者手里，葡萄牙的印度领地遭受了长期的、屈辱的蹂躏，虽然它的历史还不到100年。入侵者在残留地上大肆掠夺，攫取了最好的香料。1599年第一艘荷兰船只来到北摩鹿加群岛，载着沉甸甸的丁香回到了阿姆斯特丹。正如一位船员所说的："自从荷兰作为一个国家以来，人们从未见过载有这样多财宝的船只。"紧随其后，英国人1601年也东行来到这里，率领船队的詹姆斯·兰开斯特得到新成立的"伦敦商人与东印度贸易公司"（即人们通常所称的"东印度公司"）的赞助。①从爪哇的班塔姆港出发，一只英国的船载小船1603年3月到达了班达群岛，船员们进入了岛上的肉豆蔻丛林。其他帆船接踵而至，有的船名就叫"丁香"或"胡椒子"，可见信心之足。在爱（Ai）岛和伦（Run）岛立足之后，詹姆斯一世曾一度自诩为"英格兰、苏格兰、爱尔兰、法兰西、普洛维（Puloway）、普洛伦（Puloroon）之王"。在英国在海外最早的领地中，这后两个小岛因为盛产肉豆蔻其名声超过了百慕大。

虽然这些初期的远航结果忧喜参半，疟疾、坏血病以及缺乏经验使不少海员丧命，可这些北方的入侵者不久即以迅猛之势对葡萄牙人

---

① 顺便说一下，在这次航行中英国人头一次用柠檬汁来抵御坏血病。

展开了攻击。他们最先夺取的就是最遥远的"香料岛",那里的一小撮葡萄牙人早就使当地的穆斯林民众产生了恶感,如今他们固守在一些久被围困的破旧要塞中。德那地岛1605年被攻陷,不久荷兰人占领了葡萄牙人在安汶岛上的要塞,该岛位于南、北摩鹿加群岛之间。随着征服者达·伽马和他的继任者阿尔布开克(Albuquerque,1453—1515年)连连败退,葡萄牙人陷入越来越深的困境之中。在1630年后的损失惨重的10年当中,锡兰的香料林被锡兰—荷兰联军所占领,然而锡兰人不久就将为他们这种权宜之计的联合而懊悔。葡萄牙人耶稣会士费尔南·德凯鲁兹声言,荷兰人"备受当地人的痛恨,以致每一块石头都要起来向他们抗击"。但是他有关当地人独立的预言早了300年左右。作为瓶颈和东方贸易中心的马六甲海峡1641年被荷兰人攻占,接着印度的马拉巴尔于1661—1663年间陷落。至此,香料成了新教徒们的占有物。

　　同一出戏也在世界的大舞台上上演着。地理大发现的黄金时代也是欧洲海盗的黄金时代,那时海盗们的掠夺得到王室的支持,也使王室变得富有。在这方面,一个被认为能创造奇迹的人物是弗朗西斯·德雷克,他所率领的金母鹿号是第二次环绕地球的船只。沿途他们于1579年访问的德那地岛,临走时载了一船丁香并得到苏丹王巴布的保证,把丁香贸易保留给英国人。而德雷克则许诺将修建贸易站和工厂,并"把海上点缀上船只"。这个交易从来没有实现,但这个条约甚至比西班牙人堂皇地运回偷来的金银意义更大,这使得西班牙驻伦敦的大使提出要德雷克的脑袋。有这样令人目眩的高额利润在眼前,德雷克与巴布签订的条约使投资者们兴奋得发抖,更有不少人跃跃欲试想效仿他的做法。就这个条约来看可能给伦敦的商人带来的影响以及最终导致20年后成立了东印度公司,德雷克与巴布所签订的条约很可能是那次远航的最有悠久意义的成就。

和德雷克一样，香料的搜寻者们从来不避讳粗野的举动。一艘满载香料的帆船实际上是一个漂在海上的聚宝盆，而从严格的商业角度来说，劫掠一艘返回的船要比自己去从事危险的远征便宜和容易得多。因此从印度群岛返回的大大小小的货船经常会遭遇海盗和抢劫者的袭击，他们潜伏在大西洋上，伺机夺取那些精疲力竭、因疾病而减员的船员们所驾驶的船只上的财宝。1665年11月塞缪尔·佩皮斯曾亲眼见过这样一艘运货船，他当时作为皇家海军食品检查和供应员去检查两艘劫获的荷兰去往东印度群岛的大商船，在船上他看到"一个人在这个世界上所能见到的最可观的财富，它们散乱地堆积着——每一个缝隙里都散着胡椒，人们脚踩着它们；还有丁香和肉豆蔻，它们深可没膝，满屋满室……我一生从没有见过这样的景观"。

但是迄今为止，对英国人来说这只是一种象征性的胜利，因为他们自己在"香料岛"的前沿阵地上早已和在他们之前的葡萄牙人遭受同样的命运了。一位在摩鹿加群岛的英国商人报道说，荷兰人对于要与他人分享来自摩鹿加的丁香和肉豆蔻"愤怒不已"。结果，1623年2月在摩鹿加中心安汶岛上的英国工厂的职员被强行集中到一起，遭受残酷的刑罚和杀害。其实他们的命运在几年以前发生的伦岛（"肉豆蔻岛"）上英国前沿阵地被摧毁时就已经有了预兆，当时为了彻底连岛上的树也毁光了。"安波亚娜（安汶）商业的悲惨遭遇"激起了人们散发大量小册子和发表反荷兰人的演说，德莱顿[①]甚至还为此写了一个剧本（剧名为《安波亚娜》，当然那肯定不是他的优秀作品之一，沃尔特·司各特[②]认为它"不值一评"），其中的一些威吓言辞后来不

[①] 德莱顿（1631—1700年），英国桂冠诗人、剧作家和评论家。共写过30部悲剧、喜剧和歌剧，有的文学史家把创作的时代称为"德莱顿时代"。——译者注
[②] 司各特（1771—1832年），英国的民谣家和历史小说家，作品包括《威弗利》(1814年)和《艾凡赫》(1819年)。——译者注

断被引用。事情最后由签订第二个布莱顿盎格鲁—荷兰条约（1665—1667年）而解决，英国人放弃他们对摩鹿加群岛的主权主张，以换取他们对业已从荷兰人手中夺取的一个岛屿主权的承认，那是（在当时）完全没有什么吸引力的新阿姆斯特丹岛，亦即得胜者后来命名的通常人们所知的纽约岛。①

　　但是从长远来看，这种先攫取再讨价还价达成协议的做法虽吸引人但不是长久可行的。从商业上获得的毕竟要比掠夺带来的多——这种区别那些正执香料贸易牛耳的人大概还没有认识到——此时香料贸易的大头已经转到了荷兰人手里。在17世纪上半叶的头几十年中，英国人只是从事零敲碎打的海上劫掠，伦敦从未进行过任何持久性的投资，结果到了该世纪中叶荷兰人便成了无人可与之竞争的香料贸易的主导者。他们实现了葡萄牙人试图达到但没有成功的目标：对胡椒和桂皮贸易的控制以及对丁香、肉豆蔻子和肉豆蔻皮贸易近乎全部的垄断。

　　在荷兰东印度公司（VOC）的赞助下，困扰香料贸易的问题逐渐得到了解决，早期强盗式的资本主义渐渐演变成一种带有较明显的现代特征和永久性的制度。对市场具有破坏性的周期性过剩和短缺被无情的有效垄断所取代，灾难性的人员死亡代价和在非洲沿岸的航行被减少到可持续的水平，大多商业中的风险也被消除了。葡萄牙人在印度领地的资金支持始终没有摆脱中世纪的方式，受到王室笨拙的垄断和腐败之风的掣肘，而从荷兰须得海出发的船队却得到联合股份公司、股东和董事会等的全方位支持。不久之后，荷兰东印度公司和它

---

① 这其中的联系长期以来一方面使不知情者感到迷惑，另一方面又为要制造轰动效应的历史记载提供素材，事实上对这两方面都不能过于认真。这两个岛的交换只不过是对战场上的事实的迟来的承认。就在该条约签订的时候，英国已占领了曼哈顿，荷兰占领了伦岛。问题并不比这复杂多少。

的英国竞争对手便发展为正式的帝国主义的拥有众多职员和行政管理人员的大军。

这就是充满血腥和苦涩的香料朝代的一个简述，但是，如果说地理发现者们标志着一个新时代的开始，他们也标志着一种结束，因为他们的奋斗实际上只是一种伟大传统的一部分。卡蒙伊斯在他诗篇的第一节中称颂达·伽马和他的基督徒香料搜寻者们扬帆驶入"从未有人涉足的海域"，但实际上香料航线在这之前几百年就已经有船只在航行了，只不过不是欧洲人，或者只有少数欧洲人。正如对于开拓者来说常有的情况，即使在那些发现者之前常常也会有先驱者。亚洲的香料早在欧洲人了解亚洲之前就已经在欧洲有了名声，这是因为有人，或更准确地说有各种不同的人曾去那里获取这些东西。除了达·伽马派遣的使者受到一群惊惶的摩尔人的迎接之外，他本人曾在马拉巴尔海岸看到有意大利商人在那里活动，有一些是在为穆斯林统治者效劳，此外还有一些别的早去的人，这多少打消了一些他的傲气。从这种意义上说，地理发现者们虽然有史诗般的功绩，但这种功绩从本质上说只是相对而言的。不论是那些航海远征还是驱使他们的那种强大的、有促发变革之力的口腹之欲都不是凭空而来的，当达·伽马和他的同时代人寻求香料起锚远航的时候，已经有上千艘船为这种饮食口味所驱使而出征过了。

如果有哪位参加过这项宏大的古代探索活动的人被问及他何以要这样做，在不得不作出回答的时候，他的功利性的回答和现代的历史学家的回答将没有什么大的差别：为了利润。与香料紧密相连的那种巨大财富的名声使有些人——我们在后面将会看到——认为这种联系有损他们的名声（哥伦布本人就因为有人把他的探索活动说成是受不高雅的世俗动机的驱使而深感困窘，因此他曾举出一些有精神价值的副产品来尽力为自己从事的活动辩护：重新夺取圣墓，为新的十字军远征筹集资金，使异教徒皈依基督教等）。但是如果一位中世纪的商人被问及为什么人们如此看重香料和如此苦苦寻求，他的回答就不会像令人信服的物质上的理由那样使历史学家易于理解了。在这方面香料的魅力不是那么容易解释的，而我们的祖先也没有少为这事感到困惑，而事实上它们的吸引力的一部分和价值的很大部分正在于它们的难于解释性。在哥伦布和他的同伴们重新勾画世界地图之前，香料所具有的分量是我们这些卫星和全球定位系统时代的人所难以想象的。产自那神奇又神秘的东方，它们是来自另一世界的东西，是的，人们认为香料是生长于天堂之物。

香料之被如此看待并不是出自一种虔诚的虚构，事实上它是一种接近于福音真理的东西，是自基督宗教早期就有的一种信仰之物。彼得·达米安（Peter Damian，1007—1072年）是众多智慧而有学问的信徒之一，他是一位意大利基督教神学家、圣徒、隐士和苦行修道者，在他动荡的人生时代，虽然多少并非他自己所愿，11世纪那些重大的问题汇集在一起。在他位于平宁山脉中部荒凉的山崖陡壁之中偏僻的方蒂阿维拉那寺院中，他梦想着一方净土，在"永生泉"旁，

> 没有难耐的严冬与酷暑。
> 永恒的春天里紫色的玫瑰盛开。
> 白色的百合与番红花流淌着香液。
> 绿色的草原，成熟的庄稼。
> 蜜的河流，馥郁的香料与醇酒。
> 水果挂在枝头，果园里鲜花盛开。

对达米安来说，天堂里充满香料的气息绝不是某种突发的奇想，他的词语和想象乃取自《彼得启示录》，那是一部现今被视为伪经但在中

世纪时期广为诵读的基督教早期著作。达米安本人在接连写给圣·休（St Hugh, 1024—1109年）牧师的信中也多次谈到这个话题，后者是他的朋友与同事，是当时作为西方基督教界知识与精神中心的克卢尼本笃会寺院的教士。在达米安看来，静谧的克卢尼寺院是"四福音作者的圣水浇灌的天堂，一个……充满蜜意花香，百合、玫瑰盛开，香料气息飘溢的乐园"。

要了解香料的魅力及其价值，很重要的一点是要知道人们曾相信它们是某种非俗世之物。因为在达米安看来，如果天堂和那里的香料是净洁的，他自身所处的这个世界就是污秽不堪的。达米安的其他著作包括《俄摩拉城书》①，那可以说是在所有书中对人性持最阴暗看法的一本书。在达米安眼里，整个人类都身陷龌龊的泥潭，作为一线希望的教会本身也是道德沦丧、令人厌恶的同性恋之所。牧师们沉湎于各种无尽的欲望，为鸡奸的毒瘤所缠绕。主教的职位成为一种买卖，淫荡的教士们公开地娶妻生子，并把生活方式传给他们的私生子，贪污腐化的罗马教皇为世俗权势所不齿。达米安在他位于荒野中的隐居之处张望尘世，把它看做是一个野人出没的蛮荒世界，而天堂似乎遥不可及。

可是天堂馥郁的香气好像就在他的鼻子底下，香料是在一个龌龊的世界里来自天堂的气味，而绝不仅仅是一般意义的吃食。这种名声即使在人们对世界的了解大为扩大、旅行者们逐渐到达了地图上一些不为人知的角落后仍然留存了下来。让·西尔·德茹安维尔（Jean, Sire de Joinville, 1224—1317年）对来自东方的香料作了相当典型的解释。在他那个时代以及之前之后的一个相当长的时期，埃及是近东和远东的一个中介，因而成了欧洲香料的一个主要提供者。1250年

---

① 俄摩拉城是罪恶之都，据《圣经·创世记》，该城因居民罪恶深重被神毁灭。——译者注

十字军远征被俘之后，德茹安维尔成为苏丹王的囚徒被关在埃及的地牢中，以待巨额赎金保释。曼苏拉之战后他手下的人遭瘟疫袭击大批死亡，虽然他在尼罗河上看到过漂浮着的他的伙伴们泡胀的尸体，但他仍然愿意相信这条河与神相通，因而会载有更赏心的东西：

> 在尼罗河流入埃及之前，那些习惯于傍晚在河上撒网的渔民早上在他们的网中会发现一些商人们带到这个国家按斤两出售的东西，即生姜、大黄、芦荟木，还有桂皮，据说这些东西来自人间天堂。因为大风把这个国家的一些已死的树木刮倒了，商人便把那些漂浮在水上的树木卖给我们。

与其他绝大多数欧洲人不同，这个描述来自一个曾经涉足过那些河的人。

德茹安维尔的记述也不是一个海外归来者编造的、意在使他的乡亲们眩目的离奇故事。按今天的标准来判断，人们把他的话当做知情者的见解，而且很多人情愿相信他所说的东西，认为否则就是对神的不敬。因为虽然没有人到过人间天堂，但很少人怀疑它的存在，尽管人性堕落，失去的伊甸园中的果实仍按照一种古老的传统从那里绵延传续。(维也纳的)圣徒阿维图斯（St Avitus，490—518年）曾说"凡芳香美丽之物皆来自彼处"。香料生长于伊甸乐园从文字上看即是如此，因为"快乐"（delights）和"香料"（spices）[①]在词义上是同一的。(塞维利亚的)圣徒伊西多尔（St Isidore，560—636年）在也许是中世纪早期最有影响的基督教界对东方和人间天堂的描述中，对这种联系作了解释："天堂……在希伯来语中被称为'伊甸园'（Eden），

---

① 英文词 spice 亦有"情趣"、"趣味"等义。——译者注

翻译成我们的语言就是deliciae，即富庶和快乐之地（或者，奇异的乐趣与美味本身），合起来就是'快乐之园'（Garden of Delights），因为园里面长着各种奇花异木和结果实的树，包括'生命之树'。那里既不冷也不热，永远是春天。可对人类来说不幸的是，这个乐园四周被'如剑的火焰和冲天的火墙'所围绕。"

正如德茹安维尔所感觉到的，由于供给与需求之间有这样一道屏障，转运的方式必定是朦胧神秘的，同时也是引起众多猜测的对象。据《圣经·创世记》（Book of Genesis）所记载，伊甸园之泉"来自地下，浇灌着整个大地"。翻译成中世纪的宇宙志，《圣经》的解释认为，该泉乃是尼罗河、幼发拉底河、底格里斯河、菲森河（或者如一些人所称的"恒河"）水之源。（希波的）圣徒奥古斯丁（St Augustine，354—430年）认为，这些河流从地下绕过了火焰屏障，然后重新出现在地面上，正是通过这些河流香料才到了我们这里。

因此，当德茹安维尔看到尼罗河水并对从中所得的收获作出有趣的解释时，他实际只是把《圣经》的记述与他的亲眼所见调和在一起。香料以一种未知的方式，由未知人载渡，通过来自另一世界的河流，从只在《圣经》和寓言中所知的地方而来，集中在开罗和亚历山大的露天市场，从那里又来到了欧洲市场，正像许许多多宇宙中的漂流之木一样。

或者说得可能更准确一点，就像金粉一样，说得越神秘就越有利可图。由于一位中世纪营销天才的奇想，有一种香料的名字即取自它意想的发源地，叫做"天堂谷物"，自13世纪以来香料账本上就有了这名字。在中世纪时，"天堂谷物"或其简称"谷物"比印度的黑胡椒还要贵，这种气味强烈的香料当时只在一些专门的商店里出售，它其实是一种原产于西非的树木（Aframomum melegueta）的果实，是葡萄牙商人的船队向南航行绕过非洲大陆西部的突出部分时采购的，或者是商队沿着通布图的黄金与奴隶贩卖之路穿过撒哈拉大沙漠运输的。当"谷物"到达欧洲时，它们的来历被罩上了光环，而产地已经被人们忘记了，天堂便成了一个和任何其他地方一样可信的产地。

到了21世纪，香料昔日的光彩已大多失去，很大一部分原因是围绕它们的贸易和产地的那种神秘感已不复存在。天堂不是作为一个地点而是作为一种象征被传之后世的。可是几百年来天堂与香料被紧密地联系在一起，这种联系能够延续下来的一个原因是，没有人能够证明不是这样。一些已知的事实又增加了使人迷惑之处，这使得可以作添油加醋的解释。参与有关贸易的很少有人知道上一道手是什么人和在哪儿进行的，在整个香料路线中差不多都是这种情况。只有这些交易的最初一些经手者知道他们货物的来源。很少有人知道它们将运往什么地方，更没人能够了解整个体系的全貌，贸易只是一部分一部分地进行的，从一个中间人转到另一个中间人，也许这个体系的最大奇迹就是它的存在本身。

这是因为从收获到食用，欧洲的香料经历了一条漫长而极易中断的路途。地图上香料线路迷宫般地穿行就像黑蚂蚁曲折蜿蜒地行进，辗转于大海与沙漠之中，突然消失又突然出现，歧路分支滋蔓，一切都依随城市与帝国的荣辱兴衰、战争的爆发与升降不居的需求。1256年到访的苏格兰国王和王后在伍德斯托克举行盛大的"圣母升天节"之宴时，用去生姜、胡椒和桂皮各50磅、丁香4磅、肉豆蔻皮和子各两磅，另有两磅高良姜①。对于这些调料来到餐桌上之前的那种种经历，那些食客们只能凭想象去猜测了，它们由此所带的魅力和被视为天物，今天的我们是很难想象的。

---

① 高良姜为产于东亚的山姜属植物 Alpinia officinarum 的根，与生姜相近，辛辣味略强。中世纪时欧洲食用的人很多，今天在泰国仍很流行。

在所有香料中，来自摩鹿加群岛的丁香、肉豆蔻子和肉豆蔻皮旅途最远也最显神奇。它们被泡在酒里制成香料酒盛于杯中供那些到访的君王们享用，而对于这些香料人们略有所知的只是它们的产地。在班达群岛的丁香丛林中或在德那地与蒂多尔岛火山锥的荫庇处收获之后，它们很可能被装载于一种带浮体的小船上，这种小船至今仍可见穿行于群岛的各岛屿之间。它们也可能被来自中国的商人们所收购，据说从13世纪起这里就成了他们的造访之地。向西驶过苏拉威西海、婆罗洲和马六甲海峡，它们被运到印度和马拉巴尔的香料市场。接着阿拉伯人的独桅帆船载着它们穿过印度洋来到波斯湾或红海。在巴士拉、吉达、马斯喀特、亚喀巴等古代港口，这些香料被转手到大的商队手里，后者分数路穿越沙漠把香料运到阿拉伯的市场，继而从那里运往亚历山大港和黎凡特。

只是在到达地中海水域之后，这些香料才最终转到欧洲人手里。在公元1000年之交，这些香料出现在欧洲沿岸城市马赛、巴塞罗那、拉古萨等的记载上。有些是经由拜占庭和黑海运到的，然后通过多瑙河运往东欧和中欧，但大部分通过亚历山大港和黎凡特运到了意大利。从那里又经过几条线路，穿越过阿尔卑山的关口运往法国和德国。此外还有一种更安全和便捷的方式，那就是威尼斯或热那亚商人用长帆船把香料载运出地中海，通过直布罗陀海峡，绕过伊比利亚半岛停靠于可以见到圣保罗大教堂哥特式尖顶的港口。在泰晤士河畔的码头香料被转到英国商人的手里，也可能还有意大利、佛兰德和德国的商人，之后是储入某个王室香料师的橱柜，这个漫长旅途的最后的历程是从食橱中取出烹调后进入王室成员的腹中。

如果这便是当时的运输体制，不管我们对之的了解多么模糊，当时的人对之如何蒙昧无知，这种情形不但没有抑制反而平添了人们的想象。香料气息弥漫的梦中乐园一直是中世纪文学作者的素材，在一本卡斯蒂利亚语的写于13世纪中期的《亚历山大故事》(*The Romance of Alexander*)中有这样的描写：高良姜、桂皮、生姜、丁香、莪术①的香气在梦之乐园中随风飘荡。就像柯尔律治②梦想自己来到了快乐的冰洞"诗情画意之地"③，《哑剧与索斯塞格》(*Mum and the Sothsegger*)一书的不知名的作者离弃了14世纪灰暗贫困的英国农村，去到一个想象中的美好富庶之地，那里永远是溢满香料的"黄金世纪"。那个时期广为阅读仿效的诗歌《玫瑰传奇》(*Romance of the Rose*)中所述的太虚幻境弥漫着玫瑰和香料的气息。在唤起人们对这些美好之地的向往中，香料与珍珠般的牙齿、雪白的胸脯、翩翩骑士、困境少女一样都是诗中常见的题材。

  诗人与神话故事的作者仅满足于用香料的气息来渲染所描写的天堂的气氛，此外就没有了下文，而另有一些人则执意要在地图上找到那些神奇的香料生长之地，这当然是一件需要有很大的创造力和想象力的伟业。因为所有有关天堂和香料的报道都是转述而来，这便给中世纪的人提供了奇思漫想的空间。虽然所有的东西都是不能证实的（或更准确地说，不能证伪的），但一般都认为那些香料一定来自某个上下颠倒、离奇古怪的地方，在那里欧洲人的生活规则是不适用的。它们一定与在欧洲罗马教堂入口处扭着身子走过、或在欧洲作者手稿中记述的那些跳跃嬉戏的奇人怪士出于一地。一本14世纪出版的《国家书志》(*Bibliothèque Nationale*)中有一幅插图，上面画的是一群围着腰布肤色黝黑的印度人在用柳条筐采摘胡椒，旁边有一个欧洲商人在品尝货色。至少就所画的植物的细节来说与真物相差不远，但附

---

① 一种姜黄属（Curcuma）植物的块茎，与生姜近似，中世纪时广泛做药物和食物调料。
② 柯尔律治（1772—1834年），英国诗人、评论家，与华兹华斯合著《抒情歌谣集》，开创了英国文学史上浪漫主义新时期。——译者注
③ 柯尔律治诗歌《忽必烈传》中所述的一处地名。——译者注

近有一群长着狗头的印度人在为香料讨价，脸长在胸前的男人在丛林里嬉戏，另一些长有粗大的独脚的人蹦来蹦去。

这种半准确加上胡乱歪曲的图画是很有代表性的欧洲人眼中的东方形象。但是这种描画的本意是否真的打算让人相信呢？在考察这些以及其他类似的图景时，现代人往往容易比中世纪的人轻信。显然，有一些有关印度群岛和香料的更神奇的故事并不是想让人们照字面上去信以为真，把它们作为信息源是非常不可靠的，不小心就会上当。在这些神奇的有关东方的图画中，显然，我们所在之地也不是欧洲。虽然这些描写的调子是嬉戏性或说教性的，但是人们可以看出，它们的效力即在于这种颠倒本身。对于它们的创作者来说，香料正是要达到那样一种目的的手段。正是通过他们在想象中的这种颠倒，我们能够感觉到，虽然只是很隐约地，香料在实际中是如何地不寻常。就像长着狗头的男子和与之配对的食人的强悍女人一样，香料在想象中的印度群岛的寻常正如它们在欧洲的不同寻常；它们在中世纪幻想中为常见之物正是因为它们在实际中是很特殊的东西。

当然，现在回过头去看，从这些虚幻的影像中去择取事实是比较容易的，但是在中世纪时，这种界限并不是那么清楚。而正是这种对世界的上下颠倒、内外颠倒的意识使大约自13世纪开始出现的旅行者们的那种或多或少虚构的故事形式有了活力。许多这样的故事不过是滑稽模仿作品，如《十日谈》中的希波拉兄弟到"谎言国"（"我在那里发现了很多行乞的修道士"）去，以及印度有着能飞翔的羽翅的帕斯尼普。这些故事中最有名的而且从各种意义上说对香料谈得最多的是《旅行记》①，一般认为该书为约翰·曼德维尔爵士（Sir John Mandeville）

---

① 该书名亦译作《约翰·曼德维尔爵士航海及旅行记》，著者曼德维尔为14世纪英国作家，该书内容多取材于百科全书及他人的游记，关于他的种种传说无从确证。——译者注

所著,这名字是一个匿名——多半是法国人,一个很适当的具有骑士风味的假名。该书开始流行时有各种版本,在1356到1366年间被译成英文,同期翻译的还有其他一些现在已成为经典性的有关东方景物的小说,如《歌革和玛各》[①]、《祭司王约翰》[②]、《成吉思汗和他的亚洲乌托邦》。香料是曼德维尔幻想的场景中的特征物之一。在爪哇生长着比其他任何地方都多的生姜、丁香、桂皮、肉豆蔻子和肉豆蔻皮。这里可能含有一些真实的成分,即模糊地意识到有爪哇商人往返于摩鹿加与西方之间运送香料,这些作者可能是从马可·波罗那里学来的,但它的影响以及寓意是把不寻常的东西变得好像普通寻常,这是因为曼德维尔(其他人也如此)写作的目的不是为了传达信息,而是要让人惊愕莫名。往后读下去就出现了崇拜牛的人身狗头人,吃死尸的野人,以及由亚当和夏娃的眼泪变成的珍珠。香料就是生长在这样的世界中的,它们与龙和金山一样都是这些故事中的特有之物。

曼德维尔的描述一定会使那些商人们觉得愚昧可笑,因为即使在那时他们也知道不是那么回事,而对实际情况有所了解的人确也不少。(波代诺内的)一个叫奥多里克(Odoric)的圣芳济会修道士曾经在1316到1330年间在印度、东南亚和中国旅行过,他报道说在威尼斯见到过"很多"去过中国的人。大约在同一时期,突尼斯旅行家伊本·巴图塔(Ibn Battuta)在印度和中国见过来自热那亚的商人。不过虽然跑腿的是那些商人,给东方的模样定调子的却是曼德维尔一流人。(这样说也许低估了香料商人们的机智,因为他们当然愿意有人把他们的货说成是奇货以抬高价格。正如一位圣芳济会的修道士在谈

[①] 书名中的歌革和玛各指预言受撒旦迷惑必将作乱的两个民族,见基督教《圣经·启示录》。——译者注
[②] 书名中的祭司王约翰是传说中的一位中世纪国王兼祭司,曾统治过远东和埃塞俄比亚。——译者注

到有关桂皮来源的神话时所说的："因此人们都在假装，使东西显得贵重以抬高价格。"）那些会使香料真情败露的消息或者被严加保密，或者被乔装打扮。

另一种方法就是，这些真实的消息反被说成是无稽之谈。最能说明问题的就是，曼德维尔的故事实际上比头脑远为清醒、实事求是的作者马可波罗所写的《马可波罗行记》[①]中有关印度群岛和那里的香料的记述要受欢迎得多。马可波罗的书出版时间约早三十多年，当时受到普遍的怀疑。尽管鲁斯蒂凯罗（Rustichello）曾努力为其辩护（鲁斯蒂凯罗是职业小说家，曾与马可波罗一同关在热那亚的一个监牢中，由于他对畅销书的鉴别力，《马可波罗行记》才得以行世），但这位威尼斯人对亚洲的不添枝加叶的记述，那种实事求是的风格，在某些方面比虚构的情节难以取悦于人。马可波罗以一种朴实的风格记述他曾乘船驶过香料为平常之物的国家，香料长在真实的树上，采摘者也是真实的人，其数量之多是欧洲人难以想象的。他称拥有12 000座石桥、方圆100英里的杭州（Kinsay）市收获的胡椒比所有基督教国家加起来的100倍"还要多"。这话以那种平铺直叙的语气说出来实在让人难以相信，把印度群岛及其香料与狗头人和漂流的岛屿并提倒更容易些。香料是如此奇特，以致说到它的真实情况倒让人觉得不可信了。

这种情况一直延续到16世纪，那时那些地理发现者们开始拆毁中世纪由无知和幻想建造起的大厦，把香料和金子一类东西以一种平常的眼光来看待，揭示出它们不过是投机商和风险投资者借以获利的寻常物。香料的极盛期，人们对之的嗜好达于顶点的时期也正是它们的神秘光环被除去的时代。

[①] 此书名亦译为《东方见闻录》。——译者注

具有讽刺意味的是，那个为使香料摆脱神话、回归现实贡献最多的人正是最热衷于相信有关中世纪香料和金子神话的人之一。实际上这也许是哥伦布最显著的功绩，因为如前面所提到的，在有关东方的神话方面哥伦布与堂吉诃德有非常相似之处，后者的幻想中还加上了（英格兰的）帕尔梅林和（高卢的）阿马迪斯的引诱、打斗和魔法，这使他完全失去了对现实的把握。不过堂吉诃德的幻梦是从骑士和神话故事萌生出来的，而哥伦布的计划所根据的（同时也是借以出卖的），不管多么离奇，却是当做无可指摘的事实来展示的。在塞维利亚哥伦布图书馆中保存下来的书中有几本是他从中汲取思想的书，其中有15世纪早期皮埃尔·达阿伊（Pierre d'Ailly, 1350—1420年）所著的《世界的形象》（*Imago Mundi*）和教皇皮乌斯二世（Pope Pius Ⅱ, 1458—1464在位）的《越洋功绩史》（*Historia Rerum*），两本书中都杂有对东方的神奇和香料的描写。其中也有一本哥伦布自己保存的《马可波罗行记》，书的边角上记满了这位船队长对每一处提到的金子、银子、宝石、丝绸、生姜、胡椒、麝香、丁香、樟脑、芦荟、巴西木、檀香木、桂皮等所作的评论。在浏览这些书的过程中，他择取所好，对不合自己想法的东西略而不视，对马可波罗提供的数字和距离用其他作者的材料加以渲染，这样他就构造了一幅想象中的地理图画。出乎他预想的是，这幅图画在一种完全不同的意义上使地理知识完全改观。当哥伦布向西航行的时候，他真心地认为他是在向天堂航行，如果他到达了香料生长的地方，他事实上就到了天堂。

在他行将去世的时候他仍然认为他离到达天堂只差毫厘，他不是在人们通常想象的贫困中而是在无知中进入坟墓的。1498年，当时他被人指责对新建的伊斯帕尼奥拉岛殖民地长期管理不善，那些心怀不满的定居者已开始公开抗拒他的领导，在这年秋季的第三次艰苦航行途中所写的信中，他向他的赞助者们保证，他离人间天堂只有不到一天的航行距离。当时这样说似乎不无道理，至少在哥伦布看来如此，不但他阅读过的书上是这样说的，他眼见的事实也是这样。当他航行绕过南美洲的顶端，站在船头眺望近处的特立尼达岛，头上的北极星在天上划着弧线，地球好像偏离了它通常的轴心，哥伦布有一种忐忑不安的感觉，好像船在向上爬，在沿着斜坡驶向天堂。（此时哥伦布得出结论，地球是梨的形状，天堂就像女人的乳头位于一块突起顶端。）加勒比的季节和暖温煦，就像永恒的春天。此外还有更多的证据：从船边放下桶去打水，结果发现，虽然仍然看不见陆地，船却是在淡水中航行，这显然是从天堂高地的四条河中的一条流出的水。哥伦布相信他离香料与金子王国的航程不远了。

带着这种想法，哥伦布在他日后屈辱的日子里，那些定居者公开地反叛，他被戴上锁链关在船的底舱毫无尊严地送回西班牙，他内心一定是十分痛苦的。但是监狱的看守人和越来越失去耐心的斐迪南国王渐渐意识到，哥伦布实际是在虚幻的海上漂流，他所行驶的淡水水域实际是从奥里诺科河冲涌出的；他所遇见的人也不是人类堕落之前地上天堂的居民，而是俗世的加勒比人，甚至他事先有远见地带来的圣经语言的翻译也派不上用场，他们也听不懂当地人那种叽里骨碌的语言。①

但是，哥伦布始终是一个梦者，这一特点既成就了他的伟大，也（就他同时代的一些人来说）造成了他的荒谬。即使在那时也有一些人开始了解美洲的真相，但是要为哥伦布作辩护的话可以说，他的那些假想和荒谬的猜测在当时并不像现在这样看着那么离奇。根据他的假定和中世纪宇宙结构学者的思想体系，在今天多米尼加共和国长着

---

① 他带了一名改换宗教的犹太人，后者会说希伯来语、阿拉伯语和"阿拉马方言"（波斯语）。

红树林和丛林的边缘深处去寻找示巴王国①，这在当时并不完全像堂吉诃德式的幻想。毕竟，《圣经》上说示巴王国在东方——或者在西方，如果走得足够远的话——的某个地方，《圣经》上不是有示巴女王把香料带到耶路撒冷的记载吗？"从没有见过这样多的香料，示巴女王把它们献给了所罗门国王。"还有许多人更乐于把香料非人间之物这种看法说得更神奇。大量香料被带到了天国——据中世纪神话中一个流传已久的说法，上帝、基督、圣母玛利亚和圣徒们、圣灵和死去的帝王，都带有香料之气。这些想法和习俗本身又是从更久远的多神教的时期流传下来的。比哥伦布扬帆远征早几千年间，人们相信不但天堂飘着香料的气味，那些众神本身也都带有香料气。

但是深感失望的国王对于这些都没有什么兴趣，它们显得太高雅。手头拮据、贪财心切的斐迪南国王对于他的船队长的神思妙想提不起兴趣，而这又怎么能怪他呢？哥伦布许诺说要找到世俗的金子和香料，可带回来的却是古老之谜和神话的重述。一年又一年，他似乎越来越远离现实，成了一个古怪之人。更使人恼火的是，在收到他那做着白日梦的船队长信件的期间，他也不时收到他的葡萄牙女婿脚踏实地的信件，那些贩卖有关他在盛产香料的印度取得胜利的小册子的书商们没少挣钱。

但是如果说这位远洋船队长最终不过是在想象中的香料之路上航行，并且碰巧发现了一个新大陆，他开始时的驱动力肯定不止是这些。因为如果说他的幻想最终导致他远离现实，远离这个世界，其他人的动力可是来自对香料的更世俗的联想。在哥伦布的许多同时代人看来，香料根本不是什么天堂之物，这无须从它们的来源、只要从它们

---

① 阿拉伯半岛南部的一个古国，包括现在的也门，其居民于公元前10世纪开始在埃塞俄比亚殖民，并以他们的财富和商业繁荣而著称。《旧约》中记载，示巴女王对所罗门国王进行了一次著名的访问。——译者注

的用途就可以看出来，它们只是为了满足口腹之欲而不是什么精神的东西。对于那些没有哥伦布那么多神思奇想的人来说，香料所引发的联想不是什么天堂，不过是巴比伦①而已。

在哥伦布空忙一场约五百年之后，香料当年的魅力如今只有一些残余尚存：它表现为吸引和拒斥两个极端。不过如果说当年的光环早已失去了，对这一论题的持续的兴趣依然是它的复杂性、一种混合物的矛盾性：浓香与辛辣，渴望与疑惧，被人荐赏而对食用方法又有所保留。事实上，这种矛盾状况在哥伦布时代就已经存在几百年了。早在他满怀希望地踏上迷茫之途之前，不但已经有人去印度群岛搜寻过香料，也有人去寻找在其附近的天堂和塞壬②，而他们也遭到过同样激烈的指责。这是一种连哥伦布也想象不到的古老的饮食口味，其所充满的含混性他也不会相信。

---

① 指奢华淫逸之都。——译者注
② 塞壬，一群女海妖之一，用美妙的歌声诱惑船只上的海员，从而使船只在岛屿周围触礁沉没。——译者注

第二部分
味　觉

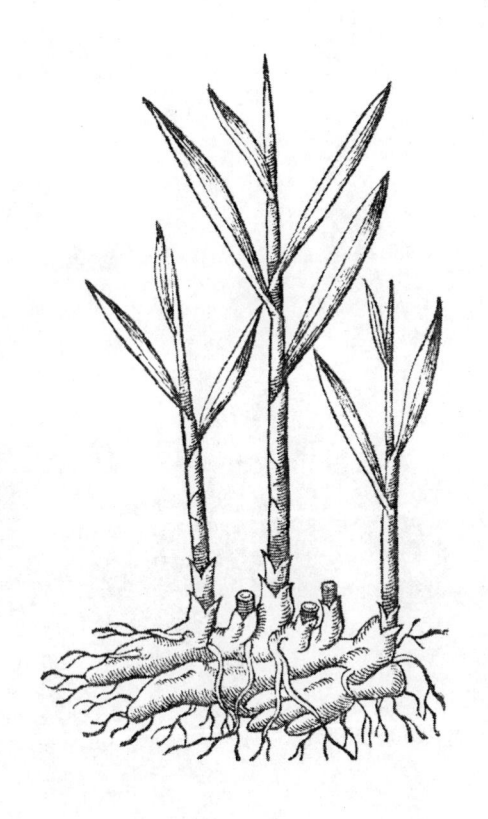

"生姜的真实形态"
原载约翰·杰勒德《草木植物或植物通史》（伦敦，1636年）

第二章
古人的饮食口味

> 美丽的帆船,希腊人的杰作,在佩里亚河上搅起白色的泡沫……带着黄金而来,载着胡椒而归。
> ——泰米尔人的诗《脚镯短诗》(200年)

芳香物

公元前11—前8世纪,在今天的奥伯拉登镇附近驻扎着被罗马人称为日耳曼尼亚地区的最大的罗马人军营,该军营位于防守严密的利珀河河岸。今天这一地区处于鲁尔山谷的两个大工业区中间,但当年罗马人到来时,这里还是一块荒地,是野蛮人与文明世界的分界线。它的后面是田地和村镇,前面是沼泽和森林。罗马人来到这里的目的就是要把这条界线向外推移,而在经过3年的搏斗之后他们的目的达到了。可怕的苏干姆伯利(Sugambri)部落人被征服了,他们有的迁移他处,有的则已成刀下鬼。军队继续向前推进,开向新的战场和新的边疆。利珀河畔的营地被弃于脑后,成了一个几乎无人知道也无人问津的地方,只是约在两千年之后,一群德国考古学家由于一时的兴趣到这里作过短暂的探访。在灶间废弃物堆中搜索时，他发现了窖藏的丁香、芫荽①子和黑胡椒。

日耳曼人单调乏味的烤肉和稀粥使百夫长②渴望改换一下口味是不足为奇的。事实上，即使在那些野蛮人居住的最偏僻的北方沼泽和森林中，享用过这种异域调料的也绝不仅仅是这些罗马士兵。在公元1世纪的英格兰，驻守在文多兰达要塞的士兵从哈德良城墙垛上监视古苏格兰人的动向，那时他们就时常在食物中加一些印度胡椒做调味品。现今仍留存着一些刻有他们当年购买香料记录的木板。这些实物证据证实了许多罗马著述者曾提到的，但是如果没有有形物证很难使人相信的一个事实：在基督时代之前就有一条香料运输路线，从罗马帝国最东端横跨印度洋，穿越欧洲，向北和向西到达罗马帝国的外缘。它是一种饮食传统最早的起源，它在罗马军团已经溃败、罗马本身已成为废墟之后仍然长久地流传着。

罗马人并不是最早吃胡椒的欧洲人，但他们是最早习惯性地食用胡椒的人。地中海民族食用本地产的调料的历史至少可以追溯到公元前3000年晚期的古叙利亚马里（Mali）文明时期，当时的一些刻写泥板上记载着在啤酒中添加孜然芹和胡荽调味的事实。当罗马还是一个农业村庄的时候，希腊的厨师们已经知道了多种不同的调味品，在公元前3、4世纪的喜剧中，孜然芹、芝麻、胡荽、牛至、番红花等都被提到过。但没有提到过东方香料，并不是因为这种香料尚不为人所知，也不是没有人想去吃它们，概因其价格昂贵而成为只有极富有的人才能享用的极品。有一位公元前4世纪的古希腊诗人安提法奈斯（Antiphanes）曾在一个片段中写道："假如有一个人把他买的一些胡

---

① 一种一年生的欧亚芳香型草本植物，属伞形科，子可做调味品。——译者注
② 古罗马军团军官，指挥百人。——译者注

椒带回家，他们就会提议把他当做间谍加以拷问。"这里隐约地提示了当时香料价格的昂贵。另一个片段有一个以胡椒、沙拉叶、莎草（一种开花草本植物）做开胃品的配方。哲学家泰里奥弗拉斯图斯（Theophrastus，公元前372—前287年）对胡椒有所了解，但他所记述的香料仍然是药剂师而不是厨师的考虑对象。

3个世纪后，胡椒仍然是希腊贵族的食物。据普卢塔克（Plutarch）①的记述，雅典的暴君阿里斯琴（Aristion）就是一位香料的嗜好者，甚至当他的臣民们在挨饿的时候他仍要享用盛宴。公元前86年雅典被一支罗马军队围困，小麦的价格上涨到每蒲式耳1 000德拉克马②，当时城里有一位女主祭司向这位暴君讨要十二分之一蒲式耳小麦，他却不谙世情地给了她一磅胡椒。

到了罗马时代情况就大不一样了，即使在帝国边疆驻守的士兵也可以享用到香料，这是由于当时罗马帝国技术上的长足发展，同时也标志着欧洲与亚洲的香料贸易最早为世人所知的时期。早在瓦斯科·达·伽马率领他的3只船的小船队到达印度之前一千五百多年，罗马人已经做过同样的事情，而且所使用的船只和贸易规模都更大。像在其后的达·伽马一样，罗马人的功业上也弥漫着一股浓烈的香料气息。

到了地理学家斯特拉博（Strabo，公元前63—公元24年）的时代（他的写作时期约在罗马军团撤离利珀河岸前的几十年时间），每年都有约一百二十艘船前往印度作为期一年的航行，有关的概要可见于一本名叫Periplus的书中，那是一本关于在印度洋上航行的导航书。该书的作者是一位操希腊语的海员，生活在公元前1世纪左右。Periplus描述了航行的每一阶段，在哪一个港口停留，采购哪些货物。

---

① 普卢塔克，古希腊传记作家和哲学家。——译者注
② 古希腊银币。——译者注

该书面向的读者是为被他称之为爱利斯拉伊恩海（Erythraean Sea）港口和市场供货的长途贩运商人以及流浪人，所谓爱利斯拉伊恩海包括红海、波斯湾和印度洋及以远。

在这片宽阔的水域中有两条主要的贸易航线，它们的起点都是埃及红海沿岸的某个港口。第一条航线南下非洲海岸直至莫桑比克，沿途在一些港口和贸易站点停留。这些港口和贸易站点接收从内陆运来的货物，包括象牙、熏香、兽皮、奴隶、乌木、珍禽异兽和金子。第二条较长的航线是向东航行越洋到达印度，它是罗马人获得香料的线路。在这条航线上行驶的船都是古代航行中的庞然大物，它们的排水量可达千吨，适合于在广阔的海洋上航行。有一位作者把一艘印度货船比做"自成一个小世界……数倍于其他国家的船"。船上带有水兵以保护贵重的货物不受海盗的劫掠，这些海盗直到近代仍在这些海域上活动。船队穿过红海的暗石浅礁后在位于非洲与阿拉伯半岛会合的瓶颈处曼德海峡散开。有一些船最终停靠在了阿拉伯半岛的南端、今天的亚丁附近，这里也是2000年后英帝国驶往印度的汽船停靠加煤、发电报和加水的地方。另一些船继续南行到位于非洲最东端的瓜达富伊角，那里是霍恩角向东突入印度洋的地方。古代的时候这个地方的名字和在这里停留的那些商船的活动有关，叫做"香料角"。在这里，那些在非洲航线上的船向南航行，驶往印度的船则掉头向东航行。

据 Periplus 记载，航行的下一站是一位叫做希柏拉斯（Hippalus）的希腊海员最早到过的地方。在帆船航行的时代（在一定程度上今天仍是这样），所有在印度洋上的航行都要受每年季风循环的影响。从5月到8月从西南方向吹来强劲潮湿的夏季季风，它们无可预料，有时狂猛异常。到了8月末，狂风的势头逐渐变得疲软，偶有暴风雨。到了9月，夏季季风已变得绵软无力，不久前的呼号咆哮变成了浅吟低唱。

接着是一个大变化的时期。从11月到3月,冬季季风从东北方向吹来,干燥而温和,在所有贸易风中可说是最稳定和有规律性的。出洋和返回的船只要算好了时机,都能保证在右舷方有鼎力的顺风。辨识出每年的这种规律性要归功于希柏拉斯,由此解开了在印度洋上航行的谜团。有了这种知识的武装,罗马人横越海洋的腹部到达印度,这种忙碌的航行所费时日从20天到25天不等。在离岸很远时船帮上就会出现许多红眼的海蛇,它们预报着陆地即将出现,至今它们仍是在这些海域中航行的海员们的向导。不久海上就会浮现一条蓝绿色的朦胧带子,那便是西高止山脉。

沿岸有19个港口,都是罗马人造访之地。*Periplus*中这样描写道:"庞大的船只在这里穿行……因为这里有无量的胡椒和桂树叶①。"罗马商人用一些制造品如玻璃制品、艺术品、锡、地中海珊瑚——它们因传说的魔力而颇受印度人欢迎——还有更重要的金块,换回了象牙、珠宝、龟壳、钻石、缟玛瑙、玛瑙、水晶、紫水晶、乳色玻璃、绿宝石、蓝宝石、红宝石、绿松石、石榴石、血石、翡翠和红玉。此外还有从中国转运来的丝绸,供一位元老院议员的动物园用的鹦鹉,以及供在斗兽场上公开屠杀的老虎、犀牛。有从北方来的香料,有从喜马拉雅山脚来的闭鞘姜②和甘松香,还有从更远的东方运来的物品(很可能还包括摩鹿加的丁香和肉豆蔻,虽然对罗马人在公元4世纪前能否辨认这些东西存有疑问)。但是胡椒却是马拉巴尔最具吸引力的东西。

罗马香料商人得益于更早的一些不太出名的商人给他们指出了正

---

① 桂树叶有时也称为"印度叶",其价值在于能提取浓烈的芳香油,它是印度肉桂树的几种亲缘植物中一种树的叶子。
② 一种产于喀什米尔的植物Sassurea的香味根,能提炼一种有强烈香味的油,古代广泛用于制香水和油膏。

确的航向。在罗马人之前到达这里的是希腊人,他们也许也得到了一些人的指路。早在希罗多德(Herodotus,公元前484—前425年)[①]时期有关印度的传说就流传到了西方,希腊旅行家至少在亚历山大大帝时期就已经知道从陆路通往印度北方的路线。公元前325年亚历山大大帝的船队长尼亚楚斯曾从印度出发逆行波斯湾和幼发拉底河到达巴比伦。公元前302年左右,亚历山大大帝的继位者显然曾两度赞助过从幼发拉底河到印度去搜寻香料的远航。但是欧洲人与盛产香料的印度次大路的定期海上贸易的最早的可信证据见于托勒密的希腊—埃及王朝(公元前305—前30年)时期,历代托勒密国王不定期地与印度进行商业交易,不过这些交易可能是由阿拉伯人(印度人?)所控制的。他们与印度孔雀王朝的旃陀罗笈多王二世(统制期为公元前321—前297年)和阿育王(统制期为公元前274—前232年)互换使节。早在公元前271—前270年埃及托勒密国王二世(统制期为公元前285—前246年)的庆祝胜利的游行队伍中就出现了印度妇女、牛和大理石。

地理学家斯特拉博认为,第一个想与印度建立认真的商业往来的欧洲人是(塞齐克斯的)一个叫做欧多西乌斯(Eudoxus)的有冒险精神的希腊人,他结识了一个乘船在红海岸边遇难的印度人。在公元前120年左右,欧多西乌斯正在亚历山大市,当时亚历山大王朝的海岸警卫把一位濒于死亡的印度海员带到了托勒密欧厄吉特斯二世(Euergetes Ⅱ)的朝廷。这位遇难的海员很可能是印度南部的达罗毗荼人,甚至可能来自锡兰,因为当时要找一位印度北方语言的翻译已不是难事。不久,这位神秘的来者掌握了够用的希腊语,他使欧多西乌斯产生了亲自去一趟印度的兴趣。

在掌握了有关印度水域的第一手知识后,欧多西乌斯曾两次去印

---

① 希罗多德,古希腊历史学家。——译者注

度采买香料和其他东方奢侈品,每次都带回大批异域的奇货,这使国王大为高兴,立即征收了这些货物。欧多西乌斯十分沮丧,于是他想出了一个后来使中世纪欧洲的地理学家们感兴趣的主意,那就是他想绕道非洲去印度。第一次尝试的结果,他只到达了今天的摩洛哥所在地,在那里船员们发生了哗变,使他只能中途而返。他不甘心,于是又进行了第二次尝试,这次他带了种植农作物的种子和一些舞女,以使船员们驯服。在船驶过直布罗陀海峡后,欧多西乌斯和那些舞女们就再也没有了音讯。但是他是在任何航海史上至少值得一提的人物,因为正是他开创了以瓦斯科·达·伽马为其顶点的那一航海传统的先河。①

在西方的历史记载中,欧多西乌斯是位有勇气的失败者,而罗马人在去往印度和获取那里的财富方面却是颇为成功的。在托勒密的希腊—埃及王朝的最后一个国王克娄巴特拉女王被打败和自杀后,奥古斯都在公元前30年把埃及并入罗马帝国,这样就使罗马商人可以直接进入红海。大批罗马帝国的战利品和要求享用更多的异域奢侈品的新涌现的暴富阶层,给罗马商人要在印度洋贸易中占一席之地的愿望带来了动力、机会和物质条件。

他们不失时机也不惜财力,结果在埃及被征服后不到10年的时间里就有了频繁的运输往来。红海岸边修建了新的港口,在商队通过的从尼罗河到海岸的沙漠中挖掘了很多水井。这种扩张的动力很可能是要与已经在贸易中站稳脚跟的东方国家竞争,其中包括纳巴泰商业帝国。纳巴泰是一个阿拉伯民族,他们靠来自阿拉伯和更远的地方的古

---

① 就欧多西乌斯没有到达航海想去的地方或至少没能活着讲述他的故事而言,热那亚的维瓦尔第兄弟是一个更好的比拟。他们兄弟俩1291年向西航行驶过直布罗陀海峡,以便"从海路到达印度港口",但之后就杳无音讯。在后来的几年中曾有几批人被派出去寻找他们,但都没有成功。也许是以维瓦尔第兄弟为想象中人,但丁描写过尤里西斯的"疯癫飞行",在但丁的作品中,他失踪在西方地平线上(《地狱》26.125)。

第二章 古人的饮食口味 67

代商队运输而致富,彼得大帝湾壮观的废墟就是其财富的一个最明显的遗迹。再往南方,罗马人面临着来自哈达拉毛人贸易势力的竞争。如果我们相信《圣经》的话,哈达拉毛人是示巴女王①曾经经过的商队线路和贸易的继承者。埃及刚一被征服,原属埃及地区统领的一支军队便被派去劫掠阿拉伯海岸的港口,这一迅速行动的动因大概与当年驱使欧多西乌斯远航的原因差不多,它也是在以后近两千年中的大部分时间里香料贸易的一个恒久的驱动力:那就是渴望绕过——就这一次来说是除去——中间人。这一隐秘的迅速行动显然是欧洲列强为争夺大有油水的东方贸易所进行的第一次战争,但不是最后一次。

由于罗马人的船队打开了通往印度的通道,这使得东方和西方开始形成各自更加明晰的形象,而这在以前是不可能的。罗马皇帝定期接见印度使节。显然,奥古斯都在公元13或11年曾展示过一只老虎。对于印度人来说,他们对罗马显然非常了解,对所见所闻颇为倾倒。在印度东北部的阿拉地区有一个伽腻色迦国王的题词,其中他自诩为"恺撒"。虽然交往越来越深,但在遥远的罗马看来,印度仍然是现实与神话相杂的一团迷雾,正如阿普列乌斯(Apuleius,公元124—170年)②的下列描写中所显示的:

> 印度人是一个人口众多的民族,拥有辽阔的地域,(根据海洋的退潮)位于我们的东方,那里是地球的末端、星星最早升起的地方,比有学识的埃及人和迷信的犹太人还要远,也比纳巴泰商人和穿着飘舞的衣服的帕蒂亚人要远,距离超过了庄稼收成

---

① 基督教《圣经》中记载,示巴女王曾朝觐所罗门王以测其智慧。——译者注
② 阿普列乌斯,公元前2世纪罗马作家和哲学家,著有长篇小说《金驴记》和《柏拉图及其学说》等哲学著作。——译者注

不好的伊图利安人①和盛产香水的阿拉伯人，在那里我会不感惊奇地看到印度人山一样堆积的象牙、大批收获的胡椒、一堆堆的桂皮、锻造的铁、银矿山和金子的熔流。我也会看到有几百条支流的恒河，它是世界上最大的河流、"黎明"水系之王……

去过那里的商人对实际情况有更清楚的了解，但是为了自身的利益他们不愿意多说，这也是 Periplus 中除了不加修饰地罗列了一些港口和产品的名称外，没有留下第一手记述的原因。留存下来的印度资料把外国人的贸易站和库房描述为"富豪的宅第"，有的地方提到有些西方人皈依了佛教，还有被印度统治者出钱雇用的希腊人。一位印度诗人写道，他的统治者喜欢喝希腊酒，希腊木匠为印度国王建造了一座宫殿。在沿岸的重要贸易中心穆兹里斯（Muziris），罗马人为奥古斯都皇帝建了一座神殿，这也许是一种虔诚的爱国举动，也许是表明大主教区的广阔疆域。这座神殿的遗迹在今天的克兰喀诺（Cranganore）镇附近，该镇位于由迷宫般的块块滞水形成的一条河流的岸边，胡椒就是通过这些滞水由托运工、水牛和驳船从更远的内陆运到这里的。一位泰米尔诗人曾描写过穆兹里斯的繁忙景象：在这个镇上，"棕榈汁像水一样提供给那些把从山里或海上带来的货物倾倒到这里的人，那些用潟湖上的船把大船上带来的金子'礼物'带到这里的人，还有那些被库房中高高垛起的一袋袋胡椒吸引来看热闹的人"。今天到马拉巴尔访问的人很容易想象到，这里的景象与古代罗马人来到这里时所看到的景象差不多。在马拉巴尔的香料区，游客们仍然能够看到同样热闹的景象：商人们在激烈地讨价还价，港口上拥塞着从滞水河流载来香料到这里卸货的船只，间或有水牛从人群中挤

---

① 巴勒斯坦东北部的一个民族。

过,搬运工弯着腰扛着一袋袋小豆蔻和胡椒穿梭往来于库房。

如果算好时机的话,返程之路比起来时就要懈慢得多了。一经买到香料和装上船只,罗马人就只需静待顺向季风的到来,而水手毕竟是水手,这时他们就会牛饮一般地猛灌棕榈汁。当从东北方向吹来的柔和的冬季季风鼓满风帆,罗马人的香料船队便顺着它们来时的线路折返,横渡过海洋,然后北上穿过红海。货物被卸在埃及海岸转交给商队,后者折返穿越过沙漠抵达尼罗河。在梅尼干谷(Wadi Menih)的壁上我们今天仍然可以读到一位曾经历过这种旅行从印度远航返回的人所刻画的字:"C·努米迪亚斯·埃罗思于'帕米诺斯'月①自印度而返,恺撒(奥古斯都)38年刻字于此。"按现代的纪年法来说,那是公元前2年2月或3月,正是船队预计乘冬季季风返回的时节。

在埃及上陆之后,船员们就又回到了熟悉的罗马人景象和声音的世界里。商队到达尼罗河后,他们的货物便被装载到驳船上,顺流运到尼罗河三角洲的重镇亚历山大市,在那里香料被装上散装货船。从亚历山大到罗马的一段路程是家乡的延伸,也是古代时最繁忙的贸易路线。除了给罗马提供香料外,这条路线也是从埃及运来粮食的航路,这使那里的庶民用不着自己活动。经过几个星期的航行,胡椒被运到罗马最大的港口——位于台伯河口的奥斯蒂亚。在这里逆流而上,香料被运到"香料商人区"(vicus unguentarius)去批发和销售。

从马拉巴尔的收获到罗马的消费,按直线距离算,胡椒途经了五千多英里(八千多公里)的路程,如果加上漫长的路途中的那些迂回曲折的话就更要长得多,其中包括环绕阿拉伯半岛的大回转和从水牛到驳船又到商队的辗转传递。从距离上说这可以说是古代最长的贸易路线,但在罗马本身对于胡椒从收获到消费所投入的这种浩大的工力

---

① 这里指古埃及日历中的Pamenoth月。——译者注

却没有留下很多痕迹。在图拉真皇帝在位期间（98—117年），香料（当时统称为 pipera，即胡椒）的销售场所在奎尔纳里山（Quirinal Hill）①侧挖建的市场，那里现今尚存的只有一些墙和拱门。到中世纪末时，对这里曾经出售香料的记忆是这条古路的名字 Via di iv Novembre。像许多其他古代名字一样，它也被与拉丁文弄混了，但依然可以很容易地辨认出是 Via Baberatica（图拉真时期的著名市场）。比这个古代罗马广场更远一些，尚可见公元92年时图密善皇帝所建的香料仓库的遗迹。到了图密善统治时期，东方香料大量流入，原有的尼禄皇帝时期（54—68年）所建的柱廊已不敷应用，需要建一个新的仓库。这里胡椒和其他香料被储存在一个中心位置，在这个古代城市的正中央，历经2000年之后，认真的游客仍能看出当年尼禄皇帝所建的胡椒仓库的遗迹，但只是一些高仅及小腿的墙垣和一些不起眼的石堆，与康斯坦丁会堂的庞大废墟比起来几乎看不到了。坦白地说，也的确无甚可观了，但如果说到意义的话，它们是值得在欧洲人的饮食地图上作一标记的，因为这个仓库可以说是一个开端，它是东方香料在欧洲人饮食中正式出现的一个最古老的有形标志，正是从这个滩头堡出发香料进而征服了整个西方世界的饮食口味。

在香料仓库修建后的几个世纪当中，罗马的活力由盛而衰，帝国版图开始缩小，渐被野蛮人侵占，终致崩溃瓦解。当年支撑跨洋的香料贸易的庞大的交通和香料消费量在随后的一千多年里再没有见到，但这一饮食口味和交通一直沿续着。当罗马衰落之时，阿拉伯人继承了过来，他们把印度洋变成了穆斯林湖，成了一个海上文明的摇篮，由此引出了辛巴德和他到神奇的香料王国、巨鸟、妖怪、魔仆、金子等种种故事，香料也由之带上了一直流传至今的那种传奇色彩和魅

---

① 古罗马七座小山中的一座，据传说被萨宾人占据。16世纪在此建立了一座教皇宫殿。从1870至1946年一直作为意大利国王的住所。——译者注

力。虽然香料到欧洲的涌潮渐渐衰微成了涓涓细流，有时几近干涸，但是却从未完全断绝过。罗马士兵在德国留下的香料是最早发现的一个古老传统留下的痕迹，这一传统也许是亚洲和欧洲之间最悠久的联系，从古罗马时起一直延续至今，虽已大为衰落但始终保持着。

香料腌制的鹦鹉和加填料的睡鼠

> 陈年的香料蜜酒，远行的人请你带上：把研好的胡椒与上好的蜂蜜封在一只小罐中用以制香料酒，饮酒的时候在酒中加入少许蜜蜂，如先在香料混合物中加少量酒，蜂蜜就更易流出。
> ——埃皮希乌斯《烹调书》（公元 1 世纪）

罗马人在公元前 1 世纪时所获取的财富和开拓的疆界改变了传统的香料观念及使用的方法。虽然在古罗马时代香料就已经不止限于饮食之用，甚至主要不是用于饮食，但与印度开展了直接贸易的结果之一就是香料价格大为下降，这也使它们成为更经常的食用之物，这便开始了香料的用途及人们对它们的看法上的大改观。

罗马是世界上的第一个帝国，它也自诩为第一个包容世界餐饮的国家。到了老普林尼（Pliny the Elder, 23—79 年）①时代，罗马的世界大都市的口味已经到一个很高的程度，他曾提到过在罗马人厨房中出现的埃及风味、克立特风味、昔兰尼加②风味和印度风味。也有一些持不同看法的人：普卢塔尔克（Plutarch, 46—119 年）写道，甚

---

① 老普林尼，古罗马学者，其外甥普林尼为古罗马执政官和作家，他的书信提供了有关古罗马人生活的珍贵资料。——译者注
② 昔兰尼加（Cyrenaica）是一个古希腊城市，建于公元前 630 年，它作为拥有许多著名的医学和哲学学派的文化中心而闻名。——译者注

至在他所处的那个时代就有一些人不习惯这种口味,但那显然只是少数。特别是胡椒用得非常普遍,当时的文学著作中都把对香料的熟悉当做自然的事。一个小学生的课本中画有一个叫克罗考塔的会说话的猪,它恳求人们用胡椒、干果和蜂蜜把它烹调得香一点。考古学的发现更加强了人们对当时这种口味普遍化的印象,自罗马帝国早期开始制作的银胡椒罐(piperatoria)在罗马属地各个地方,如庞培、西西里的科尔费尼奥(Corfinium)和穆尔摩罗(Murmuro)南部、保加利亚的尼古拉耶夫(Nicolaevo)、法国的卡奥尔、阿尔勒和圣莫尔(Saint-Maur)等,都有发现。

但这些银器和内中所装之物却不是人人都能享用的,这在那些众多提到香料的文学作品中可以清楚地看出来。阿普列乌斯所著的《金驴记》一书写的是主人公卢西亚斯从人变成驴、又从驴变回到人的故事,其中把胡椒说成是宴会上用的"美味佳肴"。当卢西亚斯还处于驴的阶段时,因为吃了驴最不该吃的东西而使主人大感惶恐,那就是 laser(另一种贵重的调料)炖肉、稀有的酱汁烧鱼和胡椒炖肥鸟。古罗马警句诗人马提雅尔(38—103年)把胡椒与最典型的贵族食品——野猪、大量白葡萄酒(罗马人最喜欢也最昂贵的酒类)和一种名贵的鱼沙司"神秘的 garum"——连在一起。马提雅尔也担心这种食谱过于奢靡,他抱怨他的厨师用去"太多的香料",这位穷困的诗人说他是一个"囊中羞涩的饥饿者"。

对于那些更为阔绰的人来说,香料的名贵气使它们成为理想的赠品。在仲冬盛大的农神节分送胡椒是一种习俗,这与圣诞节发放礼物不无相似之处,人们借此巴结他人、感谢施债和显示慷慨。① 马提雅尔提到一位萨宾人律师的大度:三磅半熏香和香料,加上从地中海各

---

① 农神节与圣诞节的相似之处还在于 4 世纪时的教会曾选择这一天作为自己的圣诞节来庆祝,这是一种精明的削弱反对派(或一种协商的选择)的办法。

处来的盖篮，装满了利比亚的无花果和托斯卡纳香肠。有一个农神节马提雅尔自己收到了一些胡椒，不过这份赠品比他希望的要吝啬，一位小气的庇护人①已失去了大度：

　　你以前送我一磅银子，现在成了半磅，而那胡椒，塞克斯图思：我的胡椒值不了那么多钱。

但是胡椒并不是那么不值钱，在当时虽然传播较广，但这并没有使它成为俗物。在给一位懒惰的学生的讽刺诗中，佩尔西乌斯（Persius，34—62年）把胡椒与火腿一同归为"贵重的储藏物"，火腿是富有的翁布里亚人的礼物，是客户表示感谢的象征。换句话说，胡椒不是一位穷学者应当享用的东西，像小扁豆汤和稀粥那样。马提雅尔曾暗示说，一个卖体力的人吃不起的东西是能雇得起厨师的阶层的预算之物：

　　淡而无味的甜菜根，是劳动者的午餐，他们吃起来好像别有味道，而厨师常常取用的是酒与胡椒。

在另一个地方，他建议用胡椒烹调无花果啄鸟（一种为罗马美食家称道的小鸟）：

　　如果你碰巧弄到一只光亮肥腴的无花果啄鸟，
　　如果你很看重口味的话，请加上胡椒。

---

① 古罗马时有些贵族或有钱人给某人以恩惠并提供保护，受保护者作为交换提供一定的服务。——译者注

马提雅尔十分憎恶吝啬，他曾用诗讽刺一个叫做卢普斯的人，说他从农场送来的礼物比窗上的花盆箱还小，"一个蚂蚁一天就能吃完"：

> 在里面你找不到蔬菜，
> 只有肉桂叶和未烹调的胡椒，
> 小到你不能直着放一根黄瓜，
> 蛇也伸不了腰。

马提雅尔有一度找不到庇护人——这也许并不很奇怪，因为他的生性使他有时会去讽刺他的恩人——他担心他最新出版的东西会成为废纸，被当做"兜头帽"去包炸金枪鱼、熏香或胡椒（在中东和高加索地区仍可见这种习惯，香料出售时被用报纸包装，折成锥形），这等于说一个人的书卖不出去被处理掉。罗伯特·赫里克（1591—1674年）[1]在提到自己的书时借用了这种说法：

> 破损的书页大有用处，
> 可用来包装鲭鱼，
> 或者你会看到小商贩们，
> 用你的书去包装香料。

马提雅尔也是首开把胡椒用于比喻这一有久远传统的人，他曾写到自己担心一位食客的手比窃贼庇护者奥托雷克斯还要灵巧，或者像"沾了胡椒的手"。自他开了先河以后，这种比喻在欧洲语言中就以这种或那种形式流传着，用以借指辛辣、活力和勇气。

---

[1] 罗伯特·赫里克，英国抒情诗人。——译者注

就像胡椒的比喻用法一样，它在餐桌上的用途也沿袭至今，没有很大变化，主要是作为一种多少带有普遍性的调料。至于香料的其他饮食上的用途，确切的资料不多，可幸的是发现有一本流传下来的书，书名很通俗地叫做《烹调书》（*De Re Coquinaria*），这是现存的古代这方面书的一个孤本，作者和写作年代都不清楚，但传统上认为它是公元1世纪时一位叫做埃皮希乌斯（Apicius）的美食家所著，现有的版本已经经过一位编纂者的改写，用的是公元4到5世纪的晚期拉丁文，多数评论家推测原书出版于公元2世纪。

根据埃皮希乌斯提供的证据，罗马人看来爱吃辣的东西，《烹调书》中记载的香料与现代意大利食谱中的橄榄油一样普遍。在书中给出的468个食谱中，仅胡椒一项就出现了349次。胡椒被用于蔬菜、鱼、肉类、酒和甜食调味。书中的第一个食谱就是"香料奇酒"，记述了供外出旅行的人饮用的蜂蜜香料酒。还有多种用途的"香料盐"，其中有一种是起"助消化和蠕动大肠"作用的，它是用黑、白胡椒、百里香、生姜、薄荷、孜然芹、旱芹子、欧芹、牛至、番红花、肉桂叶和莳萝果混制而成。书中说它"极为温和，出人意料"。

这类混合作料显然是在烹熟以后加的，许多菜谱的结尾都是"撒上胡椒后便可食用"，这方面没有什么大的变化。在现代人的眼里，香料最明显的用途是制成各种沙司（sauces）调味酱，有热的有凉的，有的和菜一起烹调，有的烹熟后加入。有一种辛辣的沙司由孜然芹、生姜、芸香、苏打、枣椰子、胡椒、蜂蜜、醋和liquamen制成，这最后一项是一种发酵的鱼酱，罗马人很喜欢吃。有一种促进消化的沙司，是由胡椒、小豆蔻、孜然芹、干薄荷、蜂蜜、liquamen、生姜和其他几种芳香物混合制成，味辣而甜，供吃肉时佐用。还有一种绿色沙司，成分包括胡椒、孜然、香菜、甘松香[①]、"各种混合绿色香草"、枣椰

[①] Nardostachys yatamansi，生于印度北方的一种香味草，可以提炼芳香油。

子、蜂蜜、醋、酒、"格鲁姆"（garum）、菜油等。有一种吃家禽肉用的凉沙司，配料有胡椒、当归、芹菜子、薄荷、番樱桃或葡萄干、蜂蜜、酒、醋、菜油和garum。还有更为复杂的调味酱，用于各种肉类：小山羊、羔羊、乳猪、鹿肉、野猪、牛肉、鸭、鹅、小鸡等。甚至还有以胡椒和干果填充的睡鼠，这道菜可能需要很高的技术。另外有一种供食用鸟肉用的加胡椒的沙司。为了减少莴苣产生的腹胃胀气，埃皮希乌斯提出了一种用醋、鱼酱、孜然、生姜、芸香、枣椰子、胡椒和蜂蜜制成的胡椒调味酱。

埃皮希乌斯所提到的香料中大部分是罗马帝国本土产的，但东方香料在他的香料架中也占有很重要的地位，最突出的就是生姜和孜然，当然还有胡椒。对于是否可能有其他东方香料的问题存在学术上的争论，有人猜测也许还有丁香和肉豆蔻，只是隐藏在别的不常用的名字后面。一个明显的没有提到的香料是桂皮。除了普林尼在他的《自然历史》（Natural History）中讲到一种香料酿酒时提到一次外，香料看来是被留做更高雅的用途，这我们在后面将会谈到。①

看起来，罗马人的餐桌上的东西并不像有些人愿意相信的那样稀奇。《烹调书》中所列的菜谱也是稀有与普通物混合的不谐调的拼盘，就像我们在罗马文明的其他方面看到的那样。除了有鹦鹉、火烈鸟、睡鼠这类稀有物外，也有在21世纪的餐桌上也不会见怪的东西。最近几年出现了几个《烹调书》适用于现代厨房的改编本。在那些备货齐全的香料柜中仍然可以看到埃皮希乌斯使用过的许多香料，即使那些使早先的一些评论家感觉反胃口的发酵鱼酱，可能实际上是与越南或泰国的鱼酱差不多的东西，或者也可能与维多利亚女王时代英国绅士们所喜欢吃的味道浓烈的凤尾鱼酱差不多。他所说的香料酒与现代所

---

① 亚里士多德在其失传的《论醉酒》一书中认为，加桂皮的香料酒不易醉人。

喝的加糖和香料温热的酒及味美思酒并非完全不同，而他的香料沙司也使人感觉与中世纪之后为欧洲贵族所喜爱的麻辣沙司颇为相似。看起来，做沙司这种厨艺从埃皮希乌斯时代直到今天一直是精美饮食的一个特点。

甚至香料甜食也不像它乍一看起来那样古怪。作为餐饮的结束，埃皮希乌斯建议吃一些香料甜食，如加蜂蜜的香料小麦粉馅饼，蜂蜜与枣椰子、干果、松仁外加少量香料烤制的蜜饯等。香料仍然是用来给 pan forte 这类甜食加味的东西，这是今天意大利锡耶纳一带人的美食，而在中世纪的整个欧洲曾很流行，如果可能追溯这种意大利甜点的宗师的话，我想其源头可能是古罗马。

特里马尔其奥的香料

> 如果埃蒂享用美食，他就被认为很有气派。
> 尤维纳利斯[①]《讽刺》(100—127年)

> 罗马餐席上的一道菜会把我们打垮，使我们在许多天里连最基本的味觉都丧失了。
> M·F·K·费希尔《上桌》(1937年)

但是大多数现代读者如何看待埃皮希乌斯我们还不是很清楚，在过去的几个世纪中他的书引起的更多的是困惑而不是赞赏，特别是在香料方面。19世纪时他的书的编辑者这样断言道："也许追求过分的

[①] 尤维纳利斯，古罗马讽刺作家，其作品谴责了古罗马特权阶级的腐化和奢侈。——译者注

食物香味是嗅觉上的一种错乱，一种病态，就像人们过分地喜好烈酒一样，其原因至今还不是很清楚，这是一个需要医学同仁解决的问题，对于烹饪术来讲是次要的。"在对罗马食物的公认的看法中，这种见解很有代表性。直到最近，古罗马的饮食习惯通常还被与其他一些供公众观赏的、耸人视听的展示连在一起，如角斗士的血腥格杀和把人在公众面前钉死在十字架上：它们表现的野蛮和残忍更多的是引起人们的厌恶而不是想向其学习或作认真的研究。特别是，埃皮希乌斯的烹饪书常被引来作为厨房中过分追求强烈味道的证明，尤其是在使用辛辣刺激、使人味觉麻木的调料方面。

也许是这样吧，但是仅凭一本烹饪书就对整个文明的饮食习惯作判断可说是过于自信了，事实上有很多理由说明读埃皮希乌斯书要特别小心。人类味觉的生理在过去的 2 000 年里并没有显著的进化，人们过一段就要用香料来灼烧一下口腹，这方面我们也并不比罗马人好多少。埃皮希乌斯从未给出过他所说的香料的用量，我们只是知道他所说的菜做出来的结果是辛辣的，但我们不知道到底有多辛辣。显然，如果把印度的咖喱食品用同样的方式抄录下来，那些对印度饮食就像我们对罗马饮食一样不熟悉的人也会产生类似的疑问。

不管怎么说，如果把埃皮希乌斯的书当做一本实践的烹饪书来读就过于天真了，因为其挂名的作者本人就是一个名声不太好的人物。据一本流传于公元 1 世纪的逸事记述上说，埃皮希乌斯曾坐吃山空，把一笔巨大的财富吃得只剩 1 000 万塞斯特斯[①]，这虽仍是一笔不小的款数，但对他这样的宁肯吞毒药也不能过拮据日子的美食家来说是不够用的。在讽刺作家尤维纳利斯（55—127 年）眼里，埃皮希乌斯的名字就是泥污。基督徒的看法更偏激：对教会神父德尔图良（155—220

---

① 古罗马银币或铜币，等于四分之一第纳流斯。——译者注

年）来说，埃皮希乌斯的贪婪是臭名远扬的，他的名字竟至成为代表他的典型香料的一个形容词。对西多尼厄斯（Sidonius，430—490年）来说，"埃皮希乌斯"就是"贪吃"的代名词。据记载，以腐化奢侈出名的埃拉加巴卢斯皇帝（218—222年在位）很欣赏他的著作，这是《奥古斯都史》（Augustan History）的作者透露的一个细节，正好是这两人臭名的一个相互映照。简言之，有关埃皮希乌斯的一切都不是中性的，他的名字没有像伊丽莎白·戴维或迪莉娅·史密斯的名字所带的那种适意、家常的蕴意。不管怎么说，以他的名字冠名的那本烹调书只是对罗马社会一个狭小的阶层有实践上的意义，而罗马帝国的大部分人都只生活在维持生存的水平上。仅就成本一项来说，他的较为出名的菜谱，比如香料炖火烈鸟，就是大部分人不敢问津的。

这很可能就是问题的所在，因为像火烈鸟这类东西一样，香料也是一种昂贵的口味，只有胡椒是较多的人可以享用的，但正如我们所看到的，就是这种香料也有一种专人享用的味道。在普林尼所著的《自然历史》一书中罗列了一个大概是由国家定价的香料牌价。胡椒是便宜的，每磅4古罗马便士，白胡椒差不多贵了一倍，要7便士一磅。一磅生姜6便士，一磅肉桂5到50便士不等。贵得多的是各种等级的桂皮油，不纯的每磅从35到300便士不等，纯的桂皮油则要高到1 000到1 500便士一磅。当时一名士兵的年俸是225便士，稍晚一些时候，一名自由日劳力每天大约可挣两便士。在罗马帝国早期，最常见最便宜的黑胡椒一磅可买40磅小麦，大约合"劳动阶层"成员的几天的工钱，而一磅尚好的桂皮油价值为一位百夫长6年的工钱。

至少他们是不会大把地撒放香料的，即使对于那些有钱人来说，也有大量的证据表明，罗马人知道什么时候他们的食物中多用了香料。具有讽刺意味的是，现在通常所知的罗马人食物的巴洛克式炫耀的传统形象很大程度上并不是由罗马喜欢狂欢的热情而来，而恰是其沉默的结果。这个名声得自于基督教会的辩士，他们实际上是不得不把罗马说成是一个饕餮之都，因为就像其他形式的历史一样，饮食的历史也是由胜利者撰写的。但是事实上，罗马人有关食物的著作很多所用的措辞使人想起的不是豪门盛宴，而是道士的最低限度的需求。在尤维纳利斯的第十一首"讽刺诗"中，他定下了道德上不受谴责的餐食的标准：少量、粗制、家种。这种饭食不会使人变得穷困。进餐的仪式也是简单不做作的，没有任何猥亵的歌舞表演，朗诵一首鼓动性的史诗就足够了。小普林尼在一封信中谴责他的一位名叫赛波蒂希厄斯·克劳思的朋友，后者总是不屑一顾地拒绝到普林尼宅府吃那些莴苣、蜗牛、小麦饼一类简单食物的邀请，而要享受牡蛎、母猪内脏、海胆等美食和西班牙舞女的表演（我们能责怪他吗？）。而依普林尼看来，最理想的餐食应是"既典雅又简朴"的。

有这种看法的绝不是普林尼一人，特别是有关调料和香料方面。普劳图斯（公元前254—前184年）①和泰伦斯（公元前195—前159年）②的喜剧中有时提到调料（condimenta），其中有一个剧目说的是一个自傲的厨师，可以用各种配料做出奇特的风味：奇里乞亚的番红花、埃及的胡荽、埃塞俄比亚的孜然芹，还有最奇怪的昔兰尼的阿魏属③，这种后来被采绝的产自非洲的芳香植物会使古罗马的美食家们膝盖发软。④甚至有一个有关这个题材的音乐喜剧，当调料放得过多时，罗马人会强烈地表示他们的不满，它使对餐馆的最含敌意的评论看起也过于温和了。在普劳图斯公元前首次出版的 *Pseudolus* 一书中，一个叫拜里奥的皮条客到"厨师广场"（吝啬的拜里奥把它叫做"骗子

---

① 普劳图斯，古罗马喜剧作家。——译者注
② 泰伦斯，古罗马喜剧作家。——译者注
③ 一种无法鉴定到种的植物，古希腊人常采用做药。——译者注
④ 在公元1世纪中期尼禄曾得到一枚，显然是最后的一枚，因此在他的许多罪名中还得加上一个灭绝物种。

广场")去雇一名厨师。通过会吹嘘的厨师的嘴,普劳图斯嘲讽了那些专爱使用最新的香料和"天国调料"的时髦厨师。他们所使用的作料纯粹是幻想之物: cepolendrum, maccidem, secaptidem, cicamalindrum, bapalocopide, cataractria。这些编造的希腊—罗马混名有一种令人感到毛骨悚然之感,如 secaptidem 使人联想到用刀划或切(secare 有切或割之义),cataractria 则使人联想起和饮食无关的瀑布、铁闸门或一种海鸟。要使这种对于为新奇而新奇的嘲笑博得人们的笑声,当时的饮食方面一定是相当多样化和复杂的(在浏览一个时髦的新餐馆的菜谱时,常常会令人想起普拉图斯的厨师的夸张语言)。

  这似乎不是一种习惯于使用强烈辛辣的调料使味觉麻痹的文化应该使用的语言。事实上,对罗马人痴迷于香料是很容易作出解释的,它们更多的是社会方面的而不是为了实际烹调的目的。对古罗马正如对其他发达文化一样,烹调习惯不能仅从功能方面来解释,就像对其他时兴的东西如衣着和语言不能只从狭隘的功利目的来解释一样。从历史上看,人们食用香料不仅仅是因为其味道好,同时也因为(有时更重要的是)它们使人看起来有品位。布里亚·萨瓦兰[1]曾说:"告诉我你吃的是什么,我就知道你是什么。"历史上在大多数情况下,香料清楚地向人们说明的是口味、显赫和财富。

  对一个富有的古罗马人来说,餐桌(从技术角度说是长榻,餐桌是中世纪的发明物)是一个最有效地展示其品味和慷慨的舞台,宴席这类公开和半公开的活动给人们提供了炫耀的最好机会,餐桌上一道菜的价格和绚丽显示出主人的富庶和大度。在这种宴席上,埃拉加巴卢斯皇帝会把珠宝、苹果和鲜花混着摆放出来,供给客人们吃的食物有一半要从窗口里倒出去。他"喜欢听人们夸大他的餐桌上食品的价

---

[1] 布里亚·萨瓦兰(1775—1826年),法国法学家,拿破仑执政时曾任最高法院法官,亦为美食品味家,著有《口味生理学》及有关法律方面的书。——译者注

格,声言那是宴席的一道开胃品"。他用肥鹅肝喂狗,在块菌上撒上胡椒,在鱼盘里放上珍珠,给客人端出包金箔的豆子。

埃拉加巴卢斯是一种极端的而事实上是一种病态的例子,但他的口味体现了罗马社会的一种积习。一般的罗马富人把财富和幸福的关系看得很直白,埃普雷厄斯(Apuleius)的一句话很好地说明了那种风气:"幸福,真是幸福啊!那些脚下踏着珠宝钻石的人。"财富和幸福只用一个形容词就足以概括:beatus。对于那些同意这种看法的人来说,餐桌上的炫耀实出于一种社会的必需,只有那些贫穷或小气的赞助人才舍不得在这方面花钱,这使在他自己和门客眼里的形象都矮了一截。尤维纳利斯的第四首讽刺诗是写给那些愿意接受二等款待、吃台伯河的污水煮鱼的门客的,说他们像"一些公众的小丑",甚至连主人有感知的龙虾都看不起这些下贱的门客。

对那些想避免这种命运的人,不管是有意炫耀的主人还是作为受者的门客,香料乃是天赐之物,它们昂贵又新奇,与埃拉加巴卢斯从窗口里倒出去的珠宝差不了多少。埃拉加巴卢斯本人就曾用香料使他的游泳池增加香气。香料是讲排场的美食家们的法宝,尤维纳利斯形容这些美食家:

> 上天下地入海去寻找那美味的一口,
> 从不问价格,你仔细了解就会发现,
> 他们花费得越多,心里越快活。

更耐人寻味的是,从营养学的角度来看香料并不是必需品,这正是卢坎①所说的那种典型:"为炫耀的虚荣所驱使,哪怕饿着肚子也要把世

---

① 卢坎,生于西班牙的古罗马诗人,作拉丁史诗《内战记》,反对暴政,怀念罗马共和政体,参与密谋暗杀罗马皇帝尼禄,事机败露后自杀。——译者注

界搜遍。"罗马人肯定不是最早发明饮食虚荣的人,但他们是把它发展成为一门高级艺术的人。阿忒那奥斯(Athenaeus,公元前200—?)写过有关这个题目的专著,名为《博学者的宴席》(The Deipnosophists),这是一部罕见的长达15卷的评论,通过一场通宵达旦的宴席论述饮食的种种。

从社交的角度说,香料的开支不是出项而是进项,特别是,它们恰好适合于人的那种同样古老的爱炫耀的脾性。贺拉斯(公元前65—前8年)①曾讽刺过一位名叫纳塞迪那斯·卢浮思的人举行的铺张宴席,他在宴席上还赋诗助兴。作为开胃菜的是野猪肉,那猪是在南风乍起时捕捉的。胡椒(按礼节是白胡椒)是在一道叫做七鳃鳗的主菜上撒放的,这菜用活虾沙司蘸着吃,而主人颂赞的话语值得在今天的美食杂志上发表。他说他的七鳃鳗:

> 在腹中有鱼子时打捞,过此期则肉质下降,所用沙司作料包括:维纳夫罗的纯净橄榄油,西班牙的鱼酱,意大利产5年的陈酿,烹调过程中加入,若要在烹调后加入则以齐安的陈醋为佳。白胡椒,加少许由莱斯沃斯岛的发酵酒所制成的醋。我是第一个提出在沙司中要加 arugula 和苦 elecampane ②的人,而库蒂勒斯喜欢加海胆……

对纳塞迪那斯来说,重要的是找那些难得的稀罕物,埃拉加巴卢斯在海滨时拒绝吃鱼,而到了内地无鱼处则偏要吃鱼。这位皇帝坚持要吃稀罕物的脾气有时会带上一种虐待狂的倾向:

---

① 贺拉斯,古罗马著名诗人。——译者注
② 又称"马药草",一种多年生草本植物,因叶带苦味和芳香而被视为珍贵物。

为了开心，他有时要他的客人们发明新的沙司调料，对做出他喜欢吃的沙司的人他会给予重赏，比如说丝袍，这在当时是稀有贵重之物。可是如果他不喜欢某人的沙司，那个人就要被强迫吞食这种沙司，直到他能做出更好的东西。

然而最能体现古罗马人对美味佳肴的癖好的是一个传说中的人物。公元1世纪中期时流传一本书叫《特里马尔其奥的宴席》(Cena Trimalchionis)，作者彼得罗纽奥（Petronius，？—66年）曾是尼禄皇帝的朝臣和时尚顾问，这个职位使他有可能对奢华的宴席颇为了解。故事围绕特里马尔其奥所设的一次宴席展开，主人翁是一个传说的暴发户，因为从事冒险的航海而发了大财，准确地说，他是从事印度贸易的商人（类似的贪吃人物许多世纪后在荷兰与英国东印度时期也一再出现）。特里马尔其奥以一个极其庸俗的宴席招待他的客人们，宴席是马拉松式的，目的主要是显示绝活儿。菜式花样繁多，源源不断，一个共同点是意在古怪奇特，独出心裁。一位女客人尝了一口熊肉，"差一点把肠子吐出来"。另一位深有感触的食客对他旁边的客人低语道，样样东西（甚至包括胡椒！）都是家产的（没有温室，从植物学角度来说是不可能的）。如果你要母鸡奶，特里马尔其奥也能给你端出来。他点的菜有印度培育的蘑菇，以活鸟填塞的烹野猪，野猪的肚子被破开时，小鸟飞出来。还有蜂蜜腌制的睡鼠、摆放在银烤架上的熏肠，而烧烤的"煤炭"是草莓和石榴。一位奴隶端出了一个伏于一堆鸡蛋上的呆滞母鸡，特里马尔其奥看到后惊奇地问道，那鸡蛋是不是半熟的，故事叙述者试着敲开一个，却发现是面制的。他觉得母鸡肚里不会有什么好东西，本想把它扔出窗外，但他在鸡肚子里面掏了一下，却掏出了一只在加胡椒的蛋清中游泳的无花果啄鸟。

显然香料的使用是为了与那种排场的炫耀的气氛相协调。还有一道菜由四个奴隶端出，菜的底部是肥禽，上铺母猪胸肋肉，顶端是一只野兔，却长了翅膀，意在模仿传说中的一种带翼的马——其效果有如一只捆绑的模仿超人的汽锅鸡。在这一大堆肉食的旁边摆放的是香料酒沙司，其中有活鱼在扑腾，这些香料沙司比熊肉的味道好不了多少，不过话说回来，主人的用意实在也不是为了展示好味道。

在一定程度上正是由于彼得罗纽奥的编造的本事，特里马尔其奥的荒淫奢侈仍然影响着罗马人近代的饮食形象。正如特里马尔其奥的一位不幸的客人所指出的，在许多罗马人看来这样做实在有点过分了。直到罗马帝国的末期，贯穿于罗马文化的是一种强有力的纯美学，这始终是其自身形象的基调，虽然这种形象后来受到越来越多的玷污。从这个角度来看，不但香料，而且可以说所有的作料都是多余的、奢侈的、甚至是有害的点缀。正当的饮食目的是为了营养，其他都是虚华。西塞罗（公元前106—43年）[①]认为，对他的饭食来说最好的香料就是（或应该是）饥饿。他甚至说，他觉得泥土的味儿比番红花的味儿更好。在他所著的 *Tusculan Disputations* 一书中，他记述了他对锡拉丘斯的暴君、（斯巴达的）狄奥尼修斯的拜访，锡拉丘斯是在古代以烹调的高质量和精细著称的城镇。斯巴达的食物同样是有一套模式的，但却是另一个极端。事实上那次遭遇是厨师事先安排好以作教育的：一位骄奢淫逸之徒碰上了一个以摒弃一切享乐出名的苦行僧。当厨师给狄奥尼修斯端上一碗乏味而油腻的肉汤时，狄奥尼修斯说这不合他的口味。斯巴达的厨师把汤端给来访者，口中说："怪不得，因为调料放得不够。"来访者会意地依着他的圈套问道："什么是调料？""狩猎的诚实劳动和汗水，跑步到欧罗塔斯（当地的一条河），饥饿和

[①] 西塞罗，古罗马政治家、演说家、哲学家，著有《论善与恶之定义》、《论法律》、《论国家》等。——译者注

干渴,"厨师辛辣地说道,"斯巴达人就是用这种东西来做他们的宴席的作料的。"

显然,这个例子的启示比明言自己的好恶更为深刻。对像西塞罗这样的罗马人来说,一个人吃什么和怎样吃是一个极为重要的道德问题,饮食方式是道德价值的一个尺度,在某种意义上它确定着人的道德价值。事实上这是特里马尔其奥所作的判断的一个逆判断:你是什么,我就知道你吃什么。当时人们的沉迷与昔日朴实的英雄相比是多么鲜明的对比啊!历史学家和讽刺作家一向喜欢把当时的淫逸与以往的德行相比较。皮洛士①的征服者曼尼厄斯·居里阿斯·旦塔思据说是自己煮蔬菜吃。据苏埃托尼乌斯(Suetonius)②说,奥古斯都皇帝喜欢吃食简单朴素,古罗马斯多噶派哲学家加图宣称他之所以吃肉只是为了强身以为国家战斗。昔日是耐苦、勤俭、质朴的,今天则是奢华虚浮的。

在这个风气衰落的故事中,厨师当然值得特别一提。历史学家李维(公元前59—公元17年)甚至认为,罗马的衰落就是从厨师的职位提升时开始的:"就在那之后,以前和奴隶同属于最低地位的厨师的名声开始提高,以前是一种劳役的活儿现在成了一门艺术。"那时甚至还通过了一个戒奢的法律,以限制挥霍的风气。尤利乌斯·恺撒(公元前100—前44年)曾经派食物检查队到市场去检查违禁的山珍海味,还派他的士兵私访人家,察看宴席案上是否有违犯国家法令的情况。

香料和奢侈品与人们对古罗马的特点及昔日罗马的这种看法相违连几乎是不可避免的,就像那些从印度回来的船上一同装载的珠宝

---

① 皮洛士,古希腊伊庇鲁斯国王。——译者注
② 苏埃托尼乌斯,古罗马传记作家。——译者注

（道德家们喜欢攻击的另一目标）一样，香料也是外国污染物中十分突出的东西。讽刺诗人佩尔西乌斯（Persius，34—62年）[①]曾谴责"有知识的希腊人"在代表罗马素朴象征的最家常的农庄稀粥"法鲁蒂"（falutin）中加入腻人的沙司、枣椰子和胡椒，认为这是腐败，他的这种思想是本着一种历史上的传统。以下是德莱顿的精彩翻译：

在那些娇气的希腊人把这种东西带来之前，
我们还不知道有这种奢侈的消费，
如今这些来自雅典的花样玩意儿，
那些枣椰子和香料使罗马失去了阳刚之气。

就这样，人们在论述倒退和衰落时谈起了香料，它们成了腐败和堕落的讽刺象征，被视为来自东方人的淫欲的刺激物。如果要确认这种说法的正确性的话，人们只需去看一看那些粗犷和素朴的野蛮人，他们从不在饮食中加什么调料。在率领军队对柔弱的罗马人展开杀戮之前，英国女王博阿迪西亚提示她的士兵，他们比对手强大，她特别提到饮食上的差别，贪图口腹之欲的人成不了好的斗士。历史学家迪奥·卡修斯（Dio Cassius，150—235年）写道："我们不能称这些罗马人为'男子汉'，他们洗的是温水澡，吃喝的是珍馐醇酒，以没药树脂涂身，夜卧软床，有男仆做睡伴——那些过了盛年的男仆——他们臣服于一个弹里拉琴的人[②]——一个堕落的家伙！"

这种谴责与对物质匮乏的担忧是相吻合的。对罗马的卫道士们来说，精细昂贵的食物不但是不必要的，它们同时也意味着金钱向国外

[①] 佩尔西乌斯，古罗马讽刺诗人，共写有6首讽刺诗，除揭露和讽刺当时罗马的腐败和愚昧外，大多是关于斯多噶哲学的探讨。——译者注
[②] 指尼禄皇帝。

流失。除了几近纯的金银铸币外，罗马帝国并没有什么东西可以换取印度的香料，这也就是今天印度的一些博物馆存有大量罗马铸币的原因，人们所见的大约有七千枚，而这看来也只是总数的一小部分。Dinarii（古便士）和 aurei 如此受青睐，使得一些印度统治者开始对之进行仿铸。

一边是印度人的捞取，另一边是罗马金银币的悲惨流失。一些人认为，这种基本以货币为基础的对印度的香料贸易的结果造成罗马帝国有限的货币储备的灾难性流失，引起国人对贸易支付平衡危机的大辩论，它标志一种经济怪物最早的出现，这种怪物在后来的商业化以后的社会中一直存续和扩大。在罗马帝国的初期，对于历史学家塔西陀所称的"餐桌上的挥霍无度"的厌烦已成了一个全国性的重大问题。公元22年，提比略皇帝在元老院呼吁，奢侈的习惯和对东方异食的贪图使得大量金钱像失血一样流往"异国或敌对国家"，购买进口货物无异于"对国家的颠覆"，而当时在场的听众中几乎无一人能幸免这种谴责（约一千五百年后英国也遭遇了同样的问题，他们的厚重的毛制品在炎热的赤道国家找不到市场，只是到了工业化时代欧洲金银币向亚洲的流入才得以逆转）。老普林尼抱怨说，印度每年鲸吞了 5 000 万塞斯特斯，全部是为了购买胡椒和其他东方的使人变得柔弱的多余之物，印度及其奢侈品把罗马变一个懦夫的城市。

从对印度贸易中获利的那些商人也许并不这样认为，可是道德家们只愿意这样看他们，还有什么能比去印度作冒险远征更能体现一种为捞钱和塞肚皮而活的疯狂呢？在贺拉斯的第一部《书札》（*Epistle*）中，去印度的贸易商人被描绘成一种典型人物，一种变态贪欲的象征，不顾风险甚至不惜搭上个人的生命。他在另一个地方曾把这种人称为"财富的乞丐"。正像 21 世纪公司的工作狂，去印度的商人体现的是一种摧毁灵魂的物欲横流和狂热工作：

> 你，不知劳累的商人，争先恐后地去往远方的印度，
> 为了逃避贫困，跨越海洋，穿过礁石火焰……

对于破坏灵魂的安宁来说，贫困比贺拉斯所想象的印度洋上的礁石和火焰的危险性要小，获取财富的风险和代价超过了回报。而对于二者都没有的贺拉斯来说，他是反当时的攫取和消费的潮流而宁愿要斯多噶哲学的那种宁静淡泊之乐的。

对于那些倾向于同意这种看法的人，印度及其胡椒几乎成了典型。在罗马帝国的初期，胡椒成了讽刺诗人最方便的讽刺象征，就像垃圾股票象征20世纪80年代的贪婪一样。佩尔西乌斯声称就是贪婪（avaritia）造成了人们对胡椒的偏好，它使得一位商人在从刚到达的骆驼背上取下香料时连水都不给骆驼喂上一口。以下是德莱顿对这首诗的翻译：

> 人们的本性各有不同，
> 人各有志，很少有人彼此相同，
> 被利润驱使的商人，
> 远走炎热的印度，那个太阳升起的地方，
> 从那里带回辛辣的胡椒，还有大量药材，
> 他们用意大利货物作为香料的交换。

佩尔西乌斯的朋友、诗人尤维纳利斯也同样认为香料所包含是危险和虚幻的财富。他讲过一个故事，有一个商人携带他的胡椒货物在漆黑的暴风雨天乘船出航，那商人声称："那只是夏天的风暴！"由于他的愚蠢，他被风刮到海里，被海浪吞没，在最后的挣扎喘息时牙齿间还紧叼着他的钱包。在我们看来这可能是一种英勇行为，许多罗马人

更倾向于认为那是一种贪婪和疯狂。老普林尼（当他是一位船上的指挥者时可能会极为钦佩那种冒险精神）认为去印度的远航不过是一种贪婪的劫掠，"在贪欲的驱使下，去印度也不是一种遥远的畏途了"。

因此依道德家的标准衡量，香料在哪个方面都是不能接受的。它们价格昂贵，使人变得虚弱，是东方舶来品，消磨阳刚之气。除此之外，它们并没有什么营养价值，看来唯一的功能就是刺激人的胃口使人变得更贪吃。普林尼把这些问题都拉到一起，自己摆出一副对当时风行罗马帝国的胡椒不屑一顾的高傲姿态。香料从来不是充饥之食，而只不过是逗引味觉之物：

（胡椒的）使用如此受欢迎是很不寻常的，因为有些食物对人有吸引力是因为其香甜美味，另一些则是因为其外表美观，但胡椒①的浆果和果实的外观毫无引人之处。它的唯一可取之处就是辛辣——而为了这个我们就远征印度！是谁第一个想到在他的食物里试着放这东西，又有谁愿意饿着肚子去寻求这些刺激胃口的东西？

普林尼的罗马同胞看来并不怎么听他的，这很可能使他感到不高兴，但他的抱怨在历史上却一直有着回响，事实上一直延续到今天。现代历史学家不倾向于像他那样把奢侈和衰落联系在一起，但是对于罗马与印度的贸易支付逆差却说了很多怪罪的话，虽然也许所留存下来的经济资料太少或太片面，使得我们无法判断香料贸易是否或在多大程度上对罗马的经济造成了损害。不管怎么说，不清楚的历史事实不如

---

① 这里显然指的是白胡椒和黑胡椒。

人们的洞察重要，而这种洞察是很清楚的。即使从东方的香料奢侈品与罗马帝国虚弱的国力对比也能看出一定问题。有关罗马与印度贸易的权威学者之一E·H·沃明顿（E.H.Warmington）不无激动地说："印度以其大批的珠宝、香水和香料……很大程度上满足了已丧失了祖先们的大部分道德的罗马人的奢侈需求，促成了导致西罗马帝国崩溃的倾向。"

我们不必纠缠在这个事例的价值上，有意思的是它有关道德方面的论理，可以说这是香料史上从罗马帝国时期直到今天的中心论题之一。这些论题在一定时期就会重新冒出来，具有讽刺意味的是，它们常常是以基督教指斥腐败的罗马帝国的方式出现。一方面人们在追寻香料，另一方面香料也被看做是销蚀罗马人与国家元气的恶性肿瘤。（但一直存续到1453年的罗马帝国的东半部是否比西半部较少腐化或较少迷恋东方的奢侈品，这一点人们并不清楚。由于拜占庭接近跨欧亚大陆的商队所途经的路线，那儿的香料可能更多而不是更少。）照这种观点看来，不是野蛮人甚至也不是铅管（lead pipe）而是那些香料导致了罗马帝国的衰落。

失势，衰落，残存

> 胡椒树长在印度和高加索山侧，生长中的胡椒树叶似杜松子叶。胡椒林有毒蛇防护，胡椒成熟之后，当地的居民便点火焚烧，林火吓走了毒蛇，烧黑了胡椒，因为胡椒原本是白色的，虽然它们有几种不同的果实。成熟晚的一种叫做长胡椒，没有被火烧到的胡椒便为白胡椒，胡椒粗糙和多皱的外皮其颜色和名称都来自火的灼烤。
> ——（塞维利亚的）圣伊西多尔（560—636年）《语源学》

当罗马帝国削弱和衰败之时,对香料的需求仍然延续着,但数量已大为减少。一般都认为那些征服了帝国的野蛮人对舒适的生活没有兴趣,但实际上并非如此。事实上,在罗马帝国崩溃之后,在欧洲的一些孤立的角落贸易与文明仍然延续着,那里的人仍然渴求着香料。与古代与现代的那些成见相反,野蛮人对罗马人长久以来所享受的那种奢侈也同样十分向往,尤其是他们的香料,欧洲主要的困难在于没有支付这些香料的手段。

甚至基督信徒们也喜好上了这种东西,虽然我们后面将会看到,他们比极为奉行斯多噶禁欲主义的罗马人对香料有同样或更多戒备的理由。基督教一经成了官方宗教之后,外出的帝国的高级牧师们就可以享用政府的驻点(cursus publicus),那是一个向因公出差的高级官员们供应食物、交通和住宿的帝国客栈和仓库网络。能够享用客栈的权利是自公元314年沿袭下来的,当时是给旅行去阿尔勒参加教会大会的3名主教的。这几位主教每到沿途的一处客栈,就可以享受那里提供的住宿、车马、面包、食油、鸡、鸡蛋、蔬菜、牛羊猪肉、羔羊肉、鹅、火鸡、garum、孜然芹、枣椰子、杏仁、食盐、醋和蜂蜜,以及各种各样的香料,包括胡椒、丁香、桂皮、甘松香、闭鞘姜和乳香。

在帝国的巨大公用道路网中的任何一个客栈都可以出示这类特许证,由于证件规定其持有者有权得到所规定的东西,不得无故拖延,这看来意味着那些富有的旅行者们即使在远离大都市的地方也能找到香料。国家对去参加尼西亚的宗教大会的主教们也作了类似的特权规定,显然,教会事务的紧急超过了主教们对违背肉体禁欲的担心。

在帝国的衰落时期,除去这些享受政府优惠的主教们不说,其他许多罗马人对香料也有所知,贸易在继续着。公元337年,康斯坦丁皇帝接见了"居住在太阳升起之地附近"的印度人,之后不久,他的背教的侄子朱利安接见了来自印度各民族、斯里兰卡以及距印度西海

第二章 古人的饮食口味

岸不远的一个神秘岛屿（可能是马尔代夫）的使者。西罗马帝国的皇帝霍诺留在一份敕令中描述了公元418年时阿尔勒各民族繁忙的商业生活："来自富裕的东方——香气飘溢的阿拉伯半岛、精巧雅致的亚述、富庶的非洲、美丽的西班牙和勇敢无畏的高卢——的各种名贵物品在这里汇聚，人们会以为这些世界的珍品异物乃是本地的自产之物……这里集结了人生的各种享受之物和贸易的精华。"而在这之后不到10年的时间里，蛮族人一次次扫荡了高卢，把那些大城市夷为平地。到了5世纪末期，最后流通的罗马硬币在印度消失了。

在那几百年间至少对于某一个阶层的人来说，胡椒仍然是人们熟悉的食物。高卢诗人奥索尼乌思（Ausonius，310—395年）曾在一首名为《论食物》的警言诗中提到香料。公元350年左右，鲁蒂里厄斯（Rutilius）在他的《农业论》著作中多次提到胡椒和其他香料。他在酿醋和给奶酪加味时使用香料，与百里香混合使用。在帕拉迪乌斯（Palladius）看来，"胡椒"就是"调料"的同义词。即使在多难的5世纪，边界已被摧毁，蛮族人蜂拥入帝国，语法学家和哲学家麦克若毕厄斯（Macrobius）仍然能够以对香料十分了解自居。在他所著的《农神节》一书的对话中，凯希纳·阿尔毕努斯向他的有学问的朋友提问道："请告诉我，狄萨里亚斯，芥末和胡椒涂于皮肤上时，它们会渗入而引起刺痛，可它们对于胃却不会有伤害，这是为什么？"

乍看起来，从这些提到香料的地方看来似乎与帝国早期香料的盛期相比没有什么大的改变，但在香料供应绵延不断的背后，正在发生着细微而执著的变化。首先，价格开始暴涨。在普林尼所处的香料的鼎盛时期，按重量算，香料比黄金要便宜250到280倍，到了公元301年，这个比数滑落到90比1。到了卡拉卡拉皇帝统治时期（211—217年），人们在印度所能见到的罗马货币已经开始减少。罗马货币逐渐消失与香料价格的攀升是由帝国东部疆界的被侵蚀引起的。自动乱的

3世纪开始，东部边界灾祸频仍，使东方贸易岌岌可危，终致无法继续。红海沿岸地区被一个叫做布莱米亚斯（Blemmyes）的敌对的非洲部落所控制，罗马与印度的直接航路被阻断，香料贸易落入了非洲中间人手里，这种情况一直持续到达·伽马绕道非洲去印度之后。

新的供货方式导致了新的观念。既已没有了乘季风驶往印度的罗马船队，一度为贺拉斯所称颂的"不知劳累的商人"所熟悉的香料圣地从欧洲香料商人的疆域渐渐隐退为中世纪幻想和未知的领域，印度群岛消失到中世纪研究家雅克·勒戈夫（Jacques Le Goff）所称的"梦幻般的地平线"之外，这种状态一直持续到地理大发现的时代。圣哲罗姆（347—420年）知道那些跨越红海驶入印度洋的商人：

> 他们经过差不多整整一年的时间才抵达印度，到达恒河（《圣经》上称之为phison河），这是一次横贯埃维拉（Evila）的漂流，据说承载着各种来自天堂圣泉的香料，在这里可以看到红宝石、绿宝石和闪亮的珠玉，它们在那些贵族妇女的胸中燃起欲望之火；还有金山，那里是男人无法接近的地方，因为那里有狮身鹰首兽、龙和巨身魔怪：它向我们表明，贪欲在受到什么东西的防卫。

这种无知与虔诚的谨慎相混杂的观念，为后来几千年的看法定下了基调。

罗马在衰亡之前经历了没落，当蛮族人最终来到城门之下时发现，香料贸易与公元1、2世纪相比已经大为衰落。这些蛮族人对这种远途的奢侈品贸易的影响是复杂的。一方面，他们打破了贸易所依赖的那种繁荣与秩序；另一方面，他们继承了这种饮食口味。占领被肢解的西罗马帝国的哥特人特别喜爱罗马的胡椒。公元408年，哥特国王阿拉里克围困罗马城使其降服，被吓坏了的元老院派使者去就屈辱的勒索条件进行谈判。作为饶命和解除围城的交换条件，阿拉里克接受了5 000磅金子、30 000块银币、做4 000件长袍的丝绸、3 000块红布料，以及3 000磅胡椒——这很好地说明了这些奢侈品的相对价值。罗马城市的高度繁荣对于那些游荡的日耳曼军队来说就像一块磁石，像吸引苍蝇的死尸。在这种意义上说，那些在罗马的奢侈生活方式中看到了衰亡的征象的道德家们到底不是在作虚妄之言。

但是如果说香料伴随了罗马走向衰亡的漫长之旅，那么它们身上就不可能不留下经验的印痕。在帝国残存的最后几个世纪中，香料的观念本身已经演变为比罗马帝国的胡椒和调味品更丰富也更模糊的含义。当时"香料"（species）的使用首先是作为一个概括性词语，它象征着一大批高价值、易转换和一般来说较稀有的货物，与普通的或批量的商品有别。除了昂贵以外，这个词还表达着一种不同寻常、卓尔不群的含义，那些大陆货、本国产调味品不属此列。与胡椒、丁香、桂皮、肉豆蔻并列的是珠宝、精细的棉麻、中国的丝绸以及紫衣染料，这种紫衣以前只是元老院议员和皇帝的专利，而现在为主教的着衣。Species同时也包括其他一些贵重稀有物品，如黑豹皮、美洲豹、狮子、非洲的象牙、从帕提亚和巴比伦转运来的毛皮，来自印度和非洲的学舌鹦鹉，来自阿富汗的天青石，以及来自热带地区的乌龟壳。此外还包括来自印度的各种宝石："红锆英石"、血石、玛瑙、红条纹玛瑙、钻石和翡翠。对于香料来说重要的不是它们的功用和植物学上的意义，而是其价格，在市场上和人们的头脑中，环绕香料的是一种象征富贵和奇异的光环。

这种光怪陆离的联想从晚期的罗马帝国直接传给了它的征服者。这些来自森林和大草原的野蛮人没有自己的词汇来描述他们垂涎的这种物品，便采用了被他们征服的国人的词汇。公元6世纪法兰克人、西哥特人、阿勒曼尼人的法律中都提到spicarium，这是一个储存贵重货物的仓库。由此这个词进入了后期拉丁文和日耳曼方言之中，后者渐渐演变成今日的拉丁语系。因此，简括地说，这个一直延用到今日公元第三个千年的词汇的词根自古代晚期就没有变化：西班牙语中的especia，葡萄牙语中的espaciaria，法语中的épice，意大利语的spezia。野蛮人一方面借用这个词，一方面又加以想象发挥，在那个分崩和隔绝的几百年中，香料益增其神秘色彩。塞维利亚的伊西多尔（560—636年）[①]乐于相信，胡椒植物是被毒蛇所护卫的，收获者在放火烧林中草丛时驱走了这些毒蛇，从而也使胡椒子带上了那种特有的黑皱皮。伊西多尔对胡椒颜色起因的这种看法绵延不绝，一直到16世纪。香料向西方的传入不绝如缕，但其始源渐渐被根植于神话之中。

自然，正是这种神秘和昂贵使它们显得如此特别。奢侈可能是一种不赦的罪恶，[②]但它同时也是一种地位的象征。正因为如此，它们常常出现于官方的交往中，这种惯例一直延续到中世纪，有好几次正是香料使在蛮族人面前受辱的罗马使臣疏通了关系。公元449年狄奥多西二世皇帝派驻匈奴王的使臣向匈奴王的一位妻子赠送了印度珠宝和胡椒——无疑这给蛮族人的食物中增加了一些香料。公元595年拜占庭皇帝莫里西乌斯（Mauricius，582—602年在位）手下的一位执政官向阿瓦人酋长查赞赠送了胡椒、桂叶、苦苏花，这位蛮族人称自己很喜欢这些礼物。

虽然对香料的这些礼节方面的用途相对来说有较多的记载，但对于其在饮食方面的应用的记述却所见不多。不管怎么说，那种把嗜血成性的匈奴人描绘成享用各种奇珍异味的形象看来不大可能是真实

---

① 伊西多尔，西班牙基督教神学家，西方拉丁教父，百科全书编纂者。——译者注
② 在中世纪人的头脑中，奢侈和淫欲是同一类的偏异，这个问题后文将有更详细的讨论。

第二章　古人的饮食口味

的。匈奴王把东方的奢侈品用于支付给他的各方面的下属头领，而即使在宴席上他也坚持吃在草原上时习惯吃的那种烤肉。历史学家们现在用"黑暗的世纪"（Dark Ages）一词时很谨慎，但是在烹调的意义上，这个贬义词倒是恰如其分的。和生活的其他方面的高雅情趣一样，烹调术也因罗马帝国的垮台而随之衰落。布里亚·萨瓦兰把这个时代的饮食看做"咀嚼无味，难以下咽"，看来是大体没错的。

在罗马高卢时期的法兰克王国墨洛温王朝（476—750年），人们肯定是食用香料的，但是（这个判断是根据很少的资料得出的）显然用法上不是那么精细。不过（波瓦第尔的）诗人福图纳图斯（Fortunatus，540—600年）描述墨洛温王朝的妇女喜欢精细而有特色的烹调（男人则没有这种爱好）。这个时期留下来的不多的食谱都是一些粗化的原本罗马人的食谱。这一时期极少的烹调术资料包括意大利东哥特国王（493—526年）、驻狄奥多里克的大使安蒂姆（Anthimus）有关烹调术的论述。安蒂姆了解生姜、丁香和胡椒，不过他的食谱中提到香料比埃皮希乌斯的《烹调书》要少得多，而在其他方面则是对后者的模仿抄写。和他所抄写的古罗马的原书一样，虽然他可能了解桂皮，却没有提到它的食用，而在其他香料的用量上他的口味却相当重。对于一块炖或烤的牛肉，他的建议是放不少于50粒胡椒子，另外还要加丁香、闭鞘姜和甘松香。读安蒂姆的书给人的印象不是在倾听一位美食家的论述，他所强调的主要是健康，所吃的食品是否和如何有益于保养身体；如何烹调才能避免有害的后果。显然他的用意并不在烹调出一种特别的美味。

那几个世纪的饮食资料中大多都显示出一种实用重于口福的倾向，不过如果说中世纪早期有关追求美食的证据不多，对香料显然还是不乏喜好。当时有一本书名起得很堂皇的烹调书叫做《维尼达利乌斯：一位杰出的人》（*Vinidarius, the Illustrious Man*），书中把香料当做一种随时可得的东西。该书写于公元5或6世纪，现存的只有一本公元8世纪的手抄本，存于巴黎国立博物馆中。该书开始就罗列了一些香料，谓之"家中应当必备，以免缺少调料品之虞"。除了当地可得的一些芳香品外，胡椒、生姜、丁香和小豆蔻被认为是不可或缺的。

对香料情有独钟的埃皮希乌斯仍然是很受欢迎的，他的《烹调书》有两本公元9世纪的重抄的手稿留世，一本抄于图尔，另一本抄于德国富尔达寺院。如果说这些古代的烹调书的抄写并不是出于一种考古的兴趣，那么至少对于富人来说香料还是比较熟悉和可以得到的。通过这两位作者，古罗马时期的烹调术在早期中世纪贵族家庭中奇怪地延续留存着。的确，在一种意义上安蒂姆和维尼达利乌斯比古罗马时代有进步，那就是他们已经了解了丁香，而这种香料埃皮希乌斯显然是不知道的。他们得以了解是由于一些不知名的人的功绩，那些乘阿拉伯的独桅帆船、马来人的浮体小船和中国的舢板的船员和商人们，他们不远千里驶往长有这种香料的五个小火山岛。丁香就这样辗转地来到欧洲人的餐桌上，只是在差不多一千年之后欧洲的文字记述中才提到了摩鹿加群岛。

除了这些烹调书，在后来的几个世纪中还有一些零星的对一位饮食历史学家、萨拉戈萨的主教塔约（Taio，？—651年）的记载，其中顺便提到了那些飘溢着香料的奇异香气的豪华盛宴。就在大约同一时期，一本叫做《马丘福斯礼节》（*Formulary of Marculphus*）的法兰克语外交套函汇集中提到了各种香料，那显然是早先的罗马高卢人所食用的。除了解饿的食物如乳猪、子鸡和鸡蛋以外，外交使节们在公务宴席上还可享用到胡椒、桂皮、枣椰子、杏仁、盐和植物油等，这些都是由古罗马"帝国客栈"的剩余物资中提供的。如果说这个文献不仅仅是出于一种怀旧的心理的话，其中所提到的香料可以说是在罗马帝国崩溃时期对那种体制的残存的极好的见证。

但是用中世纪早期的标准来衡量,墨洛温的高卢可说是一个亮点。更令人惊奇的是就在差不多同一时期在英吉利海峡的对面也发现了香料,约克的诺森伯兰有一位叫圣埃格伯特(St Egbert,639—729年)的修道士和大主教了解了一些与胡椒有关的奇特配方,都加有其医学功用的标注。看来被他请吃饭是一件危险的事,在他写的书中有一章叫做"可食用的狐狸、鸟类、马匹和野兽",其中有一个让人惊讶的配方据说是用来治发烧和拉肚子的。他建议用双粒小麦(小麦之一种)少许与胡椒混合以治疗口腔溃疡。大约在公元643年的意大利,博比奥的约拿(Jonas)曾写到过来自印度的胡椒和甘松香。在西哥特的西班牙,伊西多尔了解所有主要的香料,虽然在以上这些例子中我们不太清楚它们是用于烹调呢还是药膳或医学的目的。

随着中世纪人们对香料的需求渐渐进入了在随后的1000中所遵循的新的模式,香料的供应也发生了新的变化。在中世纪最初的几百年中,欧洲香料的直接来源是拜占庭和犹太商人,他们甚至在那时依然与东方保持着联系。从5世纪起,开始提到了在大多数地中海港口的"叙利亚"——也就是拜占庭——商人。他们的商业网络从黑海的特拉勃森一直延伸到巴塞罗那,内陆的扩展远至巴黎、奥尔良和里昂。当勃艮第国王贡特拉姆(535—592年)访问奥尔良时,他受到了那儿的商人以叙利亚、拉丁和希伯来语的欢迎,这是在6世纪时的法国所使用的商业语言。在东方,拜占庭商人至少远行至斯里兰卡。甚至早在6世纪拜占庭国就在苏黎世湾的克里斯玛驻有一位海关官员,他每年都要到印度去一趟。一位曾在公元550年前后去过印度的希腊—埃及修士科斯马斯·英蒂柯波里乌斯特(Cosmas Indicopleustes)讲述了一个拜占庭商人的故事,那位商人比科斯马斯所处的时代稍早一些,曾在锡兰国王朝廷中对一位波斯商人口出不逊。由于这位拜占庭商人身带着纯度更高的金币,他使那位锡兰人相信,他是一位国王的使者，而他的国王比他的波斯同事的国王要伟大（老普林尼在1世纪时也讲过类似的故事，一位税吏所乘的船被风从阿拉伯吹到锡兰，在那里他同样是因为口袋里铸币的质量好而得救）。这位拜占庭人花了几块纯金币，人们便让他骑在象背上在鼓乐和欢呼声中在城里兜了一圈，这使那位波斯商人"对所发生的事情颇感屈辱"。

伊斯兰教的崛起使科斯马斯的这种旅行不再可能，同时也使拜占庭人的远航贸易渐趋结束。在随后的几百年间，穆罕默德的军队从阿拉伯半岛向外大举扩张，在短短的几十年中便夺取了所有的古代交通线路和北非的市场黎凡特。伊斯兰在海上和商业方面的扩张同样迅猛。在不到一百年的时间里，他们控制了从印度的马拉巴尔海岸起西至摩洛哥的陆路和海路香料线路。① 使用骆驼和独桅帆船，商人和海员们的扩展向东甚至到达了中国和摩鹿加群岛。在公元8世纪的时候，阿拉伯商人在中国的广东已经有了他们自己的商业飞地，早在公元414年，据中国朝拜的法师（Fa-hsien）称在斯里兰卡见到了说阿拉伯语的商人。哪里有香料，哪里就有穆斯林，除了少数犹太人外，向欧洲输送香料已经成了伊斯兰人的事情。

在新的控制格局下，印度洋上的香料贸易空前发展。即使是在地中海上，宗教对商业的阻挡也只是千疮百孔的壁垒。希腊人的亚历山大市在阿拉伯人的统治下依然繁盛不衰，拜占庭直到1453年最后被土耳其人占领之前始终与香料运输路线保持着连通。载着东方奢侈品的商队逶迤辗转，穿过中亚、波斯和阿拉伯半岛，把他们的货物在罗马帝国位于黑海沿岸的众多港口之一转送到拜占庭人的手中。在南方，拜占庭商人在设于安纳托利亚或黎凡特的仓库中从穆斯林商人手中购得香料。

---

① 体现阿拉伯人这种强大势力的一个象征是在麦加的一个方形石殿的房顶使用的木料是来自一艘在红海上遇难的希腊船只，现在有可能仍然保存着。

犹太和拜占庭的商人们用在中世纪早期欧洲可能得到的贵重物品——从波罗的海国家获得的毛皮和琥珀，从阿尔卑斯山和巴尔干获得的奴隶、木材和金属——换得东方香料和奢侈品后，把它们用船运回到西方。到6世纪时，他们西向的主要线路是通过拜占庭尚存的意大利属地的港口，绕道亚得里亚海峡和波河峡谷（拉文纳及其附庸镇直到8世纪中期一直是拜占庭的属地）。在北边不远的威尼斯此时仍然不过是潟湖岛屿上散布的一些居民点，那里的人靠盐和打鱼维持贫困的生活。他们被水围绕的那种环境在当时看来肯定是没有什么希望的，可这种处境后来却成了他们进入贸易领域的难得条件。由于地理、政治和饮食口味的巧合，这里成了繁忙的交通要道，这使得在随后的近一千年中，威尼斯人成了富人。

可惜的是有关的资料太少，使我们无法衡量这种交通到底起着怎样关键性的作用。我们所确知的是，在8世纪初时运抵伦巴底的香料相当多，以至柳特普兰德国王（Liutprand，712—744年在位）给他的一位官员的薪俸包括一块苏勒德斯金币（1/72磅）、一磅油、一磅garum以及两盎司胡椒。在德国，弗里西商人在美因兹购买香料和丝绸。公元716年在法国西北，希尔佩里克二世特许对科尔比修道院的修士每年所进的货物免征通行税，这些货物包括30磅胡椒、两磅丁香、五磅桂皮和两磅干松香，以及其他一些东方和近东的进口物如杏仁、鹰嘴豆、大米和pistachios，这些货物都是从很远的马赛采购的。希尔佩里克所定的规矩是对以前查罗塔三世（657—673年在位）及希尔代里克二世（673—675年在位）所规定的特许权的恢复。从背景上来看，这些物品主要是供修士们的食用而不是药用。可以认为，当时享用这种口味的并不只是这些修士们。

就在科尔比寺院的修士们享受这种免税权利大约同一时期，香料作为一种商业交易支付手段开始在欧洲出现。由于长期以来信得过的硬币总是不够用，而且各地区间也缺少一种标准的通货，香料有一种普遍被接受的优越性，可起到一种流行通货的作用。有记载说有些奴隶通过支付胡椒而赎得自由，此外香料还常常被作为租金的支付手段。在查理大帝统治时期，热那亚的圣费迪斯教堂曾以收取一磅胡椒作为租金。这种习惯与香料的所有其他传统延续的时间一样长，一直到1937年英国国王对康沃尔郡的劳塞斯顿郡长所收的租金包括100先令和一磅胡椒。这位郡长这种特殊的租金最高限度对他的财政来讲是很合算的。查尔斯王子1973年渡过泰马河去接收象征性的康沃尔公爵领地时，他的贡品中包括一磅胡椒。据《牛津英语大词典》(OED)上说，胡椒作为象征性租金支付一直保持到19世纪末。

但是，在19世纪只是作为一种象征物的东西在9世纪时却绝非普通之物。正像一些记述者所着力指出的，当香料被辗转弄到欧洲的时候它们已变得如此昂贵和稀少，使得只有极少数人可以享用。公元535年元老院议员卡西奥多鲁斯(Cassiodorus, 490—583年)写信给一位在意大利的哥特人统治者第奥达哈达手下任职的一位低级官员，要他履行各种职责为军队进行装备，并努力去寻找"适合于王室餐桌上用的香料"。香料被作为特权者的独享之物和标志之一的习俗此时比特里马尔其奥的时代更甚。

显然，它们不是庶民百姓可以企及的东西。在据认为是公元9世纪一位被称为约翰执事的传记作家写的有关格列高利一世教皇(590—604年在位)的《生活》(Life)一书中，有一段有关教会重新分发作为租金所收取的物品的饶有趣味的记述。每月的第一天这位教皇都在圣彼得大教堂外和公众见面，向那些寻求施舍的穷人分发谷物、酒、蔬菜、奶酪、猪油、鱼和食用油，而那些运气更好的贵族们则分得香料(pigmenta)和其他奢侈品，"这使得教会被看做不过是全民的一个储藏库"。现代人也许会认为，格列高利教皇的这种故意的区别待

第二章 古人的饮食口味 103

遇是一种有点奇怪的表达他的观念的方法，但这种做法是与中世纪社会的严格的等级观念相一致的——香料恰如贵族一样，是属于上层的东西。如果这段逸事并非发生在格列高利时代的事，它至少揭示了9世纪时一位罗马执事所怀有的一种观念。

随着生活条件的不断恶化，香料的贵族化倾向也愈加明显。在9世纪查理大帝统治崩溃的那段时期，一位修士或抄写员曾拟写主教给上司的因病告假不参加教会议事会的"套用信函"。为了便于请求得到通过还呈送了香料等各种贵重物品，并谦称"礼物虽轻，但系异国稀物，庶几聊表敬意"。桂皮、高良姜、丁香、乳香、胡椒等都是所送的礼物，外加墨绿色布匹、海枣椰子、无花果、石榴、一把象牙梳、朱砂、鹦鹉和"一条甚长的鲐鱼（独角鲸鲐鱼？）"。像教皇的分发物品一样，这里的含义即是：香料象征着高贵，彼此密切相连，二者都是财富与权力的标志，其历久不衰的吸引力也即在此。

西撒克斯的伊内国王（Ine，688—726年在位）的一位亲戚圣奥尔德赫姆[他同时也是诺林伯利亚国王阿尔福里斯（Aldfrith，685—704年在位）的朋友]，曾在一首谜语诗中富有道德寓意地描述过香料的奢贵气。鉴于他与王室的密切关系，他肯定能享受到中世纪早期的英格兰任何人可能吃到的东西，但他好像对这种经历并不感到很大兴趣，这可以以他的诗为证：

我外观是黑的，表皮有皱褶，
可是我有着灼人的内髓，
我给国王的宴席、那些佳肴美馔添加味道，
厨房中的沙司、嫩肉都离不了我，
可是没有人会认为我有什么价值，
除非他的肚肠被我的内髓烧得骨碌作响。

不用说，谜语的谜底显然是香料。

奥尔德赫姆以一种不屑的眼光看待香料并不足怪，他鄙弃生活的安逸是久有盛名的。据说他有一种习惯，在装有齐脖深的冰冷的水的木桶中背诵整部《圣经·诗篇》。令人惊异之处在于他竟然知道有香料这回事，因为他所处的时代所有城镇几乎都已消亡，大多数人从未离开故乡10英里以上。路上和海上强盗和劫路者盛行，他们在那些残余的城市生活区中肆虐猖獗，对大多数欧洲人来说近在周边的地区也像遥远的印度一样神秘莫测。在黑暗的中世纪欧洲竟然会有胡椒存在这一事实本身就可说是一种奇迹。虽然香料贸易处于零星以致难见踪影的时期，但即使在那时，它仍然是维系地球上两个几乎不知道对方存在的地域的纽带。

香料是国王和王公贵族享用的奢侈品这种名声，一直到公元第一个千年将近结束的时候才开始有所变化。查理大帝时期香料贸易有过一阵骚动，其后是将近一百年的沉默无闻，不过在经过这一时期之后、在公元9世纪的末尾，香料贸易又回到了西欧，而且是在一种更坚实的基础上。

推动这种消费增长的是欧洲经济开始缓慢回升和人口的稳步增长。中、西欧冶金和纺织工业的复兴以及德国哈茨山银矿的开发，在一定程度上弥补了长期以来所稀缺的从东方进口昂贵货物所需要的贵重金属。一个新兴的土地拥有阶层——国王和地方强人、主教和寺院——手中所增加的富余财富，造成了对奢侈品和财富象征物的新的更高水平的需求。

为满足这一需求造成了欧洲历史上的一个极为关键的发展时期。

贸易和旅行,欧洲和与之事实上相隔绝了将近二百年的外部世界有了接触,随着货物和货币的流通,书籍、人口和思想也得以交流。除了表现宗教的虔诚和战争,贵族们的主要消费便是奇货和贵重的奢侈品,而提供这些货物的贸易引发了一系列的"复杂活动",包括经济、政治、地理和技术等各个方面。其所造成的结果至今仍在影响着我们。缓慢但步步为营地,西方的基督教世界从一种封闭隔绝的停滞社会发展为一种越来越充满自信的和要自我表现的文化。

用历史学家理查德·萨瑟恩(Richard Southern)的一句名言来说,这是一个贸易英雄的时代,成功即带来财富和成为贵族,失败则意味着灭亡和成为奴隶。所有征旅莫不带有危险,而尤以国际奢侈品贸易为甚。在那些城市生活再度开始复兴的孤立的中心地区以外,农村地区常常是无法无天之地。虚弱的中心统治者和地方的头人们相争,试图使他们的命令的效力能够扩展到城墙之外。在更远的地方,商人们要冒遭受各种劫掠的危险。在9、10世纪时期,路匪们在阿尔卑斯山仍很盛行,袭击各处关隘。公元953年奥托一世皇帝派使臣去找科尔多瓦的哈里发①,其使命是寻求后者的支持以镇压撒拉逊人劫匪,他们控制着奢侈品贸易的咽喉——阿尔卑斯山的关隘。这些盗匪的劫掠活动非常猖獗,他们的一个最出名的被劫持者是克卢尼修道院长者迈尔,索要的赎金是1 000磅克卢尼修道院的银币。海上也同样危险,对基督教徒来说10世纪终期的地中海是充满敌意的水域,西西里、撒丁岛、科西嘉和马耳他都在穆斯林人的控制之中,海盗们对所有能够抓到的船只进行劫掠,没有实行仲裁调解的通用法律,所有解决的办法都是还以同样的暴力。

---

① 穆罕默德的继承人,中世纪政教合一的阿拉伯国家和奥斯曼帝国国家元首的称号。——译者注

虽然有种种危险，但即使在那时仍然有一条设法把香料从摩鹿加运到英格兰的国际联络网，其中心是意大利北部城镇帕维亚，那是古代伦巴底王国的中心。在一篇有关10世纪初情形的记述中列出了通过该镇的商人们应缴纳的各种捐税和征款，其中最显眼的是"许多富有的威尼斯商人"，他们有一度每年都来到那里。每一位到访帕维亚的商人每年要向国王国库总管缴纳的税包括胡椒、桂皮、高良姜、生姜各一磅。（他们还要给总管老婆送一只象牙梳和一面镜子、20个苏勒德斯金币和一个帕维亚金币迪纳里厄斯。）此外到这里的还有英国商人，为了给以往惹下的麻烦进行赔偿——看来英国人很早就有了流氓捣乱分子的名声——他们每3年要支付50磅银币、镜子和武器，外加两只戴银项圈的大灵狗。

提供这些奢侈品的商人的身份始终极为模糊，伟大的比利时学者亨利·皮雷纳（Henri Pirenne）的说法大概是正确的，他说在那种分割的时代，犹太人是唯一能够跨越中世纪早期基督教和伊斯兰教界限并从中获利的民族。显然没人能够比得上当时一个被称为拉达耐兹（Rhadanites）的松散的犹太人联盟所跨越的地域之广。他们的名字曾十分撩逗人地出现在公元850年左右的一本名为《路线图卷》的书中，该书为当时任巴格达哈里发的邮政总管伊本—卡尔达伯（Ibn-khordabeh）所著。在书中这位邮政总管勾画了一个从高卢到中国的贸易路线网络，那是在一个用伊本—卡尔达伯的话来说，基督徒甚至还没能"把一块木板放到水中"的时代。公元9世纪穆斯林军队和袭击者洗劫了阿尔勒和马赛，公元846年他们对圣彼得大教堂进行了劫掠。在这种恶劣的环境中，查理大帝和他的法兰克贵族显然只能依赖犹太中间人进行与东方的奢侈品贸易，毫无疑问，正是出于这种贸易的需要查理大帝才对犹太人有所容忍，这与先前的墨罗温王朝对犹太人的迫害和强迫他们宗教皈依的做法形成鲜明对比。

但是到了9世纪，意大利人开始超越他们的所有竞争对手。由于能够得到北方的铁和木材，意大利—拜占庭城市阿马尔菲、加埃塔、萨莱诺、威尼斯等地有了一些伊斯兰强国所需要的货物，君士坦丁堡对他们来说是一个现成的通往东方的门户。威尼斯人在名义上仍然是拜占庭的臣民，从公元813年起他们垄断了拜占庭的所有贸易，这为他们在后来几个世纪中的绝对优势地位打下了基础。他们竞争的方式可谓不择手段，现存的一份最古老的威尼斯元老院的法令中禁止犹太人乘坐威尼斯人的船只出行。在陆地上，他们的商人遍布各处。公元894年左右，当（欧里亚克的）圣热拉尔德路过帕维亚郊区时碰到了一群和他搭讪的威尼斯商人，后者向他兜售他们的香料和纺织品，这些都是他们从君士坦丁堡弄来的。如果说威尼斯在神奇的东方还没有封地，它在贸易中肯定是捷足先登者。

由于这些无名的、远行的商人们的努力，香料又开始在欧洲出现，其数量之多是自罗马帝国以来所未见的。随着香料消费的增长，其他传统又都开始出现。以前它们所带的那种诱惑奢靡之气又卷土重来。查理大帝时期的一个历史材料讲述一个奢侈世俗的主教的故事，其中证明他腐化的一个明显证据是他喜爱吃加有"各种香料"的佳肴美味和其他"使人变得贪吃的刺激品"。据讲述者说，那种豪华盛宴是崇尚克俭以养德的查理大帝从未吃过的。

这种用过着奢侈生活、大量享用香料的买卖圣职者与节衣缩食的皇帝进行对比以为教育的做法是纯粹的古罗马理想。历史在不断重复着自身：1000年前，罗马派船队出驶印度时，它的道德说教者们担心香料可能会腐蚀昔日极为严格的道德操守，如今这种担心重又复萌。正如中世纪的欧洲是在古罗马的巨大影子下生活——从那些仍有功能的导水管中汲取用水，在那些虽已磨损但仍能使用的道路上旅行，用古罗马语言推行外交和神学，在饮食上也受着这种影子的笼罩。香料所引发的痴迷和拒斥相杂、喜好和厌恶并存的状况，可以一直追溯到罗马帝国恺撒们①统治的时代。

① 这里恺撒（Caesar）指罗马帝国从奥古斯都到哈良德的帝王及以后的王储的称号。——译者注

肉豆蔻树
原载克里斯托瓦尔·阿科斯塔
《论印度东方的药材与药品》（布尔戈斯，1578年）

第三章
中世纪欧洲

草原上有一棵树,亭亭玉立。
它的根是生姜和高良姜,芽是片姜黄。
花是三瓣肉豆蔻衣,而树皮
是香气熏人的桂皮
果实是美味的丁香,还有无数荜澄茄①。
——13世纪早期无名(爱尔兰人?)诗《乐土》

"乐土"的风味

中世纪的神秘主义者梦想的是天堂的香料,而贪食者梦想的是传说中"乐土"(Cockayne)的香料。事实上,对于真正的贪食者来说"乐土"就是天堂,因为如果说天堂使疲惫的心灵得到抚慰,"乐土"则使饥腹或贪婪的肚囊得以缓解。这里唯一的德行就是贪食、悠闲和享乐,唯一的恶行是努力和操心。无所事事者挣钱,努力工作者受罚,淫荡风流的女人受奖赏,放一个好屁可以挣得半个克朗。即使在教堂

---

① 也叫"尾"胡椒(Piper cubeba),样子似胡椒,原产地为印度尼西亚群岛,中世纪时常用做调料、药物和春药。

中,最实在的祈祷形式也是填饱肚皮。为了方便起见,教堂建筑本身也是能吃的,它们的墙是面团、鱼和肉做的,由布丁所支撑。有着美妙的"河流",河中流淌的不是水——水在"乐土"是稀罕物——而是"食用油、牛奶、蜂蜜和酒"。

尽管有如此多的食物,却没有一个厨师,因为"乐土"的食物既可口又是现成的,不错,这二者的兼得不论在那个时候还是现在都是让人羡慕的。晚餐自己走着、飞着、跑着、游泳来到盘子里,香料烹调的云雀谦恭地自己呈送到那一张张贪婪的嘴里:

> 云雀,已经在锅里炖好了,
> 精心佐以了香料,
> 撒上了丁香和桂皮粉,
> 飞下来,飞到人们的口中。

出于中世纪人的想象,"乐土"那些不可思议的自我效劳的云雀带有香料的味道几乎是必然的事情。这还不是香料的全部,在某个寺院的一口井中储满了香料酒,另一口井中储的是治病用的香料混合物。姜饼房的墙用丁香作钉,花园中的植物也是这位哲学家奇想的结晶,一棵多合一的香料树,根是生姜、高良姜,芽是片姜黄,肉豆蔻为花,树皮是桂皮,果实是丁香。这首诗的另一个流传版本中这样写道:"生姜和肉豆蔻,都是可以吃的东西,他们用来铺路。"甚至狗的排泄物都是肉豆蔻子。

在欧洲的各种语言中"乐土"有多种版本,但都指一个香料气浓郁的地方,一位作者以开玩笑的口吻判定说,"乐土"有如此诱人之处,享用不尽的香料和烹调好的云雀,这使它不但可以和天堂比美,而且比那儿还好:"天堂虽然是快乐光明之地,'乐土'则更要美好得多。"对于中世纪欧洲那些腹中空空、每日唯饭食是谋的芸芸众生来

第三章 中世纪欧洲

说，这个判断可能是他们乐于接受的。

这虽是一个有讽刺意味的幻想，但是留存下来的对"乐土"的各种想象显示了中世纪时对香料的痴迷，它们有着不同寻常的魅力和诱惑力，所以它们作为梦中的享乐物出现应该是没有搞错。不仅如此，这实际上是厨师们在努力实现的一个梦想，因为在现实世界中香料在中世纪烟熏火燎的厨房和厅堂中也像在想象的"乐土"中那样引人注目。其他有些食物也曾此一时或彼一时使人着魔——咖啡、茶、食糖和巧克力——但相比之下，都是一时的时尚，没有一物累积下同样多的神话和故事，或者有过同样大的社会影响。当贪吃者的天堂"乐土"被构想出来的时候，香料已经在欧洲人的头脑中魂牵梦绕了数百年，而且还要缠绵不绝数百年。

常有人说香料是由十字军重新带入欧洲人的饮食的，如我们所看到的，这种说法显然是不正确的。香料从来就没有离开过欧洲。最早出现、延续时间最长、在整个中世纪时期最重要和突出的香料是胡椒。公元946年在法国路易四世（936—954年在位）的餐桌上出现了一罐胡椒酱——被放了毒药的。在公元1000年之交香料已经成为王公贵族食谱上的常见之物。公元984年蒂勒寺院的修士曾把3磅胡椒送给他们在欧里亚克教会的教友，以为后者的圣徒保护人热拉尔德庆祝宗教节日而用。在瑞士的圣加尔寺院，香料是人们的熟知之物，以至修士们曾给他们的一位伙伴起外号为"胡椒子"，因为他的脾气很火爆。

虽然那时香料已成为欧洲上层社会共享的食物，但其供应基本上只是意大利人的事。在公元1000年末，几个靠海的意大利共和国极力在穆斯林的黎凡特扩大地盘，为首的是威尼斯商人，这在500年后仍然如此。为了捍卫其在国外的弱势地位，多杰·彼得罗二世奥赛罗（991—1009年在位）与北非的穆斯林强国签订了商业协定。即便如此，贸易仍然是一件冒险的事，那些从事此道的人常常会遭到拘禁、货物遭抢劫或海上遇难。在千年之交，萨克森的记事者（梅泽堡的）蒂特马尔曾记述有4艘装满各种香料的威尼斯船只在海上失踪的事情。①那时威尼斯商人是与萨莱诺、加埃塔、阿马尔菲的商人分享贸易的，威尼斯共和国独占鳌头是后来的事。公元966年，一位到开罗的旅行者统计了一下，单从阿马尔菲来的商人就有160个，在叙利亚从巴里和西西里来的商人有数百人之多。

通过地中海的港口，香料翻过阿尔卑斯山，散播在整个基督教民的大地上。公元973年一位叫伊本·雅可布（Ibn Jaqub）的来自安达卢西亚的犹太商人惊讶地在德国城镇美因茨见到了印度香料。在"迟钝者"埃塞雷德二世（978—1013年，1014—1016年在位）时期，在英国的德国商人以胡椒交付关税。在英格兰香料成为如此普遍的商品，以致在学校的课本中都有所提及，在1005年牛津郡恩舍姆修道院的埃尔弗里克（Elfric）编写的一套练习题中提到香料，一位从海外归来的商人除了带回香料外还带回了：丝绸、宝石、食用油、金子、酒、象牙、金属、玻璃、硫磺等，这些细节使一位对学习感到厌倦的学生感觉很神奇，但出题者本人或修道院长至少对此是有所知的。

胡椒的普遍使得没有胡椒比有胡椒更引人注目，至少对某一阶层的人是这样。在那一世纪的中叶有一位叫做彼得·达米安的红衣主教写到，一位亵渎者"按惯例"把胡椒散给他的鸡吃。在那一世纪末，（利摩日的）子爵阿德马三世在宴请到访的（阿基坦大区）公爵威廉九世时发现储柜中没有"公爵的沙司"中所需的胡椒，在这样一个场合这是不能容忍的。于是派城堡的管家向一位邻人去借，后者向他显示他家里地上堆着的一堆一堆的胡椒，只能用锹像"乐土""喂猪的橡

---

① 这个事故使人想起莎士比亚剧中满怀焦虑的安东尼奥的诗句："危险的礁石／只需轻触我的单薄的船帮／就会使船上所载的全部香料抛入激流之中／把我的丝绸变成汹涌浪涛的罩袍。"《威尼斯商人》，I.I.33.

第三章　中世纪欧洲　　115

子那样"去装。

这位威廉是普罗旺斯的第一位行吟诗人，一位有着巨大胃口的福斯塔夫①式的人物，他过着一种大起大落的生活，这使他既是一位被教会驱逐的人，同时又是一位宗教的改革者。他有一首题为《我要作一首歌，因为我昏昏欲睡》的诗，写的是他和两位贵族淑女在后者的城堡中的"三人韵事"：他骑马路过奥弗涅山的时候，那两个妇人劫持了他，她们以为他是个哑巴，因此不会把她们的乱来传出去，也不相信他会写她们的事，因为在贵族中像威廉这样会写作的人是不多见的。她们把他关在城堡中戏弄了一个星期，而那位好色的公爵和她们睡了188次觉，为了这繁重的活儿，他事先填饱了"贵族的食物"：两只腌鸡、白面包和好酒，"还有刺激的香料"，"我差一点儿把我那家伙事儿弄断了，再干不成了……事后我真有一种难以名状的懊悔"。

此时胡椒已到了差不多被看做是一种必需的东西、一种贵族明显的和受人崇敬的标志。可是如果说人们对香料的熟悉逐年增长，这种熟悉却是来自于一个鲜为人知的贸易和旅行线路网。现实有时比有关天堂和"乐土"的奇想更神奇。11世纪时一个莱茵兰地区的贵族可以从西伯利亚定购毛皮，从拜占庭和伊斯兰世界及以外的地方买到香料和丝绸，从印度买到胡椒，从中国买到生姜，从摩鹿加买到肉豆蔻和丁香。还有一些人，比如一位叫纳雷·伊本·尼西姆的在埃及定居的突尼斯犹太人商人，经销东西南北的各色货物，包括西班牙的锡和珊瑚、摩洛哥的锑、东方的香料、亚美尼亚的布匹、西藏的大黄和尼泊尔的甘松香。当时有一个地点设于开罗的名为卡里米斯的商贸行会，会员是一群犹太香料商，其代理人遍布整个旧世界②，从东方的中国

---

① 莎士比亚著《温莎的风流娘们》中的一个爱吹牛的骑士。——译者注
② 这里指东半球，即欧洲、亚洲、非洲、澳洲，尤指欧洲。——译者注

一直到西方的马里（Mali）。

因此，当教皇乌尔班二世1095年在克莱蒙宣布第一次十字军远征时，人们食用香料的嗜好和为这种嗜好提供来源的贸易都已经本固根深了。当十字军士兵血腥地冲杀进黎凡特的市场，看到那里的香料和其他令人眼花缭乱的东方奇货时，他们很清楚所见者为何物。且不说宗教的狂热，眼前的这些东西会使他们觉得十字军东征不但会带来精神上的益处，也有肉体方面的好处。

从另一种意义上说，十字军远征确实改变了西方对香料的使用和获取的方式。在黎凡特的立足使经济生活的步伐大大加快。新兴产业带来了新的消费力，对于东方奢侈品的需求也不断增长，而其主要的推动者和获利者与400年前大致相同：主要是意大利沿海的那些共和国，此时巴塞罗那、马赛和拉古萨也加入进来。从本性上讲，意大利人更倾向于从事商业而不是军事远征，他们最初犹疑不定地响应了"圣战"的号召，但在法兰克人夺取了黎凡特沿岸的一些城镇和要塞并一度占领了耶路撒冷本身后，他们很快就改变了调子。在第一次十字军远征后不久，热那亚、比萨和威尼斯都派遣了驶往东方的船队，在那里他们对所攻取的城镇以提供海上运输和保护作为交换，获取了当地的商业特许权，同时又实行对海上运输的掠夺。1123年一支在阿什凯隆沿岸巡弋的威尼斯船队劫获了一个满载的埃及商船队，掠夺了价值丰厚的胡椒、桂皮和其他香料。那些随十字军之后接踵而至的商人意图继续前者所开创的事业。由此，自罗马帝国衰亡以来欧洲商人第一次在古代商队线路的一端站住了脚跟。

虽然十字军征服者的锐利势头不久就被削弱，所占据的飞地被挤压回海上，但他们在黎凡特商业领域的深入和扩张却标志着一个有深远意义的转折，到12世纪中叶时，原先东方奢侈品输入的涓涓细流已经渐渐变成了洪流,该世纪初拉昂的安塞尔姆(Anselm)[1]曾在文中写道,香料是旅行者途中"必需"的携带品,就像奶酪、面包、蜡烛"一类的东西"。12世纪70年代威廉·菲茨斯蒂芬(William Fitzstephen)在伦敦的市场上看到香料,当时的伦敦虽然还只是一个"酒徒作乐和火灾频发"的市镇,但已经有了大都市的胃口:

> 来自阿拉伯的金子,赛伯伊王国的香料
> 和熏香,塞西亚锻造精良的兵器;
> 来自巴比伦丰饶土地上生长的
> 茂盛的棕榈园中的食油;
> 尼罗河的宝石,中国的深红色丝绸;
> 这里有法国酒、紫貂皮、松鼠皮和白鼬皮,
> 它们来自遥远的地方,那里居住着俄罗斯人和挪威人。

大约在这个时期,欧洲主要城镇中开始出现香料和胡椒商人的行会,香料商成为都市景象中越来越常见的角色,到了13世纪他们已成为商业机构的一部分。1264年牛津的一位叫威廉的商人开的香料店被胡闹的学生们烧毁。伦敦现在依然有家杂货公司,它早先曾是胡椒行会,其徽盾标志的中央是9枚丁香,这类行会可以说是21世纪超市的最早的祖先。

  不过它们之间的类比也到此为止,因为虽然在中世纪时了解香料商品的人越来越多,但它们从来没有成为一种大陆货。在数百年中,香料的输入路径对欧洲的博学之士来说一直是个不解之谜,即使在今

---

[1] 安塞尔姆,欧洲中世纪神学家,早期经院哲学的主要代表人物,1093年任坎特伯雷大主教,主要著作为《上帝为何化身为人》。——译者注

天人们也只是知道一个大概的轮廓。从印度出发，香料沿着两条广阔的路线流向西方，这两条路线从古代时起交通都很繁忙。一条沿印度次大陆向北到古吉拉特邦，通过波斯湾口的霍尔木兹海峡，向北到巴士拉，那是辛巴德出发去探险的地方。在这里商队接过香料向北和向西运送，通过波斯和亚美尼亚，一直到位于黑海上的特拉布宗。还有一条稍偏南的路线是沿底格里斯和幼发拉底河谷蜿蜒而行，通过叙利亚沙漠中的绿洲城镇，一直运送到黎凡特的市场。通过波斯湾运送的这些香料相当一部分最后的到达地点是君士坦丁堡。而拜占庭帝国消费剩余的香料则转运到远至斯堪的纳维亚和波罗的海等地区。

第二条路线是自印度起沿罗马船队当年行驶过的航线，当时该航线已基本上为阿拉伯人所控制。从马拉巴尔海岸出发，香料被载运过印度洋，绕过非洲的霍恩角，向北行驶到红海。一些香料在红海的吉达港卸货，然后由商队经由麦加和麦地那运往黎凡特的销售点。那些不经过这里的陆路运输的香料沿老的罗马航线运到红海西海岸，在这里由陆路运到尼罗河，顺河而上到开罗纳税、销售和转运，最后到达地中海沿岸的亚历山大。

在10世纪末时，欧洲的大部分香料是经由这条埃及线路运抵的，这主要是由于政治上的原因。当时美索不达米亚的中央集权的政权衰落，埃及的法蒂玛王朝（969—1171年）崛起，形成了一个富有而强劲的对手。像罗马人一样，法蒂玛王朝也通过在地中海和红海上的海上武装巡逻来促进贸易，他们向本国和外国的商人提供可靠的安全保障。当时开罗正在开始其最辉煌的贸易时期，像磁石吸引铁屑一样吸引着商人和游客，亚历山大又恢复了在古希腊罗马时期作为东方珍品奇货交通站的地位。

像罗马人一样，亚历山大的法蒂玛主人也不需要费心地去寻找买主，当西班牙的犹太学者、图德拉的本杰明12世纪60年代访问亚历山大时，他听到了叽里呱啦说着的西欧各主要民族的语言，在这里意大利人与加泰罗尼亚人、法国人、英国人和德国人摩肩杂处。在那种宗教战争的时代，他们的这种身份地位是不寻常的，他们当然也时常会遇到挫折，但却维系着使香料流向欧洲的商业关系。埃及人需要商业关税，欧洲人为了所压的利润赌注也乐于忍受有时简直是敲诈勒索的主宰者的盘剥，因为他们知道任何价格的上涨都会转嫁给无选择余地的欧洲市场。

但是，如果说贸易可以带来利润，它同时也伴随着危险，对肉体和精神都是如此。教会直到12世纪才接受了贸易是一种受尊敬的职业的看法，但对之仍不无顾忌，对长途贩运的奢侈品贸易就更为犹疑，既为这些货物本身，也为进口这些货物后可能带来的影响，而要与异教徒做生意更增加了教会的疑虑。威尼斯人经商的娴熟引起了虔诚教徒们的反感，使他们因此有了贪婪的商人、半心半意的基督徒的名声。1322年教皇把一些显要的威尼斯市民驱逐出教会，因为他们与穆斯林国家做生意，还有一个时期教皇的一道教令中止了与埃及的贸易。但是即便是教皇的禁令也并不能阻止而只是改变香料贸易的途径而已，威尼斯商人只要转到其他的地方就可以了，亚美尼亚的港口拉雅卓成了通往西方的一个新的渠道，因此欧洲人购买的香料一度贵了一些，不过时间不长，威尼斯商人就又回到了埃及，好像什么事情也不曾发生一样。

香料贸易和经商人一样都有一种不可否认的魅力，正因为其危险性大，其利润也就异常丰厚。香料贸易的成功带来了巨大的财富，同时也使人（特别是在中世纪的早期和中期）跻身于贵族的行列。那些在这项贸易中发财致富的商人和资助者便是那个时代的洛克菲勒。其中有一个名叫罗马诺·马伊拉诺的商人，他出身相对寒微，早先已经有过一次发财又失手的经历，12世纪70年代，他从塞巴斯蒂亚诺·西亚尼巨头处贷得一笔款项，资助了一批运往亚历山大的木材生意。这笔生意所得利润使他除了偿还债权人（以胡椒的形式）以外，还使他建立了一个自己的从威尼斯到亚历山大、叙利亚和巴勒斯坦的贸易网络。由于贵重商品运输所涉及的风险之大，使他不敢用那些动作缓慢、船体宽大的方帆帆船，那是中世纪最常用的海上运输工具，而用一种大型的有桨划船，其划行速度足以摆脱任何追击者。那种船是国家向最高的投标者出租的，如果划船的人速度过慢，在必要时海上的武装船只将出面保护。

随着交通往来的增加，欧洲人对香料的看法也慢慢地发生了根本性的变化，它们不再是少数人独享的东西。中世纪的厨师们发明了数百种不同的用途，几乎没有哪一种食物是不放香料的，有一些供吃肉和鱼用的味道厚重的香料沙司，其中的香料五花八门、应有尽有，包括丁香、肉豆蔻仁、桂皮、肉豆蔻皮、胡椒及其他香料，经过研磨并与大量本地生长的草本植物和芳香品混合在一起用。随后还有甜食，诸如加牛奶和香料熬成的甜面、香料和果干制的蜜饯，同时喝香料酒和啤酒。虽然烹调的方法各个地方有很大差异，随时间的推移也在发生变化，一些变得时兴，另一些又可能渐为衰落，但中世纪烹调的总的基调一直没有变。

因此，如果说中世纪欧洲人们的思想意识是褊狭的，吃东西的口味却是全球性的，香料的芳香可说无处不在。在当时的一些烹调书中，有半数以上的菜谱包含香料，常常高达四分之三。在有了航空运输和散装冷藏货船的今天，在莫斯科可以买到哥斯达黎加的香蕉，在曼谷可以买到阿根廷的牛肉，而在此之前人们还没有像香料这样依赖产于地球另一端的食物。早在世界菜肴出现之前就有了香料。

盐、蛆、腐肉？

> 啊，香料在我们的祖先们爱吃的那粗糙恶劣的炖煮食物中起着多么大的作用，啊……他们对于精致的烹调艺术毫无所知。
> ——A·弗兰克林：*La vie privée d'autrefois*（1899年）

对于大多数中世纪的欧洲人来说，香料存在于梦想中的"乐土"和天堂，然而只有少数人有幸能把对于香料的梦想变为现实。像传奇的故事中那样，中世纪的烹调书和记述中有着大量有关香料的记载。14世纪初时法国国王查理四世的遗孀珍妮的厨房中有着总重量可观的各种铁锅、铁罐、铁盘、烤肉叉和烤肉架等，与其重量相匹敌的是大量的香料。在这位遗孀的橱柜中人们看到过不少于6磅的胡椒、13.5磅桂皮、5磅天堂的谷物、3.5磅丁香、1.25磅番红花、半磅长胡椒，此外还有少量肉豆蔻皮和多达23.5磅的生姜。

按当时的标准来说，这位遗孀王后的香料储备可谓不少，但与她类似的人绝非凤毛麟角。在大约一百年后的英国，白金汉的公爵汉弗莱·斯塔福德的家庭享用了同样数量可观的调料。在12个月内，他本人、他的家庭、客人们和家臣吞掉了多达316磅胡椒、194磅生姜及各种其他香料，平均每天差不多消耗两磅香料。从中世纪一些贵族家庭的账本上看，香料的消耗简直不是用做调味，而是一种食之成瘾的东西。可是对香料的这种硕大胃口是由何而来的呢？它们又是怎样被消耗完的呢？

传统上，历史学家们对此给予一种直截的解释，那是一个流传久远的传说，即中世纪的欧洲人一直为他们所吃的变质有味的肉所困扰，而香料的作用就是遮盖那些难闻的味道。这种说法源于一些18世纪的学者，当时他们为祖先们所吃的食物之恶劣感到震惊。像许多流传的故事一样，这个传说的确有一定的真实性。一方面，由于没有冷冻设备，肉和鱼往往容易腐烂变质，人们已经看到了食物中毒的现象，虽然对其危险性缺乏深刻的了解。当时的卫生标准想必是很差的，这可以从英王亨利八世发布的一道禁止"司厨人员光着膀子或穿像现在这样的不卫生的衣服"的御令中看出来。《坎特伯雷故事集》①中所写的厨师的作坊中"苍蝇滋生"，他的热了又热的肉饼就好像是专门为让人们肉类中毒而准备的，他的那些传染疾病的菜肴招惹了许多食物中毒的食客们的咒骂。

鱼肉带来的威胁最大，特别是在夏天。（布卢瓦的）彼得牧师（1130—1203年）曾在一封著名的信中抱怨说，即使是在英王二世的宫廷中所吃的鱼也往往是死了4天的："可是即使这样的腐败有味,(鱼的)价格也不会减少一个便士，因为仆人们根本不关心客人们是否会生病或死去，他们要的只是主人的餐桌上摆得琳琅满目，而我们这些坐在桌边上的人便用腐肉填满肚皮，被各种动物尸体带进坟墓。"

为了对付这些危险，香料的确便成了一剂良药，而且至少有部分欧洲人确实知道香料可以减少陈腐食物所带来的风险，使食物的保存时间延长。按当时的医学理论来说，这种保存作用来自于香料据说所带有的一些物理特性，那时人们认为香料有种"加热"和"干燥"的作用，以此抵御据认为是由过多湿气引起的腐败。"火"盐据说也起着同样的作用。中世纪的厨师们对所吃食物方面的一些担心可以从法国诗人厄斯塔什·德尚（Eustache Deschamps,1346—1406年）所写的《四场所的故事》中看出一些端倪。所说的"四场所"指的是厨房、储藏窖、面包房、调料房，后者在中世纪的大户人家中是常见的。德

---

① 英国诗人乔叟的名著，后借指冗长乏味的故事。——译者注

尚的诗假设这四个场所都有语言表达能力，并相互攻讦，以证明自身的价值更大。当轮到调料房发表意见时，它声称香料不但闻起来味好，同时还有"驱除多种肉类的腐味的作用"，延长保存和"矫正"肉的味道，并且有助于消化。调料房接着说道：

> 如果烹调时不加调料，
> 你们的肉将会腐烂变质。
> 凡是把肉存放了两天的人，
> 都知道它们会发出十分难闻的味道，
> 招惹苍蝇和寄生虫。

没有"作用非凡"的香料，饮食就会成为非常危险的事情，"大批人会受到严重的威胁，甚至有死亡的危险"。

　　类似的说法在其他地方也可以看到，只是也许没有这么夸张。1555年出版的《秘方》（*Tr'esor de Evonime*）一书中记载有一个香料精的配方，它是用磨成粉的肉豆蔻、丁香、桂皮和生姜制成，"其（香料的）香气和味道可以使任何肉类、鱼和食物……免除腐败"。有时这种做法并不让食用者知道。13世纪初时，旅居巴黎大学的英国学者约翰·加兰（John Garland）写道，有些厨师用"不合卫生标准的沙司和大蒜"调拌的肉给"学者仆役们"吃。这种骗人的方法在世界上一些不太讲卫生的咖喱房中现在依然很盛行。

　　这些材料说明，认为香料是起一种遮盖不佳味道的作用的传统看法至少是有一些道理的，虽然中世纪作者的措辞往往趋向于夸张，但如果完全是凭空编造也就毫无效力了。耐人寻味的是，在德尚的诗中当轮到厨房作答时，它批驳的并不是调料房的话中实质的东西，而是它把问题看得太严重了。

厨房所指出的是，调料房像许多后来的研究食物的历史学家一样过分夸大了食物腐败的危害性。不错，肉和鱼在食用上的确存在着问题，但那只是例外而不是普遍规律：并不是中世纪时吃的肉和鱼都是腐败的。事实上，由于当时吃的东西大部分都是本地生长的，中世纪时吃的食物相当多数可能比我们今天吃的还要新鲜。（在这方面值得一提的是，香料早在冷冻技术出现以前很久就已经不那么时兴了。）此外，这种论点与当时的经济实际状况也不相符。那些有能力享用香料的人，特别是贵族和王室，对于食物成分的腐败并不关心，因为香料是很昂贵的，而那些有钱的人只要花上香料价格的一小部分就能买到至少是比较新鲜的肉，为什么要把高档次、昂贵的香料浪费在低档次、廉价的肉上呢？食物的腐败是穷人更关心的事，但他们根本不会有钱去买香料。

中世纪的欧洲人并不比我们对不新鲜的肉的味道更有耐受性，对不安全的食物配料的危害他们也是很重视的，以致在中世纪后期欧洲大陆的市政当局都采取措施对那些卖不新鲜鱼肉的商贩施以严厉惩罚。相比之下，近代的一些卫生检查员倒像是一种摆设。当时颈手枷主要是一种用来惩罚市场上犯罪者的刑具。1356年时牛津的大学校长拥有对市场的管辖权，有权取缔"任何被发现已经腐败、不卫生、有害或因其他原因不适合食用的肉和鱼"。1366年，（比灵斯特盖特的）约翰·拉塞尔因为贩卖了37只据认为是"腐败了的、有了味的"鸽子而受到起诉，他因所犯的罪行被判戴颈手枷，他的那些鸽子被放在他的脚下焚烧，而那些身受其害的买主和看热闹的过路人则乘机向他掷以污物或随手捡到的石头。如果在一种对餐饮卫生漠不关心的文化氛围中就不大会出现这种举动。那些倾向于认为中世纪欧洲是靠吃加香料的腐肉过活的人，从来没有试图去用香料遮盖已经腐烂到相当程度的肉的坏味道。

但是香料可以用来遮盖别的味道，那种恼人的味道不是腐臭味而是前面提到的盐的咸味。在冬季的几个月中鲜肉是很难得的，原因很简单，没有东西去喂养那些牲畜。今天我们用来喂养畜群度过冬天以保证常年有鲜肉供应的高产草和根茎作物，大部分在中世纪的欧洲还没有。比如说，萝卜在当时还被当做一种花园植物。（猪的好处，或者说它在中世纪食物中占有重要地位的主要原因，在于它们与牛羊的不同，可以自己觅食，寻找栗子和废物，不管是在城里还是乡村。但即便是猪在淡季里也难以找到足够的吃食。）只有那些最富有的大户人家才可能有保持畜群存活的牧场，或有库房储存足够的干草以使它们度过冬天。

对于那些没有这些奢侈条件的家庭来说，一旦霜冻到来、牧草枯萎，大部分牲畜就要被屠宰。按照传统，屠宰的日子一般定在圣马丁节，也就是11月11日，因为这个原因在盎格鲁—撒克逊语言中11月被称为"血月"。在数天内吃不了的肉就需被腌起来，这使得从11月起直到次年开春，所吃的肉都是干肉，咸而不易嚼，需要浸泡和长时间炖煮以缓解味道。许多记述中都提到，随着绵长冬季的继续这种乏味变得难以忍受。在拉伯雷①所著的第二部小说中，庞大固埃和他的同伙们对咸而单调的冬季食物深感厌烦，其中一个叫卡拉里姆的声称这些吃食已经让他"变得不成样子"。拉伯雷能够找到的褒奖这种咸肉的一个词就是，它们使人变得口渴难当，这使得能灌下更多的酒。

这些问题本可以绕过的，至少在理论上可以这样说，但在实际中一年有三分之一的时间里食物乏味之极，大部分夏天才会有的草本植物和蔬菜还没发芽，现代常吃的许多蔬菜——西红柿、土豆、南瓜、玉米——在大西洋的对岸还没有被发现，有的是一些历史更长久的食物

---

① 拉伯雷（1483?—1553年），代表作为长篇小说《巨人传》，后文提到的庞大固埃即其中人物，以性格粗野、爱戏谑出名。——译者注

如洋葱、豆子、大蒜、韭菜、萝卜等。而就是这点有限的蔬菜也因文化和阶级的偏见而受到进一步的限制。水果被视做"湿"、"凉"之物，给人们的劝告是绝不能生吃。留存下来的烹调书中，除了极少数例外的情形，胡萝卜、羽衣甘蓝、莴笋和圆白菜绝少看见，这显然是由于医学上的误导和势利偏见。①但这并不是说那时的人从来不吃蔬菜，蔬菜的确也是吃的，但那被看做是穷人和动物的食物，不适合于贵族。吃肉被看做是上层阶级的象征，而吃蔬菜便是加入了喝粥的乡下人（或修士）的行列。由身为贵族而拥有了土地，由于有了土地而有了肉，不管是咸的还是鲜的。

除气候和阶级的限制外，宗教又加上了一重限制。斋戒日和四旬节使业已贫乏的选择更加缩小。在四旬节的40天里、星期五和其他宗教日历上的斋戒日里（总共加起来有近半年的时间），即使咸肉也不能沾边。在13世纪初期，第十二届促进各基督教大联合会议规定了总数不少于200天的斋戒日，这使得食谱上只能有鱼（这倒大大促进了渔业的发展），而这对于使人倒胃口的咸味并没有带来什么缓解，特别是对于那些身居内陆的人，除了当地河流、湖泊、池塘提供的鱼外，所有外地来的鱼都是大盐腌的。鲱鱼是盐水泡的，鳕鱼被展平、腌制和干燥后，看起来就像一条条黄色的皮革。那时的四旬节斋戒形式比今天的要严酷得多，无怪乎斋戒日过后人们表现出的欢愉之情，最出名的是勃鲁盖尔（Brueghel）在其名著《狂欢节与四旬节之战》(*Battle Between Carnival and Lent*, 1559年）所描写的狂吃痛饮的情节。斋戒日的饮食如此单调乏味，使德尚竟至写出亵渎不敬的话："发出臭

---

① 现代医生们强调多吃水果和蔬菜有益健康，这会使古代或中世纪的医师感到惊异。在整个中世纪时期，人们对梨、苹果、桃及其他多汁的水果抱着怀疑的态度，用一位16世纪权威人士的话说，它们是"滋生怪疾的果肉"。以同样的理由，多汁的西红柿被从美洲引入之后在很长一个时期里被视为危险之物，人们认为其成熟后的子可致疯癫。在意大利语中，茄子（melanzana）的名称仍使人想起它以前一度有过的恶名"有损健康的苹果"。

味的鲱鱼，腐烂的海鱼……四旬节见鬼去吧，狂欢节万岁！"一位可怜的15世纪的学者抱怨道："你可能不会相信我对鱼是多么厌倦，多么渴望能够开始吃肉，因为这个四旬节以来我除了吃腌咸鱼以外别无他物。"

在现代西方，世俗化、温室和冷冻技术使得四旬节斋戒日的吃食不再那么单调。在中世纪时期，对于那些有条件的人来说，一个逃避饮食单调的方法即是借助香料。如果咸盐和乏味是中世纪烹调所面对的困境，香料便提供了一个难得的机会，一个缓解乏味得使口舌麻木的食物的手段。16世纪葡萄牙植物学家加西亚·多尔塔(Garcia d'Orta)在提到生姜时说："在我们那些吃鱼的日子里，它给我们增加了味道。" 这话实际上适用于所有主要的东方香料。中世纪的烹调在香料的使用上有着许多独到的发明，尽管烹调术处于初级阶段，香料的使用却一枝独秀，厨师们的发明创造使得四旬节"淡季"菜盘子里的味道和式样跟食肉的季节相比也不逊色，香料使斋日变成了欢宴之日。

差不多每样肉、鱼和蔬菜都要加上香料，每顿饭从头到尾都离不开香料。除了物质上的必需以外，还有一个显而易见的原因是从使用香料本身得到的愉悦之感，就是在未经腌制的肉类中往往也加香料。香料的作用是抵消不好的味道和增加不同味道的对比，使之相得益彰，就像在吃苦巧克力之前喝一点强蒸馏咖啡，其效果大概类似于把甜、酸、辛辣等味混合在一起，正如我们今天在波斯和摩洛哥的烹饪方法中仍然可以见到的那样，实际上后者的菜式是从中世纪沿留下来的。12世纪法国百科全书的编纂者、（欧坦的）奥诺里于斯(Honorius)认为人们食用胡椒这类香料是在作味觉方面的准备，以使稍后喝的酒变得香美。

香料的最重要的用途是用以制作花样繁多的辛辣沙司，这也许是中世纪欧洲饮食中最具特色的东西。15世纪（格洛斯特的）公爵汉弗莱的典仪官约翰·拉塞尔(John Russell)在其所著《营养学》(Boke of Nurture)一书中指出,"沙司的功能是开胃",也就是说,比起单纯地抑制不好的味道来说,这是为了达到一种更高雅的目的。沙司有多种味道和颜色:蓝的、白的、黑的、粉红的、黄的、红的和绿的。它们被用做五花八门食物的佐餐物,凡陆上走的和水里游的,本国产的和外国来的,几乎无所不包。拉塞尔提到的用香料的肉类动物包括:天鹅、孔雀、牛、鹅、野鸡、鹧鸪、杓鹬、画眉、麻雀、鸟鹬、大鸨、苍鹭、田凫、鹤、海狸、海豚、海豹、康吉鳗、梭子鱼、鲭、长身鳕鱼、牙鳕、河鲈、石斑鱼、鳕鱼、鲸鱼、鲦鱼等。

与今天印度人仍在食用的香料混合调味品一样,中世纪欧洲的沙司也往往是以少数几种模式为基础,依据个人的喜好调制出各种花样,大多数是以一种香料作为"主调",在主旋律下有十几种变异。每一个厨师都需掌握几手基本的调配香料的方法,用拉塞尔的话说,以"愉悦"他的雇主。在花样繁多的沙司中,历史最悠久也最受欢迎的是黑胡椒沙司,其中胡椒的辛辣味用面包屑和醋来调和。有一种以辣味为主,还有一种以酸味为主,内加酸葡萄和野苹果汁。法国国王菲利浦六世及查理五世、六世的厨师和掌马官塔耶旺(Taillevant)提供了一个给鱼调味的绿沙司配方,配料包括生姜、欧芹、面包屑、醋等。还有一种人们曾长期喜爱用于吃烤家禽的沙司,配料包括面包屑、生姜、高良姜、食糖、红葡萄酒和醋。有些沙司的起名是根据它们所佐拌的肉类,例如14世纪巴黎的一位户主曾提到一种叫"野猪尾"的沙司,其基础配料包括丁香、生姜、酸葡萄酒、酒、醋及各种其他香料。中世纪欧洲广为流传的一种沙司叫骆驼酱,这是因为其颜色是驼色的,构成其主调的是桂皮、醋、大蒜、生姜,以面包屑(有时还有葡萄干)混合(在另一种意义上该沙司的起名也是恰当的,因为其中所用的桂皮在从阿拉伯运来的过程中很多曾经过骆驼的驮运)。

香料的作用并不只用于主餐。通常在吃完正餐后还要食用水果、干果和各种香料蜜饯等"美味"。正餐用毕，克雷蒂安·德特罗亚(Chrétien de Troye)①12世纪的诗作 Perceval 中的贴身男仆便端上来"非常贵重"的红枣椰子、无花果和肉豆蔻。在13世纪的传奇文学作品 Cristal et Claire 的描写中，餐后所用的红枣椰子、无花果、肉豆蔻、"丁香、石榴……和埃及亚历山大的生姜"。高文爵士在去拜见格林骑士的途中，在一个神话的城堡中用餐之后受到同样的款待。

通常，这些餐后香料甜食是用糖和水果、蜜制的，例如一种橘果就是将橘子片在糖浆中浸泡一个星期左右，然后用开水煮，调以蜂蜜，最后加生姜炖。这个习俗在中世纪之后仍久为流行，今天所食用的果脯和果冻可说是其直接的传承。另一种流传下来的食品是姜饼(gingerbread)，其名取自中古英语"gingembras"，原是生姜和其他一些香料合成的食品，现代的姜饼已成为一种厚实的面饼，与原来的东西相比已经不是一回事了。

中世纪的人喝葡萄酒和啤酒仍然往往伴以香料，像许多其他习俗一样，这也是从罗马人那里流传下来的。意大利拉韦纳的主教（406—450年）圣彼得·克里索罗格斯(St Peter Chrysologos)在一次布道中提到一种以芬芳的香料涂抹在皮制的盛酒器上"以保持酒的醇香"的习俗，一种开始显然出于必要的做法日久便成了一种习俗的口味。4世纪中期作家帕拉弟乌斯(Palladius)津津有味地谈到在酒中掺以桂皮、生姜和胡椒的做法，那是克里特人保留的一种配方，据传是得自特尔斐②的神谕。罗马政治家和修士卡西奥多罗斯（Cassiodorus，490—583年）喝酒时佐以蜂蜜和胡椒。在图尔的格列

---

① 德特罗亚（1135—约1191年），法国诗人，创造一种描写典雅爱情的叙事诗形式，作品多取材于中世纪时的历史人物和事件。——译者注
② 古希腊城市，因有阿波罗神殿而出名。——译者注

高利6世纪晚期所著的《法兰克人史》(History of the Franks)中有这样的记述，一位法兰克强人在饭后向其同伴敬以一杯香料酒，随后便拔剑出鞘，以血相溅。

在整个中世纪时期香料酒的制作方法大体上是差不多的，基本技术是把几种香料混合在一起加以研磨，然后加到红酒或白酒中，加上糖或蜂蜜使变甜，最后用一个膀胱或布做的口袋过滤。这个袋子叫希波克拉底之筛，因此这种酒也叫"希波克拉斯"(hippocras)酒。一本16世纪末期出的家政书中有这样的指导：

> 要制作加香料粉的希波克拉斯酒，取1夸脱经品尝挑选出的尚好的桂皮，半夸脱精桂皮粉，1盎司精选的白色串姜，1盎司（天堂）谷物，另加少量肉豆蔻和高良姜，混合在一起研磨成粉。在制作希波克拉斯酒之前，取此粉半盎司、两夸脱糖，用帕里斯的方法把它们与1夸脱葡萄酒混合在一起。

在这个基础模式上可以做出数不尽的花样，希波克拉斯酒也可以用丁香和肉豆蔻做香料；另一个变体用肉豆蔻皮和小豆蔻。克拉里酒（Clarry）与希波克拉斯酒大致相同，主要的区别（但不是必需的）是以蜂蜜取代糖。

与沙司和糖果一样，香料大大增加了饮酒者可能有的花样，不过如果说香料是发明出的手段，需要便是发明之母。与充饥的食物相比，它们的需要更大程度上是用于酒的防腐，或至少是遮盖其味道。在这点上值得一提的是，中世纪的作者在谈到酒这个论题时，其重点既放在酒的效果上也放在酒的味道上。中世纪的酒如果不佐以他物直接喝的话其苦难当，而变质酒的问题更是常常引起各种抱怨的原因，如诗人吉奥特·德沃克里森(Guiot de vaucresson)就曾抱怨过那种令人窒息的"难喝、生涩、靠不住的"葡萄酒。在作于14世纪某一时期的一首题为《酒与水的争论》的诗中,那位不知名的作者对加斯科涅酒(Gascon wine)说的最好的赞语只不过是:不管味道怎么样,作用还算好,"满足人的需要而不造成伤害"。若弗鲁瓦·德沃特福特(Geoffroi de Waterford)在谈到一种叫弗纳舍(vernache)的酒时说它"刺激情绪而无伤害"——实在是很勉强的赞语。在英格兰,在更早的几个世纪之前,(布卢瓦的)彼得开创了一个至今仍然十分流行的传统:法国人对英格兰酒的抱怨。如果彼得所说的话是可信的,那么亨利二世的宫廷中所喝的酒就像是除漆的涂料,"或是酸的或是有霉味的;黏稠,带着腐味,就像是树脂发出的味道,疲软无力。我目睹过给那些贵族们上这种酒的情形,他们不得不闭着眼睛从紧闭的牙缝中往里喂,浑身颤抖,一脸苦相,这简直不像是在喝酒"。但即使在法国也有类似的问题。勃艮第的诗人让·莫里内(Jean Molinet,1435—1057年)借用《圣经》中一些最刻薄的话来引起人们对劣质葡萄酒的联想,说它们只能是来自俄摩拉城,喝后使他叫苦不迭,请求上帝发发慈悲——"你竟让我们喝这种让人难以想象的东西。"

尽管在这些描述中有相当大的夸张,它们仍然说出了一些基本的事实。人们对酒不敢抱有什么好的幻想,最根本的问题出在运输和储藏酒的酒桶上。即使经过运输和储藏桶中的酒还能基本保持完好——这只能是假定,因为那时的酒桶常常是封藏得很不好的——酒桶一经打开便开始氧化,过不了多久里面的酒就会带上一种很不好的味道,被描述为苦涩、霉味、烟味、浑浊不清等。要趁酒在最好的时候喝,就得在开桶后几天内喝完——这对盛宴狂饮来说是不错的,但除了少量大户或用酒量大的家庭,对大多数家庭都不甚适合。

喝不完的陈酒很快会变得非常酸,酸到就连中世纪时的迟钝的味觉也受不了。英国王室的账本中有着王室酒窖管理员处理变质陈酒的记载，它们或是被倒入下水道中，或是被以一种可疑的大度方式分发给穷人。①但是这种极端的做法结果是使得大量资金被浪费。一种较好的选择是在酒储藏的时间不长即开始喝。不过虽然窖藏时间短的酒被认为比陈酒好得多，但它们自然会很涩和酸，口感不好。德尚曾抱怨一年藏的绿葡萄酒酸得像矛刺、像刀片割、像针刺，"我白天夜里要小便一百趟，而大便秘结得我几乎死去"。因此关键在于时间的选择：要在窖藏时间既不太短又不太长中找到一个恰到好处的中界点。事实上，中世纪的饮酒人不得不作一个平衡，在两害中取其轻。诗人亨利·德安得里(Henri d'Andeli)在一首名为《酒之战》的诗中讲述了即使为国王餐桌上选酒也会遇到的困难，"既不能太黄"，又不能"绿过母牛角"，而其余的"都不可取"（虽然它们还是比啤酒强，而他把啤酒让那些愚昧的佛兰芒人和英国人喝）。使问题变得复杂的是，越强烈和酸涩的酒就越可能保存更长的时间，因此中世纪时一条"现时适合喝的酒"的通常规则是（这在当时看来很有道理，但在今天看来却是自相矛盾的）"强而涩的酒喝着正好"。它们可能在下咽时有些火烧火燎，但至少有可能保存的时间长一些，而且不像那些"成熟的"酒那么灼蚀心肺。

香料有三方面的好处使得酒徒们的日子变得不那么难过：消除未酿熟的酒的苦涩味，减轻"变质"酒的腐味，使那种酿造得粗劣可怕的酒易于被接受。对于医学方面的人士来说，还有第四个好处，那就是有医疗的效用。（特雷维索的）约翰在论述一种含丁香味的酒时总结了香料的益处："香料和药草的好处是改变和改善了酒，使之有一

---

① 在英格兰这通常意味着爱尔兰人或其他一些邻居。1374年，尽管酒普遍缺乏并且有不允许从英格兰出口酒的禁令，国王对一位叫做托马斯·怀特的来自大雅茅斯的酒商却网开一面，那位酒商当时有20桶变质的加斯科涅酒，坏到连伦敦的穷人也不买，于是他得到特许把它们送给不那么挑剔的苏格兰和挪威的酒徒。

种特别的优点，既好喝又有医疗上的作用……香料可以使酒得以保存，否则酒会很快变质。"

16世纪时由于瓶装技术和软木塞的出现，在酒中掺香料的需要一下子变得不那么迫切了，酿酒的技术和所酿出的酒味都有了改进。可是在中世纪香料所起的所有作用中，香料酒可能是延续时间最长的，即使在中世纪之后很久仍然使用着。塞缪尔·佩皮斯①喜欢偶尔喝一点希波克拉斯酒，甚至在理查德·施特劳斯的名曲《蔷薇骑士》（1911年）中也提到过。克拉里酒和希波克拉斯酒始终没有完全消失，最终演变成味美思酒、格拉格酒以及今天喝的温热酒。今天变质的红酒如果不被倒进下水道的话，加香料仍然是一种最好的处理办法。

而香料麦芽酒②的命运却和十字弓及男人裤子上的下体遮盖一样，最终消失了。相对来说，中世纪时喝麦芽酒的确是对身体有益处的，它们肯定比喝水强，这话传统上认为是（苏瓦松的）主教、欧登堡本笃会基金会的修道院长圣阿努尔法斯（St Arnulphus）说的，这位主教死于1087年。阿努尔法斯是酿酒人的赞助圣徒，这归功于他认识到大量喝啤酒的人比不喝的人较少得流行病。中世纪在欧洲人口密集的城镇中，下水道的质量很差，公共卫生处于很初级的水平，人们日常的用水都是未经处理的，变成了很强的感染源。虽然对于污染水的害处认识不深，但当时的医学理论却使人增加了对水的防范，那时认为水是湿凉的，对人身体自然的温热和湿度平衡有潜在的害处。（很可能由于喝未处理的水会对身体造成的害处使人认为，以吃面包喝水当饭是很严酷的，因此它们常被端给有过失的修士作为惩罚，或者自

---

① 佩皮斯（1633—1703年），英国文学家、海军行政长官，以所写日记（1660—1669年）闻名于世，日记记述了王政复辟、鼠疫的恐怖和伦敦大火等。——译者注
② 麦芽酒（ale），一种酒精度数较高的啤酒。——译者注

愿食之作为一种忏悔。因为这常引起肠胃的难受和不适,以赛亚①先知曾提到带来灾祸的面包和折磨人的水。)由于喝啤酒的人受微生物病菌侵害的危险较小,阿努尔法斯有关水的偏见是完全可以说得通的。

这结果便是大量地饮用麦芽酒。我们前面提到过的香料消耗大户白金汉的公爵汉弗莱·斯塔福德在1452年到1453年的12个月间喝光了40 000加仑(181 876升)麦芽酒,平均每人每天大约喝一加仑。再早几年,住在萨福克郡的一个较小户的家、(布里埃尼的)达梅·艾丽斯也保持了同样的牛饮水平。由于麦芽酒的制作技术和用料极为简单,除了极为贫困的人外都能喝得起。在英格兰,16世纪初时其成本只值葡萄酒的六分之一,常常作为配给的一部分分发给打日工的人。麦芽酒又是碳水化合物的一个重要来源,在16世纪中期,约翰·布雷特施奈德(Johann Brettschneider)说"有些人的生存更多的靠的是饮料而不是食物"。

像葡萄酒一样,麦芽酒的缺点也是保存期很短,最佳期限只有5天左右,过了这段时间很快会变质,带上一股"陈腐味"或"烟熏味",这之后就几乎不能喝了,有时甚至会对人的身体造成伤害。(与麦芽酒不同的是,啤酒是用啤酒花做的,内中含有一种自然的防腐剂。圣丹尼斯修道院的一个记载时间为公元768年的文档中提到过以啤酒花制的啤酒,但在大陆欧洲啤酒的饮用直到大约13世纪才开始流行,而英国人对啤酒的接受是在15世纪。)放陈的麦芽酒会变得非常恶浊,圣路易斯发现喝这种酒难以忍受,他于是在四旬节期间自愿饮此酒作为修身苦行。(布卢瓦的)彼得称麦芽酒为"地狱的饮料",难怪基督选择把水变成葡萄酒而不是啤酒。16世纪的医学作者安德鲁·博尔德(Andrew Borde)说:"麦芽酒只能在新鲜清亮时喝……喝混浊的麦芽酒

---

① 公元前8世纪希伯来预言家。——译者注

对任何人都不会有益处",他实在说的是大实话。

这里香料再一次发挥了作用,中世纪肉豆蔻的流行主要是由于麦芽酒的易腐性:肉豆蔻对麦芽酒所起的作用就如同丁香和桂皮对葡萄酒起的作用一样,乔叟①在提到"放入麦芽酒中的肉豆蔻"时正是指的这种作用。同样,在这里中世纪的人们也由原本出于防腐需要的东西中养成了一种对香料麦芽酒的味觉上的喜好,使在麦芽酒中加香料变成了一种预期的东西,甚至成为一种偏好,正像乔叟所说的,"不管它(麦芽酒)是新鲜的还是陈腐的"都加香料。处于社会下层的人们甚至把添加香料的麦芽酒作为一种美食,当乔叟笔下的"多情人"阿布萨罗姆追求磨坊主的老婆时,他给她送去了加香料的葡萄酒、蜂蜜酒和麦芽酒,虽然这并没有给他带来什么好处。有一些麦芽酒一直到很晚近的时期仍有人喝,如"斯特林戈"(Stingo),这是一种加胡椒的啤酒,在18世纪的伦敦很流行。19世纪的俄罗斯作家提到过一种叫"斯比滕"(sbiten)的酒,那是一种加小豆蔻和肉豆蔻的蜂蜜酒。

尽管酒的贸易有了很大发展,卫生和技术的进步最终使香料变成了多余的东西,更好的保存和消毒技术消除了麦芽酒中有害的病菌,从而在麦芽酒饮用中也就不再需要香料。但是就麦芽酒来说,人们需要借助香料对抗的威胁不仅仅是肉眼看不见的和不可避免的细菌作用,还有一些是人为的问题,它们来自酒馆和酿酒婆,除大户人家以外所消费的麦芽酒大部分可能都是由后者生产的。说得客气一点儿,麦芽酒酿酒婆职业的名声是不那么让人恭维的。(这里顺便提一下,中世纪时除当妓女以外,这是妇女能够有机会从事的少数挣钱的职业之一。)13世纪的德国修士、(海斯特尔巴赫的)恺撒利乌斯把诚实的麦芽

---

① 乔叟(1340?—1400年),英国诗人,用伦敦方言创作,使其成为英国文学语言,代表作《坎特伯雷故事集》反映14世纪英国社会各阶层的生活面貌,体现了人文主义思想。——译者注

酒酿酒婆的故事列为他所收集的奇事之一。由一些麦芽酒酿酒婆所制的家酿品味之差竟形成了一类专门的讽刺诗。这种现象的造成倒不是因为法律比修士或讽刺诗人对无顾忌的麦芽酒酿酒婆格外开恩的缘故，因为城镇不论大小都设有负责现场检查麦芽酒并对违法者实行严厉惩罚的官员。1364年伦敦有一个叫艾丽斯·考斯顿的制酒人因为在所制的麦芽酒中掺假，被罚以"戴颈手枷之刑"。还有一些卖劣质麦芽酒的做法更恶劣，因而也受到更严厉的惩罚，的确，玷污国人的饮用酒是不能从轻论处的。就连教会在这个问题上也有所表示。在什罗普郡的路德劳教会的教民被示以一幅木刻，上面刻着被罚下地狱的麦芽酒酿酒婆，永世受那些带脚爪的魔鬼的折磨，这使一部分教区居民受到警告，另一部分人则为之欢欣。

  这些法律和警告有时对那些胆大妄为的酿酒婆能起一定的震慑作用，但这种行为的泛滥却说明有关麦芽酒质量的法律经常遭到践踏。比对麦芽酒的饮酒人来说，（如果不是在来世至少是在现世上）香料是比当权者、颈手枷甚至地狱的威吓都更可靠的同盟者，人们对它们的紧迫需要可以从约翰·斯凯尔顿的一首名为《爱丽诺·鲁米格》(*Elynour Rummynge*) 的诗中看出来。该诗作于16世纪早期，可能是根据一个真实的同名麦芽酒酿酒婆的故事编写的，据记载该酿酒婆1525年居住在莱瑟黑德。诗中的酿酒婆有一种别出心裁的加速家酿酒生产的方法，她让鸡在装有麦芽和水混合物的木桶中扑腾，不仅如此，这些鸡就

> 栖息在发酵的麦芽酒上方，
> 拉屎的时候，
> 屎就落在麦芽酒中。

香料所要抵抗的是比咸味和酸涩味更糟糕的味道。

弑君的七鳃鳗和致命的海狸

> 最重要的是要了解和认识所有适合吃的东西的特点和本性，以及吃这些东西的那个人的特点和本性。
> ——（锡耶纳的）阿尔多布兰迪诺《人体所需的饮食》（13世纪）

> 如果某种菜品是热性的，就要混以一种凉性的东西，如果是湿性的就要掺以另一种相反的东西。
> ——阿维琴纳《药典》（980—1037年）

啊，悲惨的国王亨利一世。1135年秋天，当这位国王到达里昂拉福雷（诺曼底）时身心俱佳，可离开时却成了一具僵尸，原因是听了那些有害的饮食方面的劝告。《英吉利史》(History of the English)的作者、亨廷登的亨利写道："当他到达里昂森林的圣丹尼斯时爱吃一种叫七鳃鳗的鱼，这经常使他闹病，但他就喜欢这一口。他的一位医生禁止他吃这种东西，他拒绝听从这一有益健康的劝告……这种食物使他体中产生了一种最有害的体液[①]，出现了险恶的症状，年迈的躯体集聚致命的寒气，使他猛烈地抽搐。"没有几天这位国王便一命呜呼，王国随即坠入了战争的旋涡。

从没有过一种错误的食谱选择如此事关重大，至少根据历史事件记录者的描述是这样。由此引发的纠葛绵延了差不多20年的时间才告了结，用当时一位人士的话说："随着亨利国王的去世，王国的和平与和

[①] 中世纪时认为人的健康和性情由四种体液（humour）决定，即血液、黏液、胆汁和忧郁液。——译者注

睦也随之被埋葬了……"当亨利国王的儿子和继承人在"白船"(White Ship)遇难事件中葬身于英吉利海峡时,他宣布其女儿将继承其王位,这使他的侄子斯蒂芬和诺曼的贵族们很不服气。斯蒂芬不顾其所发过的效忠誓言,声称自己是王位继承人,由此导致的内战直到他死去、年轻的亨利二世1154年继位时方告结束。如果亨利一世当初听了他的医生的劝告,或者读了自己那些有关烹调的书,事情可能就完全不一样了。

在那个时候,阅读烹调书和听医生的忠告是差不多的。在现代的书店里,有关食物方面的书通常分为三大类:实用的,营养学的和奇思异想的。所谓奇思异想我指的是有关美食学的传播、历史和论文,这在中世纪时期尚不存在,而前两类的界线也不很清楚。烹调术当时就是营养学,中世纪时论述食物的作者所考虑的既是创造一种食物的美学效果,也是使其起到保持或恢复健康的作用,烹调术更像是一门医学科学而不是一种艺术[现代饮食中所使用的一个词"菜肴配制法"(recipe)隐约使人想起饮食学的这段历史,这个词源于中世纪时人们广为阅读的医学流派萨勒尼坦学派(Salernitan school)的医学"规则"(precept),这些规则都写成一种公式的形式,以拉丁文词recipe开始,意即"取……"]。在《饮食学》(Dyetary)与《健康每日祈祷书》(Breviary of Helthe)(这两书都出版于1547年)的作者安德鲁·博尔德(Andrew Borde)看来,"一个好厨师就是半个医生,因为医学上的重要劝告来自于厨房"。一旦了解了这一史实,中世纪烹调术上的很多谜就容易解释了。如果把一位著名的厨师请到亨利一世的宫廷里,国王将会发现他的拿手东西淡而无味,古怪而又充满危险,比饱餐禁用的七鳃鳗会更早地要他的命。

中世纪把饮食与健康合并在一起的做法对于理解有关香料的嗜好特别重要。(在某种程度上,欧洲人对咖啡和茶的嗜好也是来自于医生的劝告。）当时的医学理论认为，所有脱离温和适中的食物都有导致体液失调的危险，也就是致病。许多由自然原因或未知因素引起的死亡被归结于是食物造成的体液破坏所致，比如亨利一世所吃的致命的七鳃鳗很可能就是如此。6世纪初期时，安蒂姆(Anthimus)写道，他曾目睹两个农民因吃斑鸠而几乎致死的情况，那时认为这种鸟体内含有大量忧郁液，由此引起剧烈腹泻和呕吐，"脸部不断抽搐"。（锡耶纳的）阿尔多布兰迪诺说，那些他归之为寒湿类的食物如水果、动物的脑、含油的鱼类，都是"黏滞性的……引人厌恶"。

当食者的耳中充满了这类让人恐怖的警告时，中世纪饮食中占有突出地位的加香料的菜肴显然有一种医学上的意义，根本的是为了保持一种平衡，这其实并不是什么新的观念，可以说其权威性正来自于其历史的悠久。自希波克拉底起，所有古代主要的医学作者都开列过各种香料膳食，许多在中世纪的烹调技术中重新出现，只不过有的略有一些变化而已。甚至在罗马人满足口腹欲方面最重要的书——埃皮希乌斯的著作中也实用性地提到加少量香料盐"以助消化"及抵御"疾病、瘟疫和各种寒症"。得到古人智慧（如果可以说是智慧的话）的认可，人们便认为香料除了满足人的欲望，还有治疗、缓解和扶正的作用。

产生这种信念——中世纪的医学主要依据的是信念而不是经验——的一个基础是对许多今天认为非常富有营养的食品的极度怀疑。当时把许多更为致命但尚无法解释的无形杀手，如沙门氏菌、霍乱、肺炎、白喉、肺结核等所造成的危害都归罪于食物。按照中世纪的医学理论，许多食物需要调整以后才能安全地食用，香料据信所据有的加热和干燥特性被视为一种补偿形式，其主要作用是矫正食物中的一些有害性质。如果说这一理论的前提是不科学的，其方法却是科学的。14世纪30年代（米兰的）医生马伊诺·德马伊内里（Maino de Maineri）认为香料沙司可以调整"不平衡"的食物。他的一本被林恩·桑代克恰切地翻译为《中世纪沙司典》(*Medieval Sauce-Book*)的著作开篇是对各种肉、鱼、家禽的概述,制定了一个分类系统,通过该系统可以判断各种肉类在从热到寒、从干到湿的图谱中的位置,并被配以适当的沙司。根据其分类,一些原本有问题的食物可通过香料加以调整,使食物潜在的危险特性相互抵消。猪肉的本性通常被认为是凉湿的,易于产生黏体液,因而适合用香料,而牛肉则是干而寒的,适合于加辛辣调料,但也需要一些湿性调料。

位于图谱上热和干一端的食物也有同样的但性质相反的危险。像所有生物被认为是依从于其所在的自然环境的特性一样,野禽的特性被认为是温热的和略干的,这是因为它们总是在干燥的热空气中飞来飞去,因而食它们的肉时需要调理,一种方法是加"凉而湿"的浓豆汤作为补偿。依同样的道理,鸟肉看来是很少加香料食用的,如果加了就要伴随一些"凉性的"作料加以平衡。

有些食物的危险性大些,另一些则小些。羔羊肉的温热和湿性普遍被认为是有危险性的,因而历来吃的人不多。最难处理的肉之一是海狸尾,这种肉一般被归为鱼类,因而被一些寺院社区广为搜求以供食鱼日食用。① 像鱼肉一样,海狸尾肉被认为是一种"非常精致的菜肴",正由于这个原因,中世纪的食客看来从来不随意对待。爱德华·托普塞尔(Edward Topsell)在指导人们如何正确烹调海狸时想到的更多的不是美食而是营养学:"它们的处理方法是,首先加以烘烤,然后在一个敞开的锅中炖煮,使邪味随蒸汽跑掉,有些在汤中加番红花,有些加生姜,多数加卤水;其尾和前足必定食之很甜,因而有谚语道:有鱼是甜的,其实那根本不是鱼。"

---

① 黑雁被一些人认为即非禽也非鱼,因此被用来作为绕过有关规定的另一办法。

但是人们最关心的还是真正的鱼而不是权当做鱼的海狸。随其寒而湿的自然生存环境,鱼被认为是易于生苦涩体液的,这使它们特别宜于用辛辣味调理。马伊诺·德马伊内里认为,海豚是一种"兽类"鱼,寒而湿,需要用一种特别辣的胡椒酱调理。致亨利国王于死命的七鳃鳗同样也属寒湿,因而有很大的危险性。虽然在整个中世纪七鳃鳗被推崇为奢侈菜肴,但吃的时候显然都是经过修正调制的,而且对其可能的不良后果总是不无担心。(亨利的死亡具有讽刺意味的一点是,他本人是一位对医学特别感兴趣的君王。)由于这个原因,通常宰杀七鳃鳗的方法是把它们用酒浸死,因为酒被认为是温热而干性的,然后一般是用烤制这种加热和干燥的办法,最后是加香料调制。按照1521年出版的《贵族生活和人的本性》(*The noble lyfe and natures of man*)一书的作者劳伦斯·安德鲁(Laurence Andrew)所说的方法,七鳃鳗"须浸泡于加有药草和香料的好酒中,否则食用非常危险,因为它有很多有毒体液,食之会带来邪气"。对于一些被归于更为湿寒一类的食物如软体动物、牡蛎、贻贝、海扇类、扇贝、鳗鱼、康吉鳗等,其处理方法也是从这种担心出发的。

可以说,亨利国王的死特别体现了当时的一种广为流传的被视为正统的理念:你吃什么,你就会变为什么。使问题变得更为复杂的是,所要考虑的不单是所吃食物的内在特性,还要考虑想象中的食客的特性。像疾病一样,每个人的不同是根据其自然体液的平衡或"气质"(complexion)作出解释的,而后者又是由一些外表特征决定的,如眼睛、脾气、声音、笑声、尿液和肤色(现代所使用的一个词complexion显然由此而来)。饮食也需要据此进行调配,如杰克·斯普拉特(Jack Sprat)所作的一个著名的诊断就是一个例子:他不能吃肥肉,他的妻子不能吃瘦肉,因为他的自然脾性是偏湿的,而他的妻子是偏干的。15世纪时出的一本健康手册把医生的信念总结为:"人应当根据他的气质来选择他所吃的肉和喝的饮料：如果他是热气质，他应少用热性肉，如果体温增高或是由于吃了过多的热性肉和烈性酒或其他意外事件而发炎，这时吃相反特性的肉和饮料将对他的健康更为有益。"患忧郁症的人应避免吃寒而干的牛肉，因为那样只会加重他的病情。同样，人的自然脾性也可以通过适当的饮食而得到适当的调整。法尔斯塔夫(Falstaff)在提到哈尔王子时，说他通过喝大量西班牙萨克酒(sack)而使他"从父亲那里自然继承的冷血"变热，脾性也变得"热烈而悍勇"。由此，这位老武士说："如果我有1 000个儿子，我要教给他们的第一个人性的原则就是要抛弃淡而无力的饮料，努力使自己成为萨克酒酒徒。"

　　香料对人体的作用比萨克酒在哈尔身上所起的作用更大。对那些气质倾向于凉或忧郁质的人来说，香料可以使他们患病的危险降低或中和。对寒而干气质的病人应让其食用香料（辛辣）和肉（湿性），而"热"气质的人则要避免这些，因为它们只会加重胆汁质的天性。伊拉斯谟（1469—1536年）①把英国流行的霍乱和"致命出汗热"的原因部分地归结于国民对调料的嗜好，"人们对之有一种不同寻常的喜好"。这方面的考虑随年龄和民族而变化，年老、寒而干性的人食用一点加有"微甜香料如桂皮、生姜和其他适当调料"的肉将会有好处。另一方面，"食用胡椒对多血质和胆汁质的人没有好处，因为胡椒化解血液并使其干化……最终会导致出疹子或其他病邪症"。找到人体的适当平衡要视年龄而定，这是因为老化的过程被看做是一个机体逐渐变凉和干化的过程——这也是经常建议"老年人"食用一些香料的原因，而年轻人则不宜多用。正如一本人们广泛阅读的、托名亚里士

---

① 伊拉斯谟，荷兰人文主义学者、北方文艺复兴运动的重要人物、奥斯定会神父，首次编订附拉丁文的希腊文版《新约》，著名作品为《愚人颂》。——译者注

多德的著作《秘中秘》（*Seretum Secretorum*）中所说的："年轻人食量应大，食物宜湿，年老人食量宜小，食物宜热。"

毋庸说，这种判断的得出是一种主观性的产物，不过加上最后一个变量使得至少可能有一定程度的客观性，这就是人们的信条之一：某种特定的食物应该在一年的特定时间吃，在其他时间则应避免吃。热天应当吃凉性食物，反之亦然。由此可以得出，香料在夏季宜少食或不食，而在寒而湿的冬季，则宜吃热而干的食物，如鸟肉、烤制的和加香料的肉。圣比德[①]劝告人们在冬季里食用丁香和胡椒，在夏季则应避免。他根据希波克拉底的理论认为，胡椒和温热的沙司能够平衡季节中的黏液质。在冷天里喝一杯香料酒不但能够保暖而且有益健康，应当多喝，按伊丽莎白时代的诗人约翰·哈林顿爵士的话说："有了酒和香料，冬天变得温暖了。"（所建议的另一个获得热量的来源是性生活，因此夏季应保持贞洁。）四旬节食鱼加重了受冬季寒气侵袭的危险，因为冬季本身就易患湿寒疾病。中世纪大量使用的香料通常被认为主要是为了抵御四旬节那段寒冷和食鱼的季节。

当然，从医学的角度说，这些说法的大部分都是毫无根据的。（可我们能嘲笑谁呢？现代的饮食时尚不也是同样稀奇古怪吗？而我们的轻信更没有理由。）但是如果说中世纪的饮食学依据的主要是传承的信念而不是可以证实的证据，从实践医生的角度来说，体液理论的最大价值——也是它长久存在的原因——在于它所具有的适合于任何情况的灵活性：从追溯的角度来看，任何疾病都可以被它"解释"。

在富裕人家，食物上的这些平衡问题都由香料师来解决，这是一个介于药剂师和家庭健康咨询师之间的角色，被认为是家庭里不可缺

[①] 圣比德（673—735年），盎格鲁—撒克逊神学家、历史学家，对神学、哲学、历史、自然科学都有相当的研究，主要著作为《英格兰人教会史》。——译者注

少的雇用人员。1317年时法国国王的家里有四个雇工：理发师、裁缝、品尝师、香料师，后者的主要任务是负责药品和调味品的采办、监督以及适当的合成和调配。他与医师和厨师协作（其安排视时间和地点而有所不同），他的职责是确保餐饮的合理性，所考虑的方面包括每顿饭的成分和所上的不同菜品，其比例、数量和质量。他还有一项最重要的任务是餐后所用香料的准备，这是中世纪饮食中的一个很突出的特点。香料的作用介于蜜饯和药物之间，被看做是一种既有保健作用又满足口腹之欲的东西，其观念是，具有温热作用的香料可以帮助食物在胃中的消化或"烹调加工"，抑制胃中产生湿寒体液的倾向。爱德华四世的家中有一个"香料室"，其任务是把糖和香料送到"蜜饯室"以制作腻甜的餐后用香料。显然是因为被诊断为胃寒湿的原因，人们在来自阿维尼翁的教皇家中1340年的账本上看到有消耗高达32磅香料的记录，其作用是医治他的胃痛。

我们将会看到，只有为数不多的中世纪欧洲人能够这样大量地食用香料（或能够这样恣意地满足他们的疑难病症的需要）。对于那些能够这样做的人来说，广为传说的香料的生理学作用将是决定怎样去准备食物的一个重要因素，而且也是一种提醒：中世纪的食物并不像后来年代的人通常想象的那样充溢着或普遍一律地使用香料，对于过量食用的不良后果始终存在着担心。在富庶人家中，户主的背后常常有医生的指点，以保证香料不被过分地使用。在桑乔·潘沙作巴拉塔里亚岛总督的短暂任期内，他的一个古怪挑剔的医生在他吃饭时总是在他身后指指点点，让他十分不自在。这个医生什么菜也不让他吃，只让他吃威夫饼和薄的榅桲果片。医生认为水果过于寒湿，甚至认为辛辣的香料也不宜吃：

我作为厨师的职责就是照顾他（山柯）每餐的饮食和宴席，

让他吃在我看来适当的食物，远离那些我认为有害的、损伤肠胃的东西。据此，我要求把水果盘撤去，因为湿度太大，那种过于辛辣、含很多香料使人变得干渴的菜肴也不宜吃；饮料不能喝得太多，因为那会有损于生命力寓于其中的至关重要的湿气。

这实在是一种不高明的比拟，有见识的人不会那样轻信，就连桑乔也觉得不可信。但是如果说人们极为重视平衡的保持，其结果会是一种什么局面呢？香料能使用到什么程度呢？这里很容易看出，一些旧的偏见是不可靠的。从中世纪的背景来看，通常认为中世纪的饮食中大量使用香料、是各种刺激物的大融合的看法很可能是不对的。人们愿意接受流行的对于中世纪饮食的看法的原因之一是，除了这听起来能够增加趣味之外，还因为中世纪的食谱上很少有对量的方面的规定，那全要靠厨师自己去掌握。如果现代的读者从中看出了不节制的地方，那可说是读者自己想象的结果。

不仅如此，节制香料的使用除了有医学上的意义还有经济上的意义，所以不会毫无理由地滥用的。在中产家庭中，香料是被小心地锁放在一个特别的小茅屋中的。从一些贵族家庭和寺院的账簿上所记载的开支来看，都是非常节俭的。在15世纪英国戴姆·艾丽斯·德布里妮女爵士的家中，胡椒的消耗是平均每星期每人约10茶匙，桂皮极少，每年每人只有2.5盎司。14世纪巴黎出的一本家庭管理方面的书推荐一个40人的宴席的香料用量为：1磅生姜、0.5磅桂皮、0.25磅丁香、0.125磅肉豆蔻皮。这种用量可说是不少了，但显然不是海量——每人不到半盎司生姜，这比一份温和的印度咖喱的用量还要小，而这还要分放在几道菜中。此外，所有这些香料都比我们所了解的要走味，从亚洲收获后至少经过了一年的途中运输，而那时它们是不可能像今天这样被置于密封的容器中的。

至少有一些中世纪的厨师很清楚在烹调中是需要保持平衡的,这既是出于医学上的考虑,也有美学上的原因。烹调书上总是强调要用一种成分平衡另一种成分,规定什么香料可用于什么食物中。有一个英国菜谱特别告诫不要在菜中过分地使用香料:"加入研磨的肉豆蔻皮、桂皮和荜澄茄,注意不要放得过辣。"我们前面提到的那个叫约翰·拉塞尔的人告诉那些要当厨师的人应了解他们常做的菜,他带着威胁的口气告诫说,在无止境地寻找新的搭配的过程中,厨师的"过分……将把事情弄糟"。一本据认为是那布勒斯人汇集的一本烹调术手稿中提醒人们慎用香料,其中一个菜谱规定的丁香标准用量很少,只有5到6根。这不是一个味觉麻痹、铁腹钢肚的时代会有的声音。

可是如果说中世纪的食客并不是像好莱坞传奇故事中所描述的那种不辨食味的呆子,这不等于说中世纪的烹调术是那样精巧或精细——我们不应试图去寻找那种中世纪外衣裹着的现代美食,"美食学"(gastronomy)那时还不是一个词汇(至少在欧洲是如此),在17世纪末以前人们对这个词也没有什么概念。因为虽然中世纪的厨师并没有完全用香料遮盖了所有其他的味道,但他们无疑有时是放得很多的。《坎特伯雷故事集》中富兰克林是一个中等地主,他可说是一个美食家,人称"埃皮希乌斯之子",他很爱吃香料沙司,他喜欢那种辛辣味,且他的脾气也同样火暴:

> 叫你的厨师见鬼去吧,如果他的沙司
> 味不那么冲那么辣,如果他没有把全部厨具准备妥当。

15世纪的一本《恶行与德行录》(*Book of vices and virtues*)在衡量一顿餐食的优缺点时所提的一个问题即是:沙司是否足够辛辣。

有关过去的东西消失得最干净的是口味嗜好,也许我们最多只能说的是，虽然有些人喜欢吃辛辣的东西，另一些人则可能不喜欢。尽管有医生们的屡屡告诫，但毫无疑问的是香料在有些场合肯定是被用得很多的，不过那显然不是出于味道方面的嗜好。毕竟，中世纪是一个建立了各种繁复的公开仪式以在众人面前炫耀和检验男子汉气概的时代。如果男子汉气概可以通过一种模拟的战场来显示，那为什么不能在餐桌上显示呢？对于富兰克林这样的人来说，一个健硕的胃就是血性阳刚的表现，那个时代比现代更视强健的胃为男子汉的气质（当然也更视为一种资本）。英国作家罗伯特·伯顿（1576—1640年）如此说道："宴席上和战场上同样可以检验一个人的勇武，而我们的一些餐馆的领班和地毯骑士①们就要亲身证明之。"话说回来，在我们自己所处的这个时代这种本能意识不也仍然随处可见吗？在公元第三个千年伊始，市场上推出了各种灼人心腹的辣味沙司，其商标都有着影射的含义，虽然有时并不那么刺激人的食欲：撒旦液体、戴夫疯酱、布莱尔猝死酱、火上母狐、直肠之复仇（"对姻亲有奇效"）。因为只要一两滴就足以使人的味觉麻木，我们可以有理由认为这些商品的引人之处不是饮食上的，或至少不是通常意义的饮食上的，它们更多是给人看的而不是品尝的。

不过这里我们进入了人之欲望的一个不同领域，而假如我们要讲述香料的魅力，我们就必须进入这个领域。我们的眼界要超出餐桌，甚至要超出医学和餐饮，我们要去审视一下同样强有力和不断的社会需求。

---

① 这里指那些其勇武都是在室内表现的"骑士"，特别是在铺有地毯的屋子里，或者很可能就是在地毯上。

贵族的象征

> 判断贵族的标准是餐桌上的奢华，
> 口味的满足靠的是更大的消费。
> ——（上维莱的）约翰《阿奇斯仁尼厄思》（1190年）

> 你要算个富人，
> 就不要让你的餐桌生锈。
> ——佚名《Modus cenandi》（1400年）

当一个年轻的十字军勇士要出征去建立功业时，饯行的宴席也要与这壮举相配。这就是葡萄牙王子恩里克家中的一个场面，时间是1414年圣诞之夜。在讲英语的国家中这位王子的别号是"航海者恩里克"（因为他常派别人出海航行），他即将出发去夺取摩洛哥的休达镇，在他即将迈出他本人和葡萄牙帝国伟业的第一步时，他决心要显示一下他既是一个勇武的斗士，又是一位慷慨的主人。贵族名流、主教头人、王室成员，凡是算个人物的人都受到了邀请，向王国的各处征购了所需的物品：名贵的丝绸、足够制作数百只蜡烛的蜡、"难以计数的"火炬、一桶桶上好的葡萄酒、糖果、各种肉类、新鲜水果和蜜饯。这种奢华铺张的场合当然更少不了为数众多的各式香料。为什么要空着肚子去与摩尔人拼杀呢？

恩里克的宴席在当时比我们现在看起来要排场得多，其细节见于1450年撰写的《休达攻克记》（Account of the Capture of Ceuta），作者是阿丰索五世国王的王室年代史编纂者戈梅斯·埃亚内斯·德祖拉拉(Gomes Eanes de Zurara)。现代历史学家往往要顾及事情的客观性，德祖拉拉则不同，他的工作就是要尽可能展现恩里克的王族气派：骑士、精英、勇士与贵族风范。因此书中对圣诞之夜宴席的记述不厌其详，而完全不顾及它与设宴的目的——夺取休达——有什么关系。书中详细记述了恩里克的博大富有，德祖拉拉所罗列的那些贵族专用的香料和其他奢侈品正是体现这种博大的理想之物。

公元第一个千年之末欧洲贵族———个有富余钱财可花费和社会需求要满足的新兴阶层的出现与香料贸易的重新兴起绝不是偶然的巧合。正如在罗马时代一样，香料的魅力很大程度上不在于它们吃着味道好，而在于他们看着显得高贵。和那些它们常常与之为伍的其他奢侈品——玉石、珠宝、毛皮、壁毯、镜子一样，香料可以满足一种炫耀，一种显赫消费的需要。香料的引人之处不在于它们是必需的，而在于它们不是必需的：它们是捐出去的钱。

在餐桌上正像在其他地方一样，中世纪的贵族们是没有一种节俭的约束感的，这是一种委婉的说法。要过一种中世纪王公、贵族或高级牧师的生活，就要看起来像在过那样的生活。财富是一种供炫耀的东西，那既是一种目的也是一种乐趣。正像马克斯·韦伯（1864—1920年）[①]在评论后来的年代时所说的那样，奢侈是"一种社会自我表现的手段"。餐桌上的炫耀和中世纪贵族所炫耀的其他财富——随从人员的多少、建筑、珠宝、衣饰、挂有贵重壁毯的客厅，是一样的。在宴席这种半公众性的活动中，食物的味道或任何其他想象的有益效用都不像价格和浮华那样被看得更为重要。

一句话，食即其人。（相反，贵族妇女却很少有机会以这种方式显示富有，她们的出身和地位要靠其他的不那么物质性的高雅品位去显示。）由此，一套精细的餐桌礼仪建立了起来。在贵族或王室的家庭中，餐后用的香料常常是用金或银的香料盘端上来，那些盘子本身就

[①] 马克斯·韦伯，德国社会学家、经济学家、现代社会学的奠基人之一。——译者注

是贵重的工艺品。1459年在英格兰，一个出身富裕人家的商人藏有这样一个盘子，"表面镀金，形似双玫瑰，中间饰有我主子的盔状花冠，四周是构成我主子的盾形纹章红玫瑰"。这些盘子里所盛的美味食物被称为"dainties"（美味），它源于拉丁文的dignitas，意为尊严和高贵，它象征着使用者的地位。位于桌首的主人依照在他看来合于身份的方式分发点心，这中间也体现了一种高低贵贱之分。如场合重要，宾主身份地位高，所用美点量也随之增加，1365年5月阿维尼翁的教皇乌尔班在瓦朗斯宴请查理四世皇帝时，在客人们身上用了高达150磅的香料。

正餐部分的食物也是一样，那些加有香料的菜肴很大程度上是做给人们看的，而不是供人品尝的。在别名为"勃艮第的大胆人"的查理斯（1433—1477年）的婚宴上，主桌上摆有6只船的模型，象征公爵的6块领地，围绕它们的是16只较小的船，每一只后面又拖着一只更小的船，上面装满了香料和糖果。还有一个比这规模略小一些的例子，1400年前后巴黎商人雅克·迪谢建了一个人可以进入的姜饼房，墙上镶嵌的是宝石和香料。

香料本身所具有的昂贵价格、便利和光环使得它们很适合被商人们用来做铺张的游戏，一个典型的例子是1214年帕多瓦的镇长阿尔比佐·达菲奥雷组织的一次别出心裁的食物大战。为了让他的客人们开心，他建了一座"欢乐园"，中央是一个象征性的爱情城堡，由十几个美人守卫着，而她们已被一些贵族男士们所包围。城垛是用紫貂皮、贵重布料和巴格达的锦缎筑成的，攻城者攻打用的奢侈弹药是苹果、枣椰子、肉豆蔻、果馅饼、梨、榅桲果、玫瑰、百合、紫罗兰、玫瑰香水、石榴、小豆蔻、桂皮、丁香，以及"各式各样好闻的或好看的花和香料"。开始还算有序地进行，后来梵蒂冈的客人为争夺女士们的芳心有些过于认真，引起与当地的帕多瓦人争斗，使聚会不欢而散。

总之，这是一场典型的中世纪游戏：精心安排的讨女人的欢心和奇想，荣誉的受辱，香料和流血。

这种聚会的铺张程度只是受主人的钱财或想象力限制。（卡斯蒂的）胡安·曼努尔（Juan Manuel，1282—1348年）所写的一首诗中讲述的是塞维利亚的摩尔国王宠惯他的妻子拉梅奇娅的各种奇思异想。一次他的老婆抱怨安达卢西亚的气候太热，那位国王便把科尔多瓦周围的山上都种上了杏树，以便让那些盛开的花使她想起白雪。他的女人还不满足，她羡慕那些制砖的农妇们所过的田园生活（富人们另一种常见的消遣方式是带有怀旧之情地向往乡下人的素朴生活），于是国王便把一个湖里灌满了玫瑰香水，加入桂皮、生姜、丁香、麝香，以及"种种可以想到的香料和香味"，这样她就可以在她所习惯的芳香气息中用带有香味的泥土制作砖块，而这一切活动都无须离开安逸舒适的宫殿。

在较为日常的需要中，中世纪厨房中的香料提供了一种有一定财力的人显示阔绰的机会。中世纪的厨师们总是在不断地寻找新的调料配伍，像一位评论家所说的，驱使他们这样做的主要原因是他们的主人"要显示一下他们能够怎么吃，能够吃出什么花样，能够配上什么样的新奇作料。约翰·高尔（John Gower，1330—1408年）在一个无法翻译的双关语诗句中说，丰富昂贵的香料是富贵人的社会法则。[1]正如那些生活在田野和森林中、受严格的禁猎法律保护的猎物和野禽是贵族们食用的肉品，稀有而昂贵的香料就是他们自然的调料，是他们地位的象征。[2]用荷兰作者雅各布·范马兰特（Jacob van Maerlant，1225—1291年）的话说，它们是显贵而讲究的人的特殊食品。

---

[1] 这个双关语中借用"法律"（law）和"沙司"（sauce）在拉丁语中的同音。——译者注
[2] 食用野禽是贵族身份的另一标志。

这句说得十分直白的话在现实中有着无数种不同的体现形式。在中世纪的生活中，香料最合用的场合是作为正式往来和外交交往中的赠品。1294 到 1303 年间卜尼法斯八世教皇定期地收到大使和君主们馈赠的香料。12 世纪初，威尼斯商人每年要向亨利五世赠送 50 磅胡椒的礼品，据一份 13 世纪的教会仪式书上记载，罗马的犹太人以胡椒和桂皮作为赠品庆祝新教皇的就职——当然这可能是作为一种贡品而非完全出于自愿。香料作为最好的外交礼品之一也十分引人注目。1290 年 5 月，英王爱德华一世的使臣乘一艘"巨轮"从雅茅斯出发前往挪威，目的是去安排爱德华王子与"挪威少女"、苏格兰王位合法继承人玛格丽特的婚礼。除了给船员和使臣们所带的通常的供给如啤酒、葡萄酒、鲸鱼肉、豆类、鳕鱼干、干果、面粉等外，为了密切朝廷之间的关系，船上还载了大量食糖、胡椒、生姜、片姜黄、大米、无花果、葡萄干和姜饼。①

这样大量赠送厚礼肯定是考虑到利润得失的，但把香料的地位象征降低为一种经济手段则是误导。香料的魅力很大一部分来自它们的神秘和幻影，来自它们那种使人联想起乌托邦的富庶丰饶的神力。它们是中世纪贵族一直在寻求的、为荷兰伟大的中世纪学者约翰·赫伊津哈（Johan Huizinga）称之为"更美妙的生活"的图腾象征，那种生活表现在中世纪的礼仪、墙上挂毡和文学上虚构的梦境中。

只是在遥隔五百多年后的今天，在一个不那么倾向于公开炫耀饮食的丰饶的文化中，我们才能更好地理解香料的作用。在文学的表现上，香料意味着高贵。在一首佚名作者所写的题为《肉体与灵魂的辩论》（The Debate of the Body and the Soul）的中古英语诗中，一

---

① 在东方也可见到类似的习俗，成吉思汗派去晋见本尼狄克的使臣 14 世纪中期离开北京时所带的礼物包括丝绸、宝石、樟脑和香料。

位"高傲的骑士"的魂灵回想他那骄傲浮华的一生的象征物,其中"上好的香料"占有很重要的地位,与之并列的还有城堡、仆役、悍马、猎犬、豪宅等。在约翰·梅拉特14世纪初期写的小说《丹茹伯爵的故事》(*Roman du comte d'Anjou*)中,也以同样的方式写到了香料。故事写的是一位伯爵的女儿因为父亲乱伦而离家出走的悲惨遭遇。这位女主人公离家后历尽波折,被迫隐姓埋名,不让人知道自己贵族出身的身份,依靠陌生人的慈悲善心。她十分怀恋在父亲城堡中所过的那种安逸舒适的生活。在她四处流浪中,有一次一位老农妇给了她一块面包,但当她发觉那是一块又黑又硬而且发了霉的面包时,① 她忍不住哭了起来。她坦露了自己的身世,讲述起她记忆中在父亲餐桌上吃过的种种珍馐玉馔。那位老妇听着她滔滔不绝地讲述各种美味的鱼肉飞禽,包括阉鸡、孔雀、天鹅、山鹑、野鸡、野兔、鹿肉、家兔、野猪、康吉鳗鱼、鳕鱼、胭脂鱼、鳊鱼、七鳃鳗、鳗鲡、鳝鱼等,每种肉类都伴以适当的香料沙司:黑胡椒沙司、绿生姜沙司、桂皮和丁香的茶褐色沙司。餐后是茶点果品,有香料苹果面点,伴以法国各地产的香料名酒,听到这里,那位老村妇——还有那些出身富裕家庭的读者——或许会掬一捧同情的泪水吧。

但是在现实世界中,香料通常被用于一种世俗的用途。虽然这种炫耀的本能欲望在欧洲的贵族和上层牧师中是很普遍的,但最突出的表现还是在社会的顶端,即宫廷中。王室的高贵或许已经上天钦定,但这一信念还要不断地在人们脑中加深巩固。除了越来越精致繁复的宫廷礼仪、建筑和艺术,王室的餐食是盛在碟子(更准确地说是木制

---

① 如果说香料和肉是贵族的食物,黑面包就是农民的口粮。即使一块面包本身也体现着等级差异。英语中的一个名词"上层"(upper crust)是中世纪时出现的,那时在餐室中分面包时质量是按照等级分的,中世纪的烘烤技术使得烤出的面包最好的部分是面包的上层,因而是给"最尊贵"的人吃的。

食盘）中的宣传。1157年当亨利二世驾临林肯郡庆祝圣诞节时，他下令为圣诞宴席在当地商人中购买60磅香料，可当地没有这么多香料，只得差人到伦敦去补齐。

从其胃口的海量来看，在整个中世纪，王室和宫廷是香料消费市场的大户，特别是伦敦，到中世纪末期时那里一直是香料的集中地。13世纪末期，当爱德华一世从威尔士战争中返回伦敦时，他的属下花了1 775英镑购买香料，而当时购买奢侈消费品的总经费是1万英镑。这里所说的"香料"中包括橘子和食糖等食品，但即使这样购买香料所花的钱仍然是可观的。可用当时的经济状况作一参照，爱德华一世购买这批香料所花的钱相当于一位伯爵一年的年俸，而当时整个英国只有十几个伯爵。王室胃口之大自然使中世纪的商人们十分渴望巴结负责为王室的香料"橱柜"采买的机构，不过这里的风险也是很大的：1301年爱德华一世仅为香料一项就欠了热那亚商人安东尼奥·佩萨尼奥1 030英镑的巨款。

佩萨尼奥富有的同胞们对这种风险看来不那么担心。东方的香料贸易收获经由位于君士坦丁堡及黑海沿岸的热那亚港口和加工厂，其所带来的滚滚财富从12世纪起开始改变着热那亚的面貌，建筑圣洛伦索大教堂的大部分经费即来自这种贸易。这很自然地使一位称为"热那亚的无名者"的与但丁同时代的诗人称颂香料是热那亚骄傲和财富的象征。在一首致布雷西亚一位市民的诗中，他把大量的香料、充溢店铺和货摊的东方奢侈品看做是热那亚商业和帝国的伟大象征："任何其他大都市……都比不上的香料、生姜、桂皮和商品。"

可是，在中世纪也和在现代的世界一样，摆阔的终极表现不是夸口、炫耀或花费，而是丢弃。15世纪初，伦敦的市长大人为了讨好亨利五世国王（也是他的债务人），在用桂皮和丁香点燃的火上烧掉了国王对他的欠条，这可说是中世纪奢侈葬火的一种香火变形，对此那

第三章 中世纪欧洲

位感激的亨利国王嘟囔着说："没见到哪一位国王有这样好的臣民。"这种用香料之火烧掉债务人的借条在中世纪似乎是一种风气，当查理五世1530年到奥格斯堡看望他的债主雅各布·富格尔时，那位银行业主把皇帝的债条在用桂皮点燃的炉火中烧掉了。那位皇帝欠债是经常不断的，所以烧掉那些债条所用的桂皮的价格比那债务价格还高。

当然，市长、国王、富格尔、皇帝这样的大人物不能代表一般的老百姓。对香料与对其他奢侈品一样，能够从中得到虚荣本性满足的人只能是极少数，中世纪时能够在食物中大放香料的也只是一些有钱人。对穷人来说，香料的吸引力大多也只是想象而已。

考察中世纪穷人的饮食是件不容易的事情，就所论的吃喝这件事的性质来说，已经决定了能够找到的资料绝大部分是有关富人、贵族、教会和王室的，而就是这些多数也不是日常的消费，而是一些特殊场合如婚庆、宴席、加冕等时的吃食。这些资料只代表了人口中的一小部分。据粗略估计，在中世纪大部分时期中，牧师和贵族只占人口的百分之一，城镇居民只约占百分之五，其余的都是贫困的农业人口。在13世纪初时，西欧人口中大多数在某种程度上都是不自由的，在某种意义上是受土地和地主束缚的。

对于这些人来说，单是昂贵的价格就使香料成为他们可望而不可即的东西了。对那些在烹调书上所说的撒放很多东方香料桂皮、丁香、肉豆蔻子、肉豆蔻皮等更是如此。像其他书一样，烹调书也是为富人而写的，虽然偶尔也点缀一些普通百姓的食物。中世纪英语词 Modus cenandi 指一种吃野鹅用的沙司，而一些下层人吃的价格低廉的飞禽肉只用盐调味。一本英文的烹调书手稿描述了制作3种不同的希波克拉斯酒的方法，按照成本和食用者的等级分别用3种不同量的香料。15世纪时有一本书名为 *Liber Cure Cocorum* 的烹调书，可说是中世纪大多记述上层阶级饮食的书中的一个例外，它是教给那些经济上不太富裕的人如何烹调的。书的前言开宗明义地写道："这些手艺是供那些贫穷的人学习使用的，其中香料用得没有他们可能想用的那么多。"烹调的历史记述的是阶级的烹调史。

随着时间的推移，香料后来变得越来越普通了，但在整个中世纪上述情况基本上没有什么大的变化，虽然资料不全，但整个面貌是清楚的。1248 年时在英国一磅肉豆蔻皮值 4 先令 7 便士，相当于买 3 只羊的钱，这对于家境富裕的农民来说也是极昂贵的。大约在同一时期，1 磅肉豆蔻可以换回半头牛。公元第三个千年之初，在英国买香料最好的地方通常是在市内比较贫困的移民区，而在 700 年之前却刚好相反，伦敦的杂货店和香料店集中在（当时）市内富裕的街区，买香料要到设在有钱人居住的教区如圣潘可拉斯区、圣伯奈特的舍利霍格区、麦尔克大街、圣玛丽—勒—鲍区的零售店中去，没有香料商想把店铺设在法灵顿那样的贫民区。香料随着钱走。

而在没有钱的地方，香料就像在圣比德时代的情况一样令人可望而不可即。偶或有些穷人吃上香料则惜如珍宝，有时是蹭别人的油，如在公众宴席上，或者像那些贵族家中的随从吃贵宾席上剩下的残物。对于中世纪的穷人来说，香料主要是用来交租或当药的，很少被当做调料用。

中世纪的贫困人家用做调味品的只是一些较普通的东西，对他们中的大多数人来说，食谱中仅有的调味品就是大蒜和自种的香草，还有就是盐，有些人甚至连盐都吃不上。乔叟描写过一位"贫穷的寡妇"，她与两个女儿同住在一间茅屋中，家中有一只叫做詹蒂克利尔的大公鸡、几只母鸡、三头牛，还有一只叫做玛勒的绵羊。她从没有吃过"辛辣的沙司"，"珍馐美味从来没有过过她的嗓子眼"。她的食物热量主要来自那些"微寒的饮食"，主要是牛奶、黑面包、咸肉和间或一两个鸡蛋。与乔叟同时代的作家威廉·朗格兰（1330—1400 年）所描写的贫困的农民过得还不如这位瘦得皮包骨的寡妇，他笔下的皮尔斯·普劳曼穷得"身无分文"，根本买不起"母鸡、鹅或猪"，一般情况下他能买得起的只是两块劣质的奶酪、凝乳、奶油、燕麦饼和两个用豆粉和糠做的面包。还有一些真正的穷人，他们连皮尔斯也比不上，他们的孩子们"啼饥号寒"，没有足够的食物能让他们安静下来，"一点儿贻贝对这些穷人来说就是美味大餐"。饥饿在中世纪的欧洲是司空见惯的事情，这既是收成不好和虫害同时也是恶劣的交通运输造成的，大多数农民在一生中都至少经历过一次严重的饥荒。食人的事时有所闻，有时甚至把死人挖出来吃。一位近代学者认为，16世纪可怕的基督教末世论的出现，部分原因即源于人们的一生总是处于饥饿和苟活的循环往复之中，时刻笼罩在饥饿的阴影之下。

实事求是地说，在整个中世纪时期大多数人所吃的食物处于吃不饱到够吃的水平，大部分农民的生活状态是维持生存或略强一点儿，极易受价格和气候波动影响，赖以度日（有些人可能度不过去）的主要食物是白菜、豆类、萝卜、大葱、麦芽酒，当然还有面包，后者多数情况下是黑的、不纯的，用燕麦或大麦粉做成，遇到饥荒时期也可能是用豆粉甚至草磨成的粉做的。葡萄酒是偶尔才能喝到的奢侈品，肉特别是飞禽类价格极其昂贵，当时流传的一首不知名的作者写的英文诗，描写一位怕老婆的男人不敢向他的女人讨肉吃：

> 如果我要问声有没有肉，
> 她会用盘子打破我的头。

偶尔打打牙祭的东西是从国王占有的森林中非法弄来的，那是冒着胳膊腿被打断甚至生命的危险偷猎的。

在这样的家庭中，在少数有点闲钱的情况下，所买的食物更多的是为了填饱肚皮，而不是调味的香料。这种状况一直延续到中世纪已经成为久远的回忆的时期。

　　胡椒是唯一的例外，至少到了中世纪晚期时是如此。由于威尼斯商人及其竞争者成功地把越来越多的香料从亚历山大和黎凡特运到欧洲，在整个中世纪时期胡椒的实际成本不断下降。12世纪中期，在英国1磅胡椒的价格为7磅到8磅，相当于英国王的赫里福德希雷葡萄园中一名工人一个星期的工资（按实际价值只比罗马时期略高一点儿）。50年后胡椒的价格下降了，至少按实际价格是如此，但1磅仍相当于工人4天左右的工资。在随后的300年中，胡椒的价格继续下降，虽然偶尔也有价格回升，这通常是由于货币供应危机或是在漫长和敏感的运输沿线上出现政治动乱所引起的。14世纪中期时曾有一段价格猛涨，但后来又逐渐下降了。1400年时在英国，一个熟练的手艺人一天的工资可以买半磅胡椒，差不多是两个世纪以前价格的一半。香料仍然是贵重的，但已是富裕的农民们可以享用得起的东西了。

　　胡椒是香料中唯一从一种奢侈品变成了高价必需品的东西，1411年，它在伦敦市民生活中变得如此重要，以致当局不得不介入以防止哄抬物价，国会要求国王出面防止消费者受人们担心的伦敦零售商和居住在当地的意大利商人的盘剥。①这一呼吁促使国王规定了20便士一磅的最高限价。到了"玛丽·露茜"号轮船沉没的1545年，胡椒已为每星期挣7磅工资的普通海员们能够享用的东西了。当船员的尸体400年后从海底打捞上来后，多数人被发现带有一小袋胡椒。

　　随着胡椒为越来越多的人能够享用而来的是人们的香料观念开始发生深刻的变化。有意思的是，普通老百姓能够享用胡椒这一事实看

---

① 这种说法看来是不大公平的，实际上这是由于香料来源的更远端的阻塞造成的，威尼斯商人自身也在亚历山大进货时付了高价。

来使得贵族们开始对其失去兴趣。正像蔬菜在那些吃肉的贵族们眼里是一种普通百姓享用的下等物，胡椒也渐渐失去它们那种为贵族独享的高贵气。随着越来越多的人买得起，胡椒开始变得不再那么神秘，贵族们开始对胡椒不屑一顾，转而去寻找其他可以独享的口味。这种趋势也明显地反映在烹调书中：12世纪时胡椒被看做国王享用的东西。在英王亨利二世的朝臣、（贝克尔斯的）丹尼尔(Daniel)所著的《文明人》(Urbanus or Civilised Man)一书中，胡椒出现在许多菜谱中，为禽类、肉类、鱼、啤酒和葡萄酒等调味。事实上它是该书提到名字的唯一东方香料，它也是尚存的最早的账本中所提到的唯一香料，那是12世纪晚期一个在伦敦和温莎居住过的贵族家庭的账本。在去首都的采购中，他们买回了胡椒、孜然芹、番红花、食糖、鱼、肉、鸡蛋、葡萄酒、面粉和苹果。

两百年后他们的阔人出身的子孙们认为胡椒是最没有品位的东西。1390年左右在为理查二世写的一本名为 *Forme of Cury* 的食谱中，胡椒只在百分之九的菜谱中出现。在欧洲大陆上的情形也差不多，在一本意大利的名为 *Liber de Coquina* 的食谱中也很少提及胡椒，那也是一本上层阶级的菜谱。更能说明问题的是，它在一本名为《食物》(*Viandier*)的烹调书的不同版本中逐渐消失，那本书据信是泰耶旺(Taillevant)①所著，自14世纪起接连出版过几个不同版本。随着时间的流逝，胡椒的数量越来越少，渐渐为一些更有社会阶层代表性的香料如"天堂的谷物"和小豆蔻所取代了。

特别引人注目的是，胡椒的逐渐失宠正好与经济发展的方向相反。胡椒变得不再是人们所追逐的热门货发生在14世纪中期前后，当时正是胡椒向欧洲的进口达到鼎盛的时期，从1394到1405年，全部

---

① 泰耶旺，法国14世纪著名烹饪学家。——译者著

威尼斯进口香料中百分之七十五为胡椒。可是在那个时期，在意大利大运河两岸修建宫殿的已不再是国王和贵族，而是社会层次在他们之下的那些人，香料的主要消费者成了富裕的农民和资产阶级。在14世纪中期的 *livre des mestiers* 一书中，胡椒是一个居住在布鲁日的资产阶级家庭的购物单上唯一出现的香料。同一时期，家住蒙托邦的香料商博尼斯兄弟的账单也说明了这种情况，即饮食反映出阶层的不同。胡椒、芥末、大蒜等调料是由穷人的香料商、芥末酱的制作者出售的。下层的贵族、商人和富裕的资产阶级买的也是胡椒，但也常常购买少量的生姜、番红花和桂皮，而手艺人和农民买的只有胡椒。

简言之，经济的变化具有社会的意义：饮食口味反映出社会阶层。有时，胡椒的失宠被以一种直白的方式表达出来。早在14世纪初，一首由不知名的作者写的诗中提到一种"普通沙司"，其作料包括鼠尾草、盐、葡萄酒、胡椒、大蒜和欧芹。而在这之后不久，在一位叫德得罗·伊斯帕诺（Pedro Hispano）的西班牙人所写的《穷人之宝库》（*Thesaurus Pauperum*）一书中，这种沙司被降格成为穷人的香料，这位作者就是后来成为教皇的约翰二十一世（1215—1277年），其任期由于梵蒂冈教堂顶的倒塌而突然终结，那是一个很出名的故事。随着贸易额的增长，胡椒的名声也越来越小。萨勒诺学派的一篇15世纪的医学论述中称，胡椒是"乡下人的调味品"，只适合用做农民所吃的豆子和豌豆等劣等食物的调料。

不过胡椒的命运只是香料中的一种特殊情况，只要其他香料没有成为农民饮食的一部分，香料的吸引力就不会下降。因为如果贵族们把香料看做是一种高贵出身和财富的有形体现，对于那些得到它们的人来说，香料作为一种上等生活显耀的伴随物这种寓意就不会减色。而对那些得不到香料的人来说，香料便被视为一种"高贵而美味"的特权物而更使其渴望。换句话说，二者之间的障碍本身在很大程度上造成了香料的诱惑力。就像那些聚集在餐馆窗外的乞讨者一样，中世纪的穷人只能垂涎欲滴地旁观富人们享用以香料调拌的肉食。蒙田（1533—1592年）①有关禁奢法律所说的话同样适合于不容更改的市场法律："宣称只有君主才能吃大鲮鲆，穿天鹅绒和戴金辫，他人不得享用，这样做的效果难道不是提高了这些东西的地位而使人人都想得到它们吗？"

可是，那些买不起香料的人往往不能这样分析地看问题，对于那些对香料可望而不可即的人来说，羡慕和憎恶的界线是很难分的。1381年当沃特·泰勒率领农民起义的时候，叛民的牧师、自称为"民众的主教"的约翰·鲍尔在叛民们向伦敦进发前，在坎特伯雷大教堂中作煽动民心的演说，据傅华萨（John Froissart, 1333—1405年）的记述，鲍尔在演说中向他的封建君主们发问：

> 难道我们不是同一先祖亚当和夏娃的后代吗？他们怎么能证明，他们有什么理由说，他们就应当是我们的主子？他们穿着天鹅绒和貂皮做的衣服，而我们只能穿破衣服。他们喝葡萄酒，享用香料和白面包，我们只能吃黑麦和草料，喝的只是白水。他们住着豪宅……我们只能冒着风雨在田中劳动……

烧毁萨沃伊王室，把君主们追赶得仓皇逃命，这并不能使情况有丝毫改变。还有些人不像鲍尔这么激烈，比较认命，但像鲍尔一样，他们也发现自己站在了那个不可逾越的障碍的错误的一侧，中世纪流传的一首名为《伦敦的缺钱人》（London Lickpenny）的诗中描写的那个

---

① 蒙田，文艺复兴时期法国思想家、散文作家，在哲学上是怀疑论者，从怀疑自己扩大到对人的研究，反对经院哲学和基督教的原罪说，主要著作为《随笔集》。——译者注

肯特郡人就属于这一类。有一次他从乡下来到伦敦，迎面而来的首都街道的繁华景象使他眼花缭乱：

> 我远道来到伦敦，
> 这是一个了不起的地方，
> "卖热豌豆荚！"有人叫道——"带枝的樱桃！"
> 有人招呼我过去买些香料：他给我看他的胡椒和番红花，
> 还有丁香和天堂的谷物……
> 可是我没有钱，我只好走开。

不同时期的文化所崇拜的对象或许已发生变化，但那种崇拜的冲动不会改变，邦德和麦迪逊大街橱窗中的那些可望不可即的奢侈品，对于那些囊中羞涩的到访者——或者是那些贫穷的作家，永远会激起一种同样的情感。

第三部分
肉　体

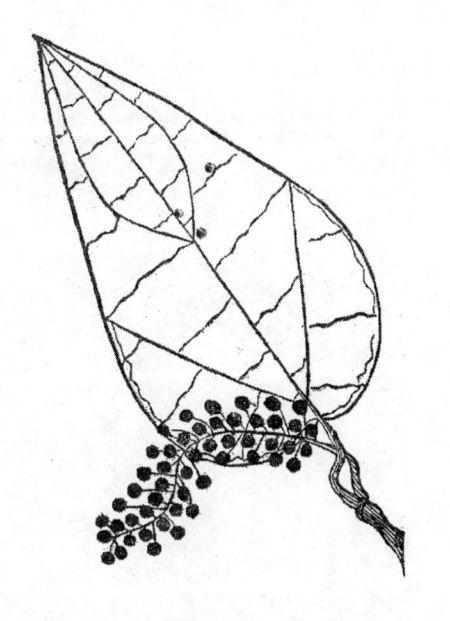

胡椒藤
原载克里斯托瓦尔·阿科斯塔《论印度东方的药材与药品》
（布尔戈斯，1578年）

第四章
生命之香料

> 他们取出他的内脏,他们把他的脚伸平,
> 他们把他的身体涂上芳香的香料。
> ——佚名《格拉夫顿的公爵》(1694年)

> 你静静地睡吧,我们在用香料使你的身体变香,
> 我们用雪松给你洗身,时间不会使你的身体销蚀。
> ——罗伯特·赫里克(1591—1674年)
> 《勇敢的伯纳尔德·斯图亚特勋爵挽歌》

法老的鼻子

人们能够叫出其名的第一个胡椒的消费者不是用香料来做佐餐的调料,那是一个早已失去了肉体享乐的人,事实上那是一具尸体,是拉美西斯二世(他也许是埃及最伟大的法老王)的皮和骨头,在他公元前1224年7月12日去世的时候,有几粒胡椒子被嵌入了他大而长的鼻梁中。

这位法老的鼻梁可以说是标志着香料史上一个重要篇章的开端,自那时起,很多显赫者的尸体都是带着香料进入坟墓的。公元565年拜占庭的诗人克里卜斯（Corippus）记述了查士丁尼皇帝以香油、没药和蜂蜜涂尸的事情，此后出现了"100种其他香料和神奇的膏油，保护圣者的尸体，使之永存"。莎士比亚在他根据一本古代后期的小说改编的戏剧《伯里克利》（Pericles）[①]中描述了泰莎的葬礼：

> 裹着华典的服饰，涂抹了香油，
> 还有整袋的保护尸体的香料！

一代人之后，英国诗人罗伯特·赫里克（Robert Herrick）[②]在述说情感时说，如果和他的安西娅埋在一起会有一种浓郁的香料味："我的尸体涂香油时／将不会缺少香料，我将被安葬在你的身边！"在3000年的大部分时间里，对于那些有钱的人来说，香料是死亡过程不可缺少的一部分。

正如有关香料的其他事情一样，对这种习俗的来源人们也只能冥想和猜测。就拉美西斯的例子来说，人们能够知道他鼻梁里的东西要归功于巴黎人类博物馆的研究人员的工作，那具木乃伊或者说它的残物在这个博物馆里度过了1975—1976年的冬天。人们能在巴黎看到它是承蒙开罗博物馆合作，一百多年来这具尸体存放在那里。实际上它看起来就像是一个巨大的皮革裹着的蝗虫，在旅游者含有湿气的呼吸和蠹虫的侵食下一点点朽蚀。对拉美西斯来说，过去的一百年比早先的三千二百多年更难熬，而在他死后的头几十年里他至少换过3个墓穴，屡遭盗墓和迁移，那是埃及人最为惧怕的污辱（埃及的盗墓者

---

① 伯里克利（公元前495-前429年），古雅典政治家、民主派领导人，后为雅典国家的实际统治者，其统治时期成为雅典政治和军事上的全盛时期。——译者注
② 罗伯特·赫里克，英国牧师、诗人，作品恢复了古典诗、抒情诗风格，著有诗集《西方乐土》等，"好花堪摘须及时"是其名句。——译者注

除外）。各种秘术和巫术被用来精心防止这种事情的发生。在这位法老死后不久，一群牧师和尸体防腐师便开始处理尸体以备埋葬，同时做着对未来祈祷和诅咒那些胆敢对国王尸体动手的胆大妄为者。法老鼻梁上的胡椒就是在这个时候被镶嵌进去的，封装固定用的材料是一种来源不明的树脂。这些胡椒就这样隐藏在那里渐渐被人们遗忘了，直到借助 X 射线的帮助，它们才又重新浮出水面。经过精心的检验，证明它们不是非洲本地的香料，而是三千多年前在热带的印度南方收获的香料。

没有人知道这些香料是怎么去到那里，又是谁把它们带去的。最诱人的一种猜测是，印度人和埃及人之间早在那个时候就有了直接的往来。但更可能的是，这些香料是在那些不为人知的市场之间辗转相传，通过许许多多商人之手运到西方的，而这些商人的名字和国籍已湮没在历史之中了。只有一点是肯定的：这些香料来自印度，其余都纯属猜测。

如果说胡椒的存在让人感到惊讶，那么埃及人懂得把它们镶嵌在死去的国王的鼻梁上却并非怪事（研究人员在尸体的腹腔中也发现有香料的痕迹）。能够用来延缓那些导致尸体腐烂的细菌的作用或者将其杀死的香料，看来是为埃及人特有的木乃伊制造习俗专门准备的。在一个不可能利用甲醛或作动脉防腐，更没有冷冻尸库的时代，香料起着使尸体保鲜和形象完好的作用，没有它们尸体将很快会腐烂。

埃及人传奇性的对于尸体的精心处理并不只是为了保护而保护，其中有着更深的意义。按照埃及的信念，死亡并不是人的结束，而是一个转渡过程。在他们看来，那些把法老的尸体制成木乃伊的牧师和防腐处理师们，实际是在为法老的不死的生命本体（ka）准备一个返回的居所。埃及人一方面认为生命的本体是不死的，另一方面又认为现世的人死后仍然需要一个形体，以防在来世生活中四处游荡：一个永世的灵魂存续的死亡比肉体的死亡要可怕得多。由此便衍生出埃及人对保存尸体的极端重视，以及为死者建造房屋和城市所投入的大量精力。制作木乃伊的理由以及对使用防腐胡椒的最好的解释就是，它们是法老的永世生存的保证。依据圣法，使尸体避免腐朽的气息，就是使死者避免死的印记。很有可能，就是为了这个超越一切的形而上学的重要目的，埃及人才不远万里不辞劳苦地去印度寻找香料。

在有胡椒之前，一些其他材料被用来起类似的作用。拉美西斯的尸体处理师们所用的胡椒显然是经过与那些离家较近处可以得到的树脂、芳香物等进行比较之后采用的。公元前三千年就有关于没药、香液和非洲香胶①使用的记载。当霍华德·卡特考察比拉美西斯早差不多整整一个世纪入葬的杜唐卡蒙②的木乃伊时，发现尸体被用胡荽和树脂处理过。希腊旅行家希罗多德公元前5世纪穿过埃及时看到，有5种制作木乃伊的方法可供选择，其中最贵的一种要使用各种香料，但它们的名字希罗多德或者不知道或者略去未记。他唯一提到名字的香料是肉桂，但他告诉我们，那是供富人用的，穷人只能简单地把内脏取出，使尸体风干，其余的只有留给埃及干燥的气候去处理了。

埃及人并不是唯一的把死者送入芳香坟墓的民族。虽然习俗各不相同，但在古代的所有主要文化中，不管是制作木乃伊、土葬或火化，都使用了香料、树脂、鲜花和芳香物。③在荷马史诗《伊利亚特》中，阿佛洛狄特从死神手里救出了帕里斯，把他带回来时，他身上带有香膏和熏香的味道。后来这位女神还用玫瑰香油给死去的赫克托耳的尸体涂抹。以色列王亚撒因患脚部疾病而死，尸体焚烧时用的是香气飘

---

① 几种没药属灌木上流出的树脂，干凝后类似不纯的没药。
② 杜唐卡蒙，埃及第十八王朝国王（公元前1361—前1352年在位）。英国埃及学家卡特1922年发现其陵墓，发掘时见墓室完好，内有金冠，法老木乃伊和大量文物。——译者注
③ 玛雅人使用多种香料、果粉作尸体防腐。

溢的葬火："亚撒和他的祖先们睡在一起，他在统治41年后死去。他们把他葬入自己的墓室，那是他在大卫城为自己建造的，他被放在用药剂师们的艺术方式所准备的撒有香料、香气馥郁的卧床上；他们为他举行了一个壮观的火葬。"

以这种或那种方式对尸体作芳香处理，这在古代的地中海人中是常见的，但是有史料记载的只有罗马人对香料的使用。对塔西佗（56—120年）①来说，以香料涂尸的做法是新近引入的、非罗马人的方法。他看不起这种"外国国王的习俗"，但是在他那个时代这种方法已经相当普遍了，特别是桂皮已是葬礼上固定的用物了。除了在普林尼著的《自然历史》一书中有一处提到香料酒以外，没有迹象表明罗马人曾食用这种香料。公元前78年，独裁者苏拉②在经历了漫长而可怕的肌肤被蠕虫咬噬而死之后，人们用桂皮为他制作了一个模拟像，"据说因为妇女们为他的下葬送来的香料太多，除了210个担架上摆放的以外，还制作了一个大的苏拉像，此外用昂贵的乳香和桂皮模制了一个开道扈从的像"。

在那个时候，香料吸引人们的更多的是它们所具有的香味，而不是防腐作用。到了基督时代，罗马人流行的习俗是火化，而这最后的送行，香味越浓越好。警句诗人马提雅尔写到他的一个赞助人即将死去，这个人的撒有玉桂和桂皮的棺木已准备好，而他在最后一分钟时活了过来，这使诗人失去了继承财产的机会。在公元2世纪之末，死去的一个皇帝的丧葬习俗是"用世上各种香物和熏香火化"。盛这位皇帝尸体的棺木被置于一个立在"火星田野"中的木塔中，看起来像

---

① 塔西佗，古罗马元老院议员，历史学家，曾任行政长官、执政官、亚细亚省总督，主要著作有《历史》、《编年史》等。——译者注
② 苏拉（公元前136—前78年），古罗马统帅、独裁官。他加强元老院权力，实行军事独裁统治，后自行退隐普托里庄园（前79年），实际对罗马国事有重要影响，次年病死。——译者注

第四章 生命之香料

一座灯塔,"整个结构很容易点着和燃烧,因为里面堆满干柴和馥郁的香料"。整个仪式是有意识地模仿凤凰在撒有香料的地狱中重生,据神话中说,那只神奇的太阳鸟死后在用桂皮点燃的葬火中重生。在皇帝们的葬礼上,这种象征更用实物表现出来,一只鹰被从葬火中释放,皇帝的灵魂也跟随着它飞向天堂。①

这些芳香葬仪的举行并不单单出于美学角度的考虑。对罗马人来说,桂皮不单闻着有股圣洁之气,它本身就是一种圣化之物。对这种圣化显然有一种实际意义上的理解,把这种香料涂抹于尸体上或与尸体一同焚烧起着一种赎命的作用,就像神话中凤凰之死和再生一样。西多尼厄斯(Sidonius,430—490年)在一首诗中写道,凤凰被狄厄尼索斯捉住,并从印度带回了希腊,因为他担心焚火中没有桂皮它不会重生。在另外的诗中,这位诗人还称香料使人"复活","肉桂使濒临死亡的人起死回生"。在这种意义上,肉桂的香味代表生命战胜死亡,即使不是实际带来也是象征着永生。死亡带有一股腐气,而永恒就像不死之神和凤凰一样,有神明的香料之气。

然而,不管这种象征有多少神话的意义,就像香料的其他方面一样,透过这个表面人们不难看出社会阶层的区分。希律一世(大帝)②死后,送葬的队伍有500个自由人,载着大量的香物。尼禄的情妇波皮厄被他在肚子上踢了一脚死去后〔据历史学家苏托尼厄斯(Suetonius)记述,那是在一天晚上他赛马晚归二人发生争吵之后〕,她的尸体被在一个用桂皮堆起的大葬堆上焚烧。差不多同一时代的普林尼十分有根据地说,阿拉伯人一年也弄不到她的葬礼一天之中所烧掉

---

① 就火和香物的使用来说,这个习俗与至今仍在印尼巴厘岛流行的君王死后用香物焚烧的做法不无相似之处。
② 希律一世(公元前73—前4年),罗马统治时期的犹太国王,希律王朝的创建人,统治后期凶恶残暴,曾下令屠戮伯利恒城男婴。——译者注

的那么多桂皮和肉桂。这位情妇的升天既是神学的也是经济的表白。

对于穷人来说，伴以香料的埋葬就不大可能了。那些有关埋葬时使用香料的记载往往是记述显赫的人物特别是皇帝的，这一点并非偶然。圣奥古斯丁（354—430年）在记述中认为这是富人的一种特权。在波西厄斯（Persius，34—62年）写的一首讽刺诗中，一位富人后悔没有给后人留下足够的钱财，如果后者对他的菲薄遗产不满，就会把他的骨头送入没有香味的坟墓，葬火堆上也只有少量桂皮和一些劣质的掺有杂质的肉桂。对于真正富有的罗马人来说，他们的宠物都要伴以肉桂升天。诗人斯塔蒂厄斯（Statius，45—96年）在一首诗中讽刺性地写到为一只宠物鹦鹉举行的带有香料的葬礼，意在比照凤凰在香料火中再生：

>   ……他的尸体带有亚述人小豆蔻的香味，
>   他的纤羽散发着阿拉伯人熏香的味道，
>   还有西西里岛的番红花，把他置于加有香料的葬火上吧，
>   你这快乐的凤凰，不再有尘世的拖累。

然而，在所有那些以香料涂尸者中，最出名的不是罗马的富人，而是一位来自罗马所统治的朱迪亚地区的贫穷的臣民。根据路加和约翰的福音书中的记载，耶稣的尸体被以麻布裹身，涂有香料，"就像将要被焚烧的犹太人一样"。

基督伴有香料的入葬当然成了最有影响的先驱，在基督时代许多人都模仿他的做法。早期的基督徒都选择死后以香料涂身后再火化，其实在他们之前罗马的多神教信徒已经这样做了。（在都灵裹尸布被证明是中世纪的伪造品之前，有些人认为那上面的形象是所涂的香料印染到布上形成的。）还有什么比像救世主一样入葬更像一个基督徒

呢？在基督纪元早期编纂、后来被认为是伪造的彼得和安德鲁（Peter and Andrew）的《使徒行传》（Acts）中，记载着这两个弟子即是以这种方式入葬的。在罗马皇帝戴克里先大迫害期间殉难的圣卢修里厄斯，下葬时他的随从们唱着赞美诗，点燃火把，香料师们以香料涂尸。用香料处理尸体就是使死者更像基督。

尽管有这些显赫的先驱者带头，基督徒们如此热衷以香料涂尸的做法仍是让人感到吃惊的。在基督教牧师们的眼里香料有着可疑的历史，它们带有多神教和奢侈浮华的味道——不管怎么说，用香料涂尸和以之做调味品同样都是奢侈的。圣奥古斯丁赞同地写道，他的母亲拒绝昂贵的香料葬礼。更善争辩的德尔图良（155—220年）①指出，有神教徒有向他们的神进贡香料的习俗，因此在入葬时以之做慰藉物便是鼓励偶像崇拜。基督教护教论者莱克坦蒂厄斯（Lactantius，240—320年）同意此说，他认为香料葬礼是打着基督教旗号的多神教残余。呵护已死的肉体和认为肉体是渣滓的观念是不相容的。奥古斯丁质问道："施与桂皮与香料，用贵重的亚麻布缠裹的尸体何用之有？"在叙利亚人以法莲的《圣约书》（Testament，据称是在这位圣者死前不久于公元375年前后所编）中，他要人们"安葬我时不要用香料，这种敬意对我没有用处"。他的理由显然是实际上而不是精神上的："对于一个已没有了感知的死者，香味有什么益处？"

尽管这都是一些极有权威性的人物，但以香料处理尸体显然有一些其他的更为迫切的考虑。大多数早期的基督徒看来都把死者的香化处理视为一种神圣的职责。一些人坚持尸体不久就要复活的信念，从这种信念出发，保存即将复活的尸体就成了一件极端重要的事情。伟大的法国本笃会学者埃德蒙·马蒂尼（Edmund Martène，1654—1739

---

① 德尔图良，迦太基督教神学家，用拉丁语而非希腊语写作，使拉丁语成为教会语言及西方传播基督教的工具，著有《护教篇》、《论基督的肉体复活》等。——译者注

年）在其所著的基督典仪百科史中举出了一些殉道者的例子，这些殉道者的尸体被其他基督徒收存，涂以香料，然后按基督的方式埋葬。基督徒们通常精心地保护遗体，而对那些使殉道者致死的人来说，使他们的牺牲者不能得到按基督式的安葬就是致他们以双重的死亡。在教皇加里斯都一世时期（公元3世纪初的几十年），圣徒卡里波迪厄斯在一次起义中殉道，罗马长官马克希姆斯威胁要把他的尸体从那个想对之做香料保护处理的"小妇人"手中夺走，彻底毁尸灭迹，使这位殉道者失去今生和来世。

从基督教传统以外继承的一些神话也被基督徒们加以利用，最突出的就是有关凤凰的古代神话。那只大鸟在有桂皮香火的焚烧中重生的故事与基督教的信仰有一种显然的亲和关系，正由于这个原因，凤凰成了古代后期诗歌和艺术中常见的主题。[1]也许是因为有凤凰的联想，所以在入葬时使用香料和香脂油，后者有时用来涂抹死者的尸体。古代人认为令人愉悦的香味标志生命战胜死亡，这种信念一直存续着，考古学的发现也证实了这一点。16世纪中期教皇保罗三世在位时，一位旅居罗马的西班牙学者安德烈斯·拉古纳（Andrés Laguna）目睹了一个早期基督教陵墓的开启，那个陵墓是在建新的长方形圣保罗教堂的侧堂时发现的。建筑工人在墓中发现了一种桂皮，拉古纳认为那是红桂或山桂，当时的伊比利亚人以这个名字称马拉巴尔海岸产的一种较粗劣的桂皮。在这一藏有桂皮的陵墓中所葬的是公元395至423年统治西罗马帝国的洪诺留一世皇帝的妻子，她的尸体很容易地通过一个刻有她名字的金项链辨认了出来，墓中另外还有30种不同的化妆品和油膏，据拉古纳说，这些东西仍保持着香味，"好像昨天刚刚调拌好的"。

---

[1] 凤凰也是早期基督徒石棺上常见的图案，它与香料可能是常在一起配对使用的。

不管是基督徒还是多神教徒，罗马人的习俗最根本的是来自埃及人，而罗马人的征服者日耳曼人又从罗马人那里沿袭了这些习俗。在曾是罗马人领地的高卢省，由墨洛温创建的法兰克王朝（395—423年）时期，香料和香脂的使用显然是很常见的。图尔的格列高利教皇（538/9—594/5）写到王后圣拉黛贡德曾以香料涂身，此后这便成了王室入葬时的一个特点。对尸体加以处理的真正意图并不是像埃及人所寻求的保持尸体的鲜活，实际上，这项越来越显得原始的尸体防腐技术也达不到这一目的。香料的引人之处很可能是它们的那种圣洁之气，这已是中世纪基督教笃信的一种东西了，香料被视为上帝恩惠的证明，一种特殊地位的象征物。葬于香料之中即是葬于圣徒的气息之中。

这些保存下来的不多的证据表明，香料在那时的使用既是为了起尸体保存的作用，也是因为它们被认为有一种救赎的作用。在阿尔萨斯挖掘出的一个公元6世纪墨洛温王朝的棺材中发现有两棵存于金盒中的丁香。由于丁香并没有与尸体直接接触，它们显然不是为了保存尸体，甚至也不是为了清香空气。11世纪中期，克卢尼修道院圣奥迪罗的弟子和圣徒传的作者约瑟德（Jotsaud），为他的赞助人之死曾写过一篇奇特的祷文，其中描述了他殁床上"神奇的香料"的转世神力：

  可敬的面容姣好红润的奥迪罗，
  正跟随着基督的脚步去向天国。
  一个覆有鲜花白雪的马车已为他准备好，
  有雪松和带有香味的松柏，
  点缀着紫罗兰和百合，
  你看他被玫瑰花装扮，
  用高兴的目光看着四周的花草，

> 香液已准备好，各种香料也已研磨，
> 甘松香和没药闪耀着淡淡的光泽，烈性的桂皮燃烧着……
> 那无数种香料的气味混合在一起，
> 神酒的芳香直冲云朵。

下面一句表示奥迪罗已超度到永恒的生命之旅：

> 有这些美好之物做伴，奥迪罗重又复活。

那是一种超自然之力，甚至是一种魔力，一种罗马人或者埃及人十分熟悉的情感。

可是到约瑟德时代，保存尘世的遗体的愿望变得越来越难与宗教教义相融合。在中世纪时期，宗教教义已坚信尸体是无用的东西，是永恒的灵魂脱蜕下的无用的躯壳。然而用香料为死者涂身的习俗仍延续着，这显然是出于一种实用的理由。用香物处理尸体在当时是一种很重要的社会习俗，香料在这里也有它们的用途，在几个方面都比以前原始的方法更受人们喜爱，其中一个原因是审美方面的：它们能够遮盖腐朽尸体的味道。欧洲自产的防腐物只有盐、酒和醋，除了这些东西之外，保存尸体的唯一方法便是烹煮，就像1167年人们对科隆的大主教霍金纳德所做的那样。这位主教在翻越阿尔卑斯山脉的途中死去，附近根本找不到香料师，没有必要的设施，把尸体运回家时不可能不腐臭，他的随从们在万般无奈之下只好选择用沸水"煮"尸。但这根本不是什么好办法，尸体完全烂了，只剩下骨头和主教的肉汤（可以想见，这种方法还需要一口大锅）。

从纯粹的实用意义上说，香料是一种比其他东西更受欢迎的选择。在公元一千年之交，桂皮和胡椒是贵族葬礼上常见的东西，公元

973年，当奥托一世皇帝死于梅泽堡时，他的尸体被用香料处理，然后运到马格德堡埋葬。据了解内情的人说，用香料的目的主要是为了使尸体能够从一个地方运到另一个地方，另一个作用是抵抗季节的炎热。公元962年，当圣威克伯特去世时，让布卢寺院的修士们"担心夏季的炎热会对圣体造成损害"，取出并埋葬了他的内脏，"这样可以防止尸体的腐败"。像威克伯特一样，高级教士、贵族和国王们通常都希望埋葬在故乡的小教堂或是他们自己创建的寺院中，并要求保护尸体，以走完最后之旅。没能返回故乡者之一是秃头人查理国王（823—877年），他当时在远征意大利返回的途中，与法国国王的传统墓地、圣丹尼斯皇家寺院相距有数百里之遥，他的扈从们用一种很原始的方法取出了他的内脏，用酒和一种不知名的芳香物质对尸体作了处理，尽管尽了最大的努力，当这一队人到达楠蒂河时尸体已经开始有味，结果只好就地埋葬。

  耶路撒冷法兰克国王、参与十字军东征的鲍德温一世则比较幸运，从有关他的死亡的记载可以看出中世纪贵族对遗体处理的重视。1118年，这位远征到达埃及的国王意识到将不久于人世，他要求他的随从把他送回耶路撒冷，以便能躺在他兄弟的身边。这个提议遭到他的十字军同行者的反对，他们提出的困难是：他尸体的沉重、路途的遥远和埃及夏季的酷暑。鲍德温大为惊骇，坚持要求自己的命令得到执行，他希望部下们严格遵照下列程序：首先用剑切开他的腹部，取出内脏，在腔内充分涂好食盐，然后用毯子或牛皮裹尸，但骑士们仍犹疑不决。最后国王把这个任务交给了他的厨师忠实的阿顿，要求他以对国王的热爱发誓，认真完成取出内脏的任务，还特别要求不能忽视他的眼睛、鼻子、耳朵和嘴，所有这些都要"用香液和香料敷好"。阿顿信守了他的誓言，忠实地履行了交给他的任务，鲍德温的尸体被基本完好地运回耶路撒冷，只把内脏埋在了异教徒的土地上。

如鲍德温所指出的，中世纪贵族的荣誉一直延伸到坟墓中，即使在死后，中世纪的贵族或高级教士也非常注意保持好的容貌。死后也和生前一样，香料适合贵族的本性。这是显示贵族属于另一阶层的最后机会，死亡似乎只使其他地位较低的人趋于一致，贵族仍是贵族。此外，鲍德温显然知道，他的施用香料的葬礼是在模仿早先死去的查理大帝的十二武士之一、十字军的楷模罗兰①，后者遭人欺骗。11世纪记述查理大帝进攻西班牙的诗歌《罗兰之歌》(*Chanson de Roland*)中描写这位勇士立于龙瑟弗克斯关隘，手下的人背叛了他，身受异教徒们的包围，孤立无援，他拼力吹号角，脑浆崩裂而亡。他与他的两个贵族同伴的尸体被运回交给查理大帝，查理大帝下令以香料和酒擦洗。这位虚构的罗兰在现实生活中的君主查理大帝公元814年死后，也曾被类似地施与香料后葬于亚琛大教堂中。他的尸体被涂以香水，安放于一个金椅中，头戴王冠金链，佩以金剑，在手中和膝盖上是金福音书，"人们在墓中撒上香水、香料、香液、麝香和财宝"。

当然没有多少人能以这种方式离世，查理一世的葬礼体现了以他为首的那个阶层的两大愿望：虔诚——手持《圣经》入葬，奢华——金子与香料为代表。②这也就是说，虽然人死后的遗体的神学意义已经不那么被人看重，但是显示社会地位的需要还是和以前一样迫切，而香料也仍然保持着它们在这方面的作用。随着时间的发展，社会和政治地位的显示变得益加重要了。由于贵族逐渐发展为一个独立的阶层，阶级的尊严和意识越来越强烈，他们竭力想在礼仪特别是在丧礼上显示其高等的地位。许多以前的消费者已经死去，他们的需求曾是

---

① 罗兰，法国史诗《罗兰之歌》的主人公，查理大帝的外甥，以膂力、勇气及骑士精神出名。——译者注
② 同样的待遇大概也给予了11世纪西班牙英雄埃尔·锡德，他的遗体在卡德纳的圣寺院的一把象牙椅上展示了10年后方入葬。

振兴香料贸易、扩大欧洲思想和地理眼界的主要推动力。

如查理一世和鲍德温的葬礼所显示的，那种彰显社会地位的需求在社会的顶层最为突出，而在这一点上法国的国王们又更为特别，他们死后的遗体都要在圣丹尼斯寺院展示，在用酒、醋和香料洗沐后，最后一次显示他们的威严。这种仪式也给死者的臣民们以最后的机会来表达他们的敬仰之情，或者亲眼来看看以确信他们的君王真的已死。1307年英王爱德华一世的遗体在经过涂抹香油处理后放在一个架床上展示了4个月，这之后看来很可能需要用强力的除味剂进行处理。而纳尔逊则是被用一个白兰地酒桶从特拉法尔加角运回来的，这位去世的亨利五世国王"被用香油、香料和香膏加以处理……密封进一个箱子，抬到里昂，在那里作了弥撒并唱了挽歌，其场面之盛大庄严与在神圣的教堂进行的仪式相当"。

与其他盛大的王室仪式一样，这种葬礼的花费极大，而国王的财政信用——他现在已不过是一具僵尸——是让人怀疑的。1307年，当爱德华一世的遗体停放在兰纳考斯特寺院时，为宫廷提供药品的店铺准备好了立即进行尸体处理用的香料和熏香，他们的账单（一笔可观的数目）显然没有得到兑付，因为第二年国王的一个香料师的寡妇请愿要求，说是死去的国王欠她已去世的丈夫的大部分钱还没有还。

在后来的年代里用香料处理尸体的费用开始下降，到了14世纪香料变得更为普遍，一度王室专有的习俗开始被那些层次较低的贵族们所模仿。加来海峡的贵族罗伯特·达尔图瓦家账簿上的最后一项，是1317年购买了用于他的尸体处理的两磅生姜和桂皮、丁香粉（价格为16苏）。曾听说过15世纪时被王室行刑者砍下的罪犯头颅有时被加以处理后示众，以警示他人。通常的做法是把割下的头半蒸煮后用香料处理，不过所用的香料显然都是比较便宜的如孜然芹等。而托马斯·莫尔的头颅却在特殊情况下得到优待处理，他被亨利八世下令砍头后，头颅被在开水里烹煮后挂在伦敦桥上的一根柱子上。在那儿挂了8个月后被取下，为新来者提供地方，头颅被送交给莫尔的女儿。据莫尔最早的传记作者之一托马斯·斯特普尔顿（Thomas Stapleton）说："玛格丽特·罗珀（莫尔的女儿）……在世期间一直以极大的敬爱之心保存着那具头颅，小心地用香料加以处理，至今仍在他的一个亲戚保护之下。"斯特普尔顿的这些话1588年写于阿马达，那之后的某个时期莫尔的家人把他的头颅存放在坎特伯雷的顿斯坦教堂，直至1837年墓穴打开时人们见到的头颅仍保存得相当完好，大概它现在仍保存在那里，如果重新把墓穴打开，人们就可以看到玛格丽特所用的香料的效果。

这些想法虽然有些离奇，但是从古代一直到中世纪，香料不但有一种仙境气息，更有一种来世气息。在某种无法追寻的意义上说，正如富者的死有一种香料的气息，香料也有一种死亡的气息。这种重合在拉丁文中十分明显，因为这两个字是相同的。下葬之前对尸体进行处理的本义就是"调理"或"用香料处理"，拉丁文是condire，后又演变为condimentum，即调料。而且对尸体进行防腐处理的材料也就是厨房用的调料。我们在前面已经看到，鲍德温一世把他的尸体的处理交给了他的厨师，亨利一世1135年在诺曼底去世时，他的屠宰牲口的用人接受了处理他的尸体的任务，结果他的尸体基本完好地被运到了里丁寺院。在罗马时代，"香料"一词所具有的双重含义和目的使它成了一种"怨恨幽默"（gallows humour）的材料。在为自己的素食主义辩护时，历史学家普卢塔克把美食家们吃用香料和酒醋调拌的鱼肉比做是吃经过防腐处理的尸体。马提雅尔认为桂皮和肉桂散发着"葬礼的味道"。他斥责一位叫佐伊鲁斯的人偷坟墓里的东西："不知羞耻的佐伊鲁斯！把装在你那肮脏的口袋里的东西送回去，油膏、肉桂和没药，那些散发着葬礼味道的东西，还有你从那葬火堆上偷来的

第四章 生命之香料

乳香，以及从尸床上掠来的桂皮。你的污秽的手从你的脚那里学会了邪恶——你曾是一个逃跑的奴隶，怪不得你会成为一个小偷！"

这种坟墓的气息的联想不仅适用于香料，而且适用于所有的香物；就好像空气中有一种甲醛防腐剂的味道。在另一首警句诗中，马提雅尔抱怨请吃饭的主人给客人们准备了好的香物，却没有食品：

我承认，昨天你给你的客人们准备的香物
是极好的；但你却没有给他们准备任何吃的东西。
闻着香味却饿着肚子——真是滑稽。
在我看来，只闻香味却不吃喝的人
就像一具死尸。

修道院长埃尔哈德的抱怨

药剂师们有保藏的亚历山大的生姜，那适合于冷质面色的人。
——约翰·加兰（1180—1252年）

那是又一个新千年，但修道院长埃伯哈德却垂垂老矣，他疲乏了，又患着病。时值巴伐利亚的隆冬，他在古老的特格恩希寺院自己的小屋里呻吟，他的肚子里咕噜作响，他的头脑发晕，四肢无力。他试过了寺院里的医生给他准备的所有草药和汤剂，但都不起作用。没有办法，他只好去求助寺院的赞助人、一位当地的贵族妇女。他的信带有一种中世纪药物所具有的香料味和粗犷气息：

我的病很危险，因为我一直虚弱，我恳求你给我寄一些汤药的配料，包括有营养的丁香和其他香料，那些医治我的病所必需的东西。请写明这种汤剂应如何服用，应当注意什么，我应当把它们从上面呕吐出来还是从下面排泄出去。如果我能够恢复健康，你知道此后我将是忠实的仆人，原因就是我还活着。善良的你能不能再寄一些鹿肾或类似的东西，因为我朽坏的牙齿咀嚼那些坚硬的瘦肉备感痛苦。如果可能，请在四旬节前把那药剂送到，我恳求您。

他是否在四旬节收到了这些东西，那药是否有效，没有记载下来。

从埃伯哈德的信中可以看出，香料既被用来保存死者的尸体，也被用来保护活人的身体，或者，就埃伯哈德的情形来说，保护介于二者之间的人体。在中世纪人的头脑中，香料和药事实上是同一类东西。并非所有的药都是香料，但所有的香料都是药。这种身份的一致性反映在当时所用的词汇中：后期拉丁文中的香料（pigmenta）一词实际上与药是同义词，这种含义在整个中世纪时一直保持着。药剂师与香料师事实上也是同一类人，据沙特尔大教堂一部14世纪的手稿中的说法是："存有可供出卖的香料和各种药物所需的配料的人。"药房（apothecary）的名称源自希腊词，义指存放香料等贵重物品的库房。即使在今天意大利文中仍有一个指药剂师的词speziale，它是从中世纪的香料师（speciarius）一词演化而来的，后者是存有那个时代人们所亟需的物品和贵重药品的人。

不了解香料所具有的药用价值，就无法理解欧洲人为什么要吃它们。从古代起一直到中世纪之后的很长一个时期，权威们以看起来变化无穷的方式推荐它们。在这两个时代之交公元5世纪所编的一本《叙利亚药典》（*Syriac Book of Medicines*）中，列出了香料所具有的各种医药用途以及对其疗效的半宗教性的信念。仅胡椒就被当做可治各种名目繁多的疾病的药物：倒入耳中可治耳痛和麻痹，治疗关节痛和排泄器官疾病的首选，可治嘴和喉脓肿，一般牙病、牙变黑等，治疗口疮、牙痛、坏疽、黏滞内分泌、失声、喉咙疼痛、咳痰、肺部疾病，伴以豺油可治胸部和内疼痛，催眠、心脏病、胃弱、便秘、日灼伤、失眠、虫咬伤、"打嗝"和消化不良、胃冷、打颤、肚虫、肝硬化、肝痛、胀气、痢疾、黄胆、硬脾、腹泻、水肿、疝气及一般"邪气入侵"。就我所知，所有这些药方都没有丝毫医学事实上的根据，但它们的无济于事并不妨碍医师们以这个题目做出的各种花样。从一种长远的眼光来观察，医学的历史更多地涉及的是信念而不是实证，香料也不例外，对它们的使用可以说医生能想象出多少就有多少。

在一个通常被认为眼界狭隘闭塞的时代，在一个没有什么证据证明欧洲人参与了香料贸易而且对亚洲几乎毫无了解的时代，中世纪早期典籍中香料出现之频繁可说是件奇事。公元8世纪初的米兰主教圣本尼狄克·克里斯珀斯（St Benedict Crispus）写过几首其中有东方香料出现的医学诗章。对于髋关节炎，他建议用丁香、胡椒和桂皮，"它们长期以来被用于防治瘟疫"。对于咽喉痛他建议用胡椒。一代人之后，约克郡的大主教圣埃格伯特开香料方治疗口疮。坎特伯雷的大主教（669—690年）、（塔尔苏斯的）狄奥多尔认为用胡椒拌以野兔的膀胱可缓解痢疾造成的腹痛。诺森伯兰的学者阿尔昆（735—804年）称香料抵抗瘟疫的有效性，就如同神父的著述阻止异端邪说的有效性。他的同胞圣比德说，肉桂和桂皮"对医治肠疾极为有效"。看来我们可以有根据地说，中世纪医学上对香料的使用是使千里迢迢的香料贸易能在黑暗的中世纪早期一直延续下来的最重要的原因。这也就是说，欧洲和广大的外部世界的接触很大程度上是因为对香料的药物需求。

能够最清楚地了解香料名声的地方是寺院，因为它们是在那些颠沛动荡的年代仍保持最完整记录的地方。在公元的第一个千年，大部分有关香料的记载见于医学书籍。公元9世纪，一位叫格里姆莱克（Grimlaic）的牧师写了一本书，介绍那些最擅长用各种香料配制药物的医生。大约在同一时期，本笃会圣戈尔寺院的一个计划中包括该寺院医生住所的香料柜，其目的是作为药园中所提供的本地生长的草药的补充。在此之后不久所写的一本有关该寺院的历史书中提到一个名叫诺特克尔的医生，"在香料和解毒剂方面极为博学"。据同一时期的寺院的一本药物簿上记载，胡椒是所建议使用的药中出现最频繁的。

圣弋尔寺院的药柜中的香料配制在当时成了各大寺院的一个标准。在其西边的伯艮第地区的克卢尼修道院有一个修士夸口说，在他们的救济院里"从来不缺少胡椒、桂皮、生姜等有益健康的植物根茎，随时可以满足病人的需要，如果有突然发热的病人或其他症状的病人，可以随时为他们配制香料酒"。

鉴于当时医生们眼界的狭窄和对病理了解的贫乏，他们认为这些神秘地来自东方的物品有医疗奇效看来并不足奇，有一个恒定的规律即是：以神秘的对抗不可知的。此外，香料的名声很容易转化为一种社会价值，正因为如此，许多提到香料的地方都是把它们作为一种交往或疏通关系的医疗赠品。在克卢尼修道院第五任大主教奥迪罗的弟子约瑟德所写的一本书中，提到在新的千年开始时出现在神圣的罗马帝国亨利二世皇帝宫廷中的一个情景：主人要向他的尊贵的客人赠送一个"极为昂贵的亚历山大风格的玻璃器皿，内中装有研磨好的香料粉"。那只玻璃器皿和香料很可能是意大利商人从亚历山大港运来的。皇帝让随从奥迪罗的两个修士把礼物给主教送去，"祝他贵体安康"。可是不愉快的事情发生了，那两个修士出于好奇都争着拿那只玻璃罐，结果它掉到地上摔碎了。

在皇帝本人看来，赠送香料既有保健作用又显示了主人的大度。

那些富有的高级教士如奥迪罗的前任、克卢尼修道院的圣梅耶尔大主教，可以有回报这种恩惠的机会。当主教一行人在德国旅行时遇到一伙来访的人，他们说伯爵病了，想要一点梅耶尔大主教本人享用的食物，大主教给了一些带有杏仁和香料的面包，并为之祈祷。那位伯爵很快就感觉好了一些，吃了香料面包，过了几天他已经恢复得可以亲自向大主教拜谢。

在这种借助超自然的神力的故事所包含的自相矛盾中透露出人们的一些看法，因为把希望寄托于男女圣徒的神力，即是想借助超自然的因素来治病，而这本身恰恰说明香料在人们心目中的地位。人们常常听说的故事是，在圣徒的神奇疗法中往往并不使用香料，这使那些依赖香料治病的医生们很感失望，故事中往往讲的是某种病在连香料都已经治不了的情况下才去找男女圣徒医治的。在圣比德所著的《教会史》（*Ecclesiastical History*）中讲到一个年轻人眼皮上长了一个可怕的毁损容貌的瘤子，有可能导致他失明。医生们所使用的香料药膏都不起作用，最后在回天无力时，卡思伯特祖父的圣徒遗物救了这位青年。

这些故事中讲到的对宗教或医药的信仰是不容置疑的，因为如果作者想让人相信或转变他们的信念，他们能做到这一点有赖于读者像相信奇迹一样相信香料。比圣比德早约一个世纪之前，当图尔的格列高利教皇寻求一种能够象征神明之助的东西时，他想到的是传说中的草药和香料的混合剂，据说它救过位于北安那托利亚的本都王国的国王米特拉达梯的命（这位国王死于公元前63年）。该国王是一位身患疑难病症的人，每天都喝这种秘传的合剂，其效力之大的一个证明是，当他想用毒药自杀时，最强的毒药都不起作用，最后他只得命令一个高卢人雇佣兵把他杀死。格列高利被选为图尔的大主教后不久得了一种急性痢疾，身体发热，疼痛由腹部蔓延到全身，一想到食物就会使他感到恐惧，勉强吃下的东西也无法消化，他的身体急剧衰弱，他自己和医生们都觉得生存无望，葬礼的准备已经做好。

但还有最后的一线希望，以下是格列高利的记述：

> 我自觉无望，我把药剂师阿门塔里乌斯叫到跟前，对他说："你的所有的招术都用过了，各种香料的效力也都试过了，但即使这些东西对于一个要死的人也不会起作用。还有最后一个法子我想试一试，那是一种万灵药．夫到圣马丁的墓上取一些圣土，给我制成一副药剂，如果这个法子不成，我就永不会有康复的希望了。"就这样，一位执事被派到圣者的墓地去取土，回来后用水拌和了给我喝，不多时即感觉疼痛有所减轻。托圣墓之福我得以康复，我在那一天的第三和第六个时辰把药服下，而到晚上时我已经恢复得可以用晚餐了。

这样的故事流传着有十几个，其寓意为香料是一种最有效的药物，如果它们都失去了效力，那只有借助于神力了。

然而医生的行业不能建筑于奇迹，或至少他们不会这样承认。随着时间的发展，医生渐渐建立了一套理论体系来解释他们对香料的依赖。中世纪是香料贸易的黄金时期，因而它也成了香料医药的发达时期。在公元1000年前后，传统的水蛭放血和迷信这些长期以来成为欧洲医学基调的东西逐渐为一种新的复杂的药物学所补充，虽然还没有完全取代。欧洲是医学研究结出硕果的地方，但在许多方面它们是通过十字军的暴力手段输入了阿拉伯人的科学知识而得以促进的。

新的医学是以萨莱诺[①]医学校所领导和代表的，公元10世纪时那

[①] 萨莱诺为意大利南部的一个城市，最初是希腊人的居住地，后来成为罗马的殖民地（公元前197年建立）。中世纪时期，萨莱诺是一所著名医学校的所在地。——译者注

里成为医学研究的中心。萨莱诺医学校在许多方面起着在远为先进的穆斯林世界的科学与欧洲之间的一根避雷针的作用。通过阿拉伯人，萨莱诺的学者、医生和翻译家把古代医生的知识在欧洲重新复兴，并在整个基督教世界广为传播。香料的那种神奇玄妙的名声此后被赋予了一种科学的性质。在德国女修道院长、宾根的希尔德加德（Hildegard，1098—1179年）所著的自然历史中特别提到了香料，她建议用胡椒医治肋膜炎和脾气暴躁，用生姜治疗胃灼热和口臭，用桂皮治疗间隔三日或四日热、肚子痛和肺病。在博韦的《百科全书》撰稿者文森特（Vincent，1190—1264年）看来，桂皮和胡椒简直是万灵药，在不同的时候他对欧洲的所有香料也说过类似的话。一位叫梅斯特雷·罗伯特（Mestre Robert）在其所著的加泰罗尼亚语的 Libre del Coch 一书中认为，小鸡和香料的蒸馏物"极有保健价值，可以使人终生受益"。几乎没有什么病被认为是香料所不能治的，包括许多我们现在知道是并不存在的病，如中世纪医生愚昧地认为是脾脏发硬、胆汁热旺和头脑失调等病。

香料的这种名声最终依据的是很早以前由希腊人和罗马人建立起来的理论基础，我们前面已经知道，他们制定了药膳的基本原则。体液理论的一个前提是，世间万物，包括动物和非动物，都由热、冷、干、湿四种基本要素结合而成。应用到人的身体上，这些要素表现为四种体液，即人体内的血液、黏液、黄胆汁和黑胆汁。血液质对应于空气，是温性与湿性的结合；黏液质是水性、凉性和湿性的结合；胆汁质是温性与干性的结合；忧郁质是冷性和干性的结合。在古代这种体液医学理论最著名的倡导者是希腊—罗马的盖伦，他在公元2世纪时曾做过罗马皇帝的御医，其理论在整个中世纪都被医生们奉为福音真理和指导原则。

根据盖伦的体系，决定人身体状况的最根本的东西是四种体液的平衡，如果它们能保持一种适当的平衡，人的健康就能处于一种理想状况。体液极度失衡的表现即是患病。天生黏液质的人，或者说患黏液质疾病的人，被认为是冷性和湿性的。胆汁质属热性和干性。过多的黑胆汁产生冷而干的脾性。着凉（这名称本身反映出一种老的信念）是由于冷湿体液的侵袭。发热一般被解释为过多的热和干性。人的情绪和精神状况甚至也是由体液决定的——正是由于这个原因，直到18世纪后的一个很长的时期里，体液①一词暗指任何一种情绪，不一定是滑稽幽默。

盖伦的理论虽然从医学上讲是很有问题的，但它至少有一个优点，那就是它保持了根本上的一致性。由于疾病是一种失衡，因此治疗的方法便是恢复原始的平衡。至少在治疗来源于诊断这一点上这个体系是科学的，医生的任务首先是确定疾病的性质，然后给出一种对症的治疗措施。正如伟大的波斯医学家阿维森纳（Avicenna，980—1037年）在他所著的也许是医学史上最著名的一部书《药典》（Canon）中所指出的：

> 在讨论了身体的保健之后，我现在要谈的是疾病的治疗，这可以概括为以下原则：治邪以其反面对之。
> 由热引起的疾病，以冷对之；由冷引起的病以热对之。
> 如病由湿起，以干治之，反之亦然。

从中世纪伊斯兰医学家们那里，欧洲人继承了同样的框架，在几百年的时间里，从萨莱诺到后来的博洛尼亚、蒙彼利埃、巴黎和博杜瓦等地的医学校，当时的医学精英们把这些基本原则进行经院哲学的、三

---

① 体液的英文为humour，有"幽默"的含义。——译者注

段论的和论辩式的修补和改造。(阿维森纳的《药典》一直到17世纪仍在欧洲的医学校中讲授。)乔叟在谈到他的"内科医生"时说道:

> 他了解每一种病的进程,
> 不管是热性、冷性、湿性和干性的,
> 是否由体液以及由何种体液所引起。
> 他是一个一流的执业医生……

在这个体系中,香料正是起着一种维护健康平衡以及恢复被破坏的平衡的作用。它们(大多数)被认为是一种很强的热性和干性物质,因此被作为治疗冷或湿(或二者兼有)类病的良药。[①]像疾病一样,药也被按热、冷、湿、干四大类被分别分为零到四4个等级。大部分香料居于这个图谱的热性和干性的一端。正由于这个原因,阿维森纳把香料作为抗忧郁质疾病、恢复健康的热性药物(此外还有食糖、蛋黄、珊瑚、珍珠、葡萄酒、金和丝)。[②]例如,桂皮被归入热性第四级,干性第二级;肉豆蔻归入干性的第二级,等等。这种等级的划分主要依据的是传统和直觉,而医学著作者们为各自精确的性质进行着玄妙的辩论,而各个地区的理论也不尽相同,并没有一个统一的食疗理论。不过,尽管医生们在细节上不一致,把香料总地归结为起热性和干性作用的药物,在整个中世纪都没有什么变化。

由于香料效性烈,有关典籍上一般都主张慎用。《萨莱诺健康指导》(*Regimen sanitatis salernitanum*)是一部用诗篇形式写成的有

[①] 生姜和高良姜是一种例外,它们被归为热而湿类,通常被用来作为医治冷而干性的疾病的药物。
[②] 当烟草传入欧洲后,医生们起初把它划归"温热"类,由此它被作为医治"湿性"的肺病的药物。

对哥伦布到达"印度"情景的早期想象描绘。画者错误地把那些乘地中海大型划船而来的商人描绘成戴着东方人的头饰。
原载哥伦布致费迪南德和伊莎贝拉的"通信",1493年印制于巴塞尔。

PIPER INDICVM.

双重误名：哥伦布的"印度胡椒"，实际是美洲红辣椒。
原载彼得罗·马蒂奥利 *Commentarii in sex libros Pedacii Dioscoridis Anazarbei*（威尼斯，1565年）。

弗朗西斯·德雷克到达特尔纳特。他所采得的大部分丁香在船搁浅后抛到海里，不过所剩的丁香仍给资助他远征的投资者们带回了可观的收益。
原载列维努斯·胡尔西尔斯《航海记》（法兰克福，1603年）。

荷兰士兵在臭名昭著的 1623 年 "安波亚娜大屠杀" 中残酷迫害英国商人,利益的争夺是摩鹿加有利可图的肉豆蔻、丁香和肉豆蔻皮贸易。原载《忘恩负义的象征》(伦敦,1672 年)。

古罗马的账目。公元1、2世纪文德兰达贸易站（哈德良长城之南）的记事板，有几块记事板上记载着士兵们的胡椒消费。

描绘《创世记》情景的银胡椒盘（英格兰，约1567—1573年）。中世纪和近代早期，胡椒食用时通常被盛于各种雕刻精美的碗或盘中，除了展示胡椒本身，也显示主人的富有和情趣。

未见过实际情况的人所描绘的收获桂皮的情形。桂皮被从树干上剥下来后驮载于骆驼背上,实际上这两道生产程序是在印度洋不同的两岸完成的。原载安布鲁瓦·帕雷《奇观》(巴黎,1583年)。

胡椒收获,这里将其描绘为类似欧洲农家收获葡萄时的情景。所画的胡椒长于树上,而实际为藤生植物。
原载安布鲁瓦·帕雷《奇观》。

荷兰人占领摩鹿加。
原载列维努斯·胡尔西尔斯《航海记》(法兰克福,1612年)。

麦哲伦远航到达摩鹿加，注意图中特别突出的丁香。
原载皮加费塔对麦哲伦环球航行最早的记述 *Le voyage et navigation faict par les Espaignolz es Isles de Mollucque*（巴黎，约1526年）。

一个精致的古罗马时期的胡椒罐,金银质地,显示帝国后期一位女皇或女总监的形象,底面有一个盘,为撒放或装填胡椒的开关。共发现4个这样的胡椒罐,藏于公元5世纪(罗马人放弃不列颠前不久)萨福克郡霍克斯尼的一个贵重物品库中。

一个极为精巧的中世纪船形香料罐,13世纪中期制作于巴黎。它是一个集实用、手工艺、展示、医药、调味等功用于一体的物件。这种物品常做成船形,可装香料或盐。这里显示香料的医疗功能借助于半魔力的作用,盖为一蛇形,据说遇毒物时会出汗。罐为水晶质,配金座。嵌有珍珠、红宝石、玛瑙等,这些据说都有医疗和辟邪作用。(右图)

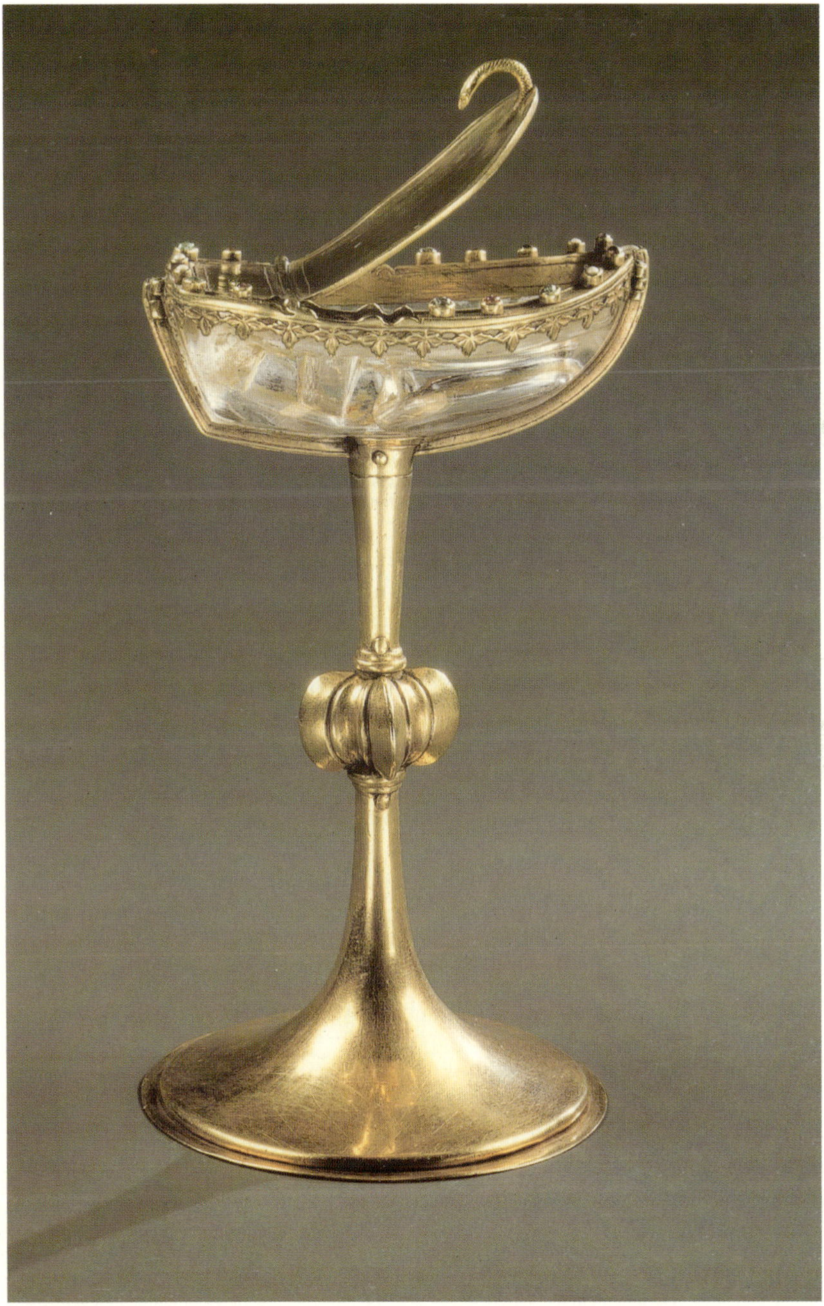

国王的葬礼。中世纪时，国王尸体的保存和展示是高度象征意义的体现，是国王身份的最后礼仪。在法国，尸体几乎作为一种偶像加以处置。香料、酒和醋通常用来对尸体作防腐和除味处理。

17世纪初期的一个香盒。物品的形象阴森地提醒人们它的功用。有各种形状和大小的香盒，通常可用钩子钩住，内中放香物，随身携带以抵御"浊气"。香盒后来变为一种纯粹装饰性的用品。

向国王敬献胡椒。对欧洲的观者来说,香料与王室的联系是自然之事。原载15世纪的一本东方旅游记《上流社会奇事记》。

一对犹太人安息日结束仪式上用的香料盒，左边的一个13世纪时制作于西班牙，是现存同类物品中最早的。右边一个可能是荷兰制品，制作于17世纪。这种香料盒的设计通常模仿产地城镇的建筑物。

一个城镇形态的香炉，可能是耶路撒冷圣城。英格兰，12世纪。中世纪时熏香中常加香料，在特殊宗教节日焚烧。

当时的马拉巴尔。印度人在收获胡椒,一位欧洲商人在品尝。
原载《上流社会奇事记》。

葡萄牙人掌权时的卡利卡特。
原载 George Braun and Franz Hogenber Civitates orbis terrarum(科隆,1572年)。

今日的香料路线。香料农撑船在马拉巴尔的滞水中载运香料。

从特尔纳特港口所见的蒂多尔火山锥。

关保健问题的著作,翻译成了欧洲所有主要文字。书中认为,肉豆蔻仁一粒正好,两粒过度,三粒极度有害。在用香料医治的病中最常提到的是胃,后者被认为最易受冷气和湿气的影响,中世纪的人喜用香料沙司在很大程度上是由于这一信念。胃被想象为一口锅,通过肝加热,食物消化被理解为这一烹调过程的最后一个阶段。一个合乎逻辑的推理即是:如果这口锅要保持温热和工作正常,凉性物质是有害的,能够给其加温的东西是有益的。这种思维的一个典型和有权威性的例子见于盖伦有关给罗马皇帝马库斯·奥雷柳斯(121—180年)诊断的记述。这位皇帝在宴席上吃得过了头,结果在过多的食物转化为黏液质时就吃了苦头。因为冷而湿的黏液质降低了体温,由此导致发烧,胃的湿气过大,无法再消化食物。凉湿的侵袭要以热干之药抗之,于是盖伦给皇帝开了一种味淡、干而酸的萨宾酒,配以有加温和干燥作用的胡椒。

这种理论延续到了中世纪。11世纪时拜占庭皇帝米哈伊尔七世曾用肉豆蔻温胃以抗过度的湿气。勃艮第的约翰在1450年的著述中也建议人们以肉豆蔻对抗胃寒,他劝告他的读者们"早上吃一粒肉豆蔻,以排出胃、肝和肠中存有的风:这对康复中的病人十分有益"。归于冷湿类的水被认为是十分危险的东西,16世纪时的植物学之父葛斯伯德·鲍欣(1560—1624年)说自己差点儿因饮水致死,幸亏及时给胃加了温才活了下来。他在亚平宁山脉采集草药时饮用了过多的山中冰冷的溪水,而在关键时刻使他获救的是四颗肉豆蔻。

其他一些疾病侵袭没有特效药,但至少可以设法使其缓解。老年人被认为特别容易得一种寒症,这是由于衰老过程被认为是一种"内部热力"不断减少的过程,机体逐渐变凉和干化,直至死亡。由此得出,年老过程可以用一些有温热作用的香料加以延缓或至少略加抵消。圣芳济会修士、博学者培根(1220—1292年)建议用一种毒蛇肉、丁香、肉豆蔻仁和肉豆蔻皮的混合物延缓衰老过程。维兰诺瓦（Vilanova）的阿纳尔德（Arnald，？—1311年）在其所著的有着堂皇书名的《保持青春，延缓衰老》(On the Preservation of Youth and Slowing of Old Age)的著作中，建议人们饮用一种内含甘草、肉豆蔻和高良姜的"生命之干药糖剂"。见于中世纪的医学典籍的类似的虚幻药物不下数十种。

不过这种错误的信念并没有对香料的名声带来有害的影响。当然在那些不计其数的（常常是有害的）误用之中，偶尔也会碰上一些灵验的，但是若把近代医学中的经验主义假设套到在它们之前的时代中去则是幼稚之极的。对香料效验的信念超过了任何证据，它们甚至被应用于兽医学中。西班牙圣芳济会教徒朱安·吉尔·德萨莫拉（1240—1320年）宣称一只多黏液的猎鹰可以用研磨的琥珀粉、生姜和胡椒粉医治；丁香、桂皮、生姜、胡椒、孜然芹、食盐和芦荟混合，可以医治苍鹰的头痛，当然要诊断出这种病不是容易的事。1353年教皇英诺森六世购买香料用以提起他那只没精打采的鹦鹉的精神，医治印度鸟的病，还需来自印度的药。

还有些病并不是自然而生的。古代和中世纪的贵族们都很担心被人下毒，其实在很多寻找投毒者的场合，祸首只不过是不卫生和由细菌造成的。据传是被毒蘑菇毒死的罗马皇帝克劳狄其实可能只是吃了不卫生的蘑菇，就像15世纪中期所传说的教皇保罗二世因吃毒瓜丧命，那很可能只是医生们的猜想而已。由于人们的意识中存在这种根深蒂固的恐惧和猜疑，药店中就经常有解毒药出售，因而也就有了很多有关的文献记载。当时普遍认为毒药是通过使机体冷至极点而致死，而从很早的时期起，香料被举荐为最有效力的抗毒剂。[①]泰奥弗

[①] 还有一种方法是用"独角兽角"和魔刀辨毒，据说它们在切割有毒食物时会改变颜色。

拉斯图斯认为胡椒有加热的作用,因而被用来做抗毒芹的药物,后者使人从脚趾向上变冷致死。阿提卡诗人欧布罗斯(Euboulos)把胡椒和另一种常用的抗毒浆果并列在一起。奥尔良的主教蒂奥杜尔福斯(Theodulfus,760—821年)曾在查理大帝的宫廷中负责供应香料,他提出用胡椒解毒芹中毒。迪奥斯科里季斯(Diosoorides)在极有影响的《药物物质》(*De Materia Medica*,公元77年)一书中说,如果有人在食物中下了毒,可用生姜解之。

但是有关这一论题的最重要的也是使香料能够在货架上立住脚的著作是盖伦的《论抗毒剂》(*Comcerning Antidotes*)。作为罗马皇帝马库斯·奥雷柳斯的御医,盖伦每天都给这位疑难病患者的哲学家皇帝开一副桂皮和其他受推崇的"抗毒剂",越贵越好。据盖伦证实,公元2世纪末罗马皇帝塞维鲁[①]统治时期,就连皇帝也很难弄到一些好的桂皮储备,皇室所储藏的一些香料都是图拉真时期的,这或许表明在那时罗马与印度的香料贸易已经开始枯竭的迹象。

尽管还有其他许多这里所说的香料药剂是借传统的力量得到认可的,但有些香料的吸引力并没有什么理性的道理。盖伦医学理论的原始的科学框架很容易流为一种魔幻术,不过老实说,二者之间有时并不是很容易辨别的。即使在一些最冷静的医学典籍中,有许多香料药方也纯粹是迷信的产物。13世纪末,维兰诺瓦的阿纳尔德提到"萨莱诺老妪"的妖术,她让妇女在生孩子的时候含3粒胡椒子,告诫她们不许咀嚼,认为这是一种很精巧的减轻产痛的方法。就连以自己的体系和权威自诩的盖伦有时也不免用一些魔幻的数字和组合。对医治疝气,他建议用干蝉加3、5、7粒胡椒。有时,香料被看重纯粹是由于

---

① 塞维鲁(146—211年),古罗马皇帝,扩建军团,压制元老院,加强中央集权,吞并美索不达米亚,征服不列颠,最终病死于埃波拉孔。——译者注

它们那异乎寻常的名声。在（佩奥拉的）圣徒弗朗西斯（1416—1507年）所著的《法案》（*Acts*）一书中有关于罗伊希厄斯·德帕拉迪尼斯·德莱西亚（卡拉布里亚皇家审计员）患病的记述，后者在1447年得了一种奇怪的病，病了33天，他的妻子多娜·凯瑟琳妮娜让一位仆人去求助那位圣徒。弗朗西斯的建议是烤两个面包，每个上面撒上用胡椒、桂皮、丁香、生姜研磨的粉，然后把一个置于患者的背部，一个置于患者的腹部。

凯瑟琳妮娜对弗朗西斯的建议心存疑窦，她又去向医生请教，医生们不同意这种做法，她于是没有实行。病人的病情不见好转，凯瑟琳妮娜又派传信人去向那位圣徒请求祈祷，那位圣徒不知怎么竟然知道她没有照着他的话去做，对她加以责备。这位拿不定主意的贵族于是变乖了，按照圣徒的指教实施，她丈夫的病居然好了，从而证明那位圣徒确有神奇之力。

以中世纪医学上通常的做法来衡量，这位罗伊希厄斯算是从轻处理了。传统医学中有一种历史更久远的治病方法，即所谓休克疗法，而香料最适合用于这种方法。盖伦本人就最相信这种用震撼的方法使病人摆脱疾病的方法。对癫痫病人他建议让其喝一口角斗士的血；对于恐水病人他主张扔进池塘里。在用药方面，他也侧重于用稀罕、贵重、奇谲、催人呕吐之物。盖伦所著的《治疗艺术》（*The Healing Art*）是中世纪的一本人们看得最多的医学书籍，其中提出了一种农人治疗头痛的方法，即用蚯蚓与胡椒混合研磨，调上醋，敷于患者头的一侧。在《叙利亚药典》中提出的一个治疗黄疸病的药方是用胡椒、没药和狗屎混合。1 000年之后，自然学家爱德华·托普塞尔（Edward Topsell，1572—1625年）提出了用刺猬肉和胡椒治疗疝气的方法："10颗月桂芽，7粒胡椒子，7粒豌豆大的红没药子，加刺猬肋条肉，晒干研碎，加水调成三杯，加热，令疝气病人喝下，使休息，即可痊愈。"

就连最有名望的医生也难免开出这样的药方,那些本可改换方式的治疗者宁愿用最让人恶心的药。东罗马帝国皇帝狄奥多希一世(347—395年)的医生马塞勒斯·埃姆皮利库斯向人提供了一个据说得自一位非洲老妇人的"超过人预想地灵验"的药方,所含成分包括鹿角烧成的灰、9粒白胡椒、没药,加入一种活的非洲蛇研磨,调成罗马人奉为最佳的佛勒年葡萄酒,他要病人喝它时面向东方。

这种震撼疗法的模糊信念距所谓无痛不治病的理论不过一步之遥,直到很晚近的时候对"良药让人受罪"的一派主张仍不乏信者。在我看来,香料之所以常常被用于其实最不应该使用的身体部位如鼻子、肛门、阴门等,即出于这种理论。朱安·吉尔·德萨莫拉以胡椒药方治疗各种肛门疾病,其想法是足量的香料可以灼祛病邪。在据认为是阿尔伯图斯·马各努斯(Albertus Magnus,1200—1280年)所著的《秘籍》(Book of Secrets)一书中提出用胡椒和摔碎的山猫肉治疗臀部上的肿疣。香料常常被直接用于治疗痛风,希望它的灼刺效果能够驱除病邪。

如果说这类药方治不好病,它们或许可以转移人的注意力,对于治疗头部(人体的这个部位被认为特别易受湿冷体液的侵袭)疾病来说,它们比其他药物带来的不舒服或害处也可能要小一些。萨莫拉把胡椒和桂皮用于治疗癫痫、痛风、神经病、风湿病和头晕——这些病他都归于头部的冷湿症。使香料到达患病器官部位的方法确实有些吓人。由于鼻子被看做最直接的通道,有时便把香料直接从鼻子里塞进去。早期的葡萄牙国王克罗尼卡·迪尼斯(1279—1325年)讲过王后伊莎贝尔的女佣、可怜的乌拉卡·瓦斯的故事,她时常犯一种据克罗尼卡含糊地说是"使人很痛苦"的疾病,其实可能是癫痫发作。每次病发作的时候,她都被捆住手脚——这是唯一能使她固定住的方法,"然后他们往她的鼻子里灌胡椒粉"。(但是没有效果,最后这位可怜的女佣还是被圣徒女王借助神灵治好的，她把手放在女佣的头部和身体上，不住地画十字，从而治愈了女佣的病。）

给乌拉卡这样用药是会造成痛苦的，但大多数不会带来永久性的伤害。那时还常常把香料用于治疗眼病，这其中所包含的风险确实是让人目瞪口呆的。胡椒疗法见于公元5世纪时的希腊的医学手稿中，和其混用的有铜、番红花、罂粟、铅和炉甘石。后来成为教皇约翰21世、也是中世纪人们最常用的医学参考书之一《一般食物和特殊食物》(Universal Diets and Particular Diets) 的作者的佩德罗·伊斯帕诺声言"胡椒对视力模糊很有疗效"。对医治"视力模糊"，11世纪早期的一本名为《阿普列乌斯的草药》(Herbarium of Apuleius) 的盎格鲁—撒克逊语手稿中（虽然含糊但却让人吃惊）地提到，可用一种用白屈菜①、蜂蜜、胡椒、白酒合成的药膏，用法还特别说明是"涂于眼内"。其想法可能是，放血疗法可以把不良体液顺血排出，刺激眼睛流泪也可以把眼中的不良体液排出，使湿而流泪的眼睛中多余的液体变干，眼睛变暖。香料可能只会造成不必要的伤害，但医学传统积累的权威性胜过了观察。

不过最痛苦的可能还是不能用言语表达情感的动物了。在上世纪末，马来人治疗大象弱视的一种传统方法是往可怜的象的眼睛里抹胡椒。萨莫拉建议往苍鹰的喙上撒胡椒粉以治其眼翳。还有一种药方中含有丁香。一直到17世纪，养鹰人仍然有一种习惯是往在野外活动了一天的猎鹰的喙上抹胡椒。伊丽莎白女王时期的自然学家托普塞尔提到治疗马的眼疾可以用一种丁香、玫瑰露、马姆齐甜酒和茴香水调制而成的药膏涂于马的眼中。

鉴于可能带来极大的痛苦甚至永久性的损害，实施这种愚民疗法

---

① 白屈菜是一种开小花有黄色乳液的草本植物，很早就被认为可医治弱视。

就需要解释者的厚颜或听者的轻信，或二者兼而有之。其实，这种疗法中许多可归为一种表演艺术，很大程度上依赖于神秘化和障眼法，而其中香料的昂贵和稀有被有钱人和开业者当做一种长处而不是短处：如果价钱昂贵，那一定是好东西。医生们自然愿意鼓励这种直感的想法，英王爱德华二世、（加迪斯登的）约翰毫不掩饰地谈到他对多收钱感兴趣，他提到他的那些秘方，只有开价合适他才愿意拿出来。国王菲利普·奥古斯都（1165—1223年）的御医吉利斯·葛贝尔毫不知耻地让医生们视病人的经济状况开药和收费：如果病人有钱，"医者就需下重药"，只开最稀有和最昂贵的香料。

可是，总的来说，人们对于江湖医生所担心的并不是香料能不能起作用，而是——这也是困扰香料贸易的老问题了——里面是否掺了假。7世纪西班牙人塞维尔的伊西多尔知道有一些商人在他们的胡椒里掺银屑以增加分量——这从一个侧面也说明了这两种物质在当时的价值比。随着时间的发展，这种掺假的情况越来越多，而那些为数众多的反对伪劣商品的法律却被人视而不顾，尽管有着苛刻的处罚。在纽伦堡，在货中掺假的香料商将被判处以活埋。1319—1322年写作了长篇叙事诗《雷纳德的伪造》（*Contrefait de Renard*）的作者、有"特鲁维的香料商"之称的法国老诗人坦白地承认他那一行业的讽刺性。他曾命定一生要在教会中担任圣职，却因为重婚罪而被逐，一生反成了一个厌恶女人的人，虽说这多少有些不公。他认为自己的香料商的新行业较其他行业体面，但也承认他的同行经常把本地的廉价货掺入稀少而贵重的香料中，而且恬不知耻地叫卖：

"这些货物自远方越海而来，
为了寻找，我花了大价，
因为它不是本地所产。

第四章　生命之香料

> 这个来自亚美尼亚，
> 这个来自罗马尼亚，
> 那个来自阿克里，那个来自尼姆……"
> 而实际上所有的东西都是他自己园子里产的。

香料商往往和医生勾结起来搜刮病人。乔叟诗中的"医生"与向他提供昂贵香料的药剂师合谋，互相用客户的钱填满对方的腰包：

> 他和他的药剂师备好现货，
> 给他送来药品和干药糖剂，
> 彼此利用，两相得利。

当然，如果认为轻信的老百姓完全没有意识到这其中的阴谋和欺诈则是错误的。医生和香料商的查明有据的欺诈行为都遭到客户们的唾弃。13世纪时，阿维尼翁的市政厅明令禁止医生和香料商勾结、开贵重药物配料的骗人勾当。腐败被认为是与这项工作共生共存的，甚至几乎可以说是这项工作的一部分。在15世纪后期，萨莫拉的主教唐·罗德里戈·桑切斯·德阿雷瓦洛（Don Rodrigo Sánchez de Arévalo）给药剂师下的定义是：香料的掺假和制假人。《说谎人》(Piers Plowman)中主人公皮尔斯·普罗曼以香料贩子做自己的挡箭牌："因为他知道他们那行当的把戏，也知道他们的货色。"

但是香料商遭人如此蔑视恰恰是因为他们被看做不可缺少的，这种谴责并不是出于对香料而是对卖香料的人的怀疑。《关于爱德华二世的罪孽时代》(Poem on the Evil Times of Edward II)一诗的作者斥责"庸医杀人"，他们劝说那位焦虑的妻子去筹半个英镑的钱买香料，否则她的丈夫就没命了，告诉她说"那药非常神奇，价钱却便宜得很"。受害者越贫困，这种欺骗就越令人忧伤。

香料在医药上与在餐桌上可说是异曲同工。中世纪时最出名的药以及香料的绝大部分是为富人所用的。像在饮食方面一样，普通百姓能买得起也用得最多的药用香料是胡椒，一种便宜的抗忧郁症药物。胡椒是13世纪的流浪诗人吕特伯夫（Rutebeuf）所描写的"穷草药小贩"的货物，那小贩在教堂门口兜售他那点儿可怜的东西，身上披着破旧不堪的斗篷，所卖给的对象是和他同样贫穷的老百姓。照维兰诺瓦的阿纳尔德的说法，穷人的万灵药就是大蒜。到了12世纪时，草药—香料的等级区分已成了某种固定的模式。索尔兹伯里的约翰（1110—1180年）举出了一个在"诌媚者和医师"中流行的"古老的格言"：

  对用空话敷衍的人，我们回以大量的草药，
  对付以贵重东西的人，我们使用香料和药物。

有一首据说是圣伊西多尔所写的诗——连药剂学上也有它们自己的诗——很好地概括了香料的主要魅力所在，它们的效力和显贵：

  阿拉伯圣坛和印度河上的馨香，
  爱奥尼亚海上荡漾的芬芳，
  桂皮、没药、印度叶和肉桂，
  安纳托利亚的香液、熏香菖蒲和藏红花：
  那是君王显贵、富者豪宅
  香料柜中的藏物。
  我们穷苦人用的只有野地里的不值钱的东西，
  那些生于低谷和高隰上的草药。

第四章　生命之香料

具有讽刺意味的是，穷人们从这些俗物中所得到的疗效并不比富人们从他们那些灵丹妙药中所得到的差：农民们的大蒜和草药胜过了王公贵族们奇异而昂贵的香料和宝石粉。可是就香料的魅力来说，这一点是无关紧要的。香料是显贵们的奢侈品，就像好莱坞的戒毒所和美容门诊所，它们不是大陆货，当然人们之受其吸引在很大程度上也正在于此。由于它们不是一般人能够得到的东西，人们就愈发对其求之若渴。

天花、瘟疫、香丸

> 取苏合香卢木、乳香各两份，
> 丁香、肉豆蔻皮、肉豆蔻子、桂皮、藏红花各一份，
> 琥珀五分之一份，麝香十分之一份，
> 均匀混合制成熏料。
> 用此香料粉制成小香丸，
> 处处时时带之于身。
> ——J·古尔罗特《养生法》（1606年）

1603年天花夺去了两万五千多伦敦人的生命，街上布满腐烂的尸体，人们四处逃生。从这场可怕的瘟疫中幸存下来的约翰·多恩（Jhon Donne，1572—1631年）[1]亲眼目睹了瘟疫的恐怖。当他搜肠刮肚地找寻动听的夸张诗句以满足他的新赞助人贝德福德伯爵夫人的虚荣心时，他用了一个医学上的比喻，而那位伯爵夫人也一定为他的动听的许诺而欢心：

---

[1] 约翰·多恩，英国诗人，玄学派代表人物，伦敦圣保罗大教堂教长，写有爱情诗、讽刺诗、宗教诗、布道文等，著名作品有《歌与短歌集》、宗教长诗《灵魂的进程》等。——译者注

> 作为报答，日后我将向世人显示
> 您是谁，要让人们崇敬您，
> 诗句像防腐油使德行不朽，陵墓，诗的王座
> 使易逝的名声永驻，就像香料
> 使尸体不受腐气的侵蚀。

这比喻既有诗的优雅又有医学上的根据，这正是女伯爵、诗人们的赞助者喜欢听到的东西。正如香料能够保存尸体是一种医学上的信念，颂赞不朽也是詹姆斯一世时代诗人的一种习俗。

多恩的赞助人露西和所谓的"腐气"如今都已成为历史的注脚，可是在当时却代表着医学上的正统，它使我们看到香料的医学名声最后或许也是最重要的一个方面。气味、气息在古代和中世纪医学思想中占有重要的地位，一直到19世纪也还是这样。由于无法解释感染的媒介，不了解微生物和细菌的存在，医生们只得借助于四周所存在但看不见的空气来解释疾病的随时和可怕的爆发及莫名其妙的突然消失。查理大帝时期的一个牧师会会员写到由"空气的失衡"而引发的瘟疫。莎士比亚笔下的（冈特的）约翰说道："吞食生命的瘟疫飘悬于空气中。"但丁写到瘟疫在爱琴海上肆虐，"空气中充满着腐气"。巴伦西亚的一位中世纪时期的医生1315年写信给他在图卢兹的两个儿子时说道，腐坏的空气比腐败的食物和饮料有更大的毒害和传染性。虽然这种想法在我们看来是很离奇的——因为疾病病菌有时是随空气传播的，但空气本身却是无害的——但它看起来好像是有一定道理的。找不到疾病传染的任何可见的证明物，于是有害的毒气、邪风的有害影响和地球释放的有毒气体就被用来代替了病原体和细菌，而后者直到显微镜出现后才被人们用眼睛看见和了解。

治病的处方自然也是从前提而来的。如果说是有害气体带来的疾

病，那么好的气体也就提供了某种形式的保护：令人身心愉悦的芳香是一种有医疗作用的芳香。在《旧约》中，亚伦为抵御耶和华撒播的瘟疫树立了一个香炉，就像古希腊悲剧诗人索福克勒斯的《俄狄浦斯王》一开始时底比斯人焚香以阻止瘟疫对底比斯人的侵袭。普卢塔克宣称医生们以燃火的方式，特别是用在其中添加了芳香物的火来减少瘟疫造成的危害。在希腊城镇卡利波利斯有一个从公元2到3世纪留存下来的碑铭，记载着以焚烧肉和香料作为向"地下之神"和克拉丽贝尔·阿波罗敬献的牺牲供品。作为司瘟疫侵害之神（在史诗《伊利亚特》的开始正是阿波罗的死亡之箭射杀了希腊人），阿波罗是这种供品当然的受用者。敬上香料供品是为了愉悦司疾病之神，而这样做的目的是为了可以或者希望驱邪避害。

随着医学科学研究的出现，神灵退出了舞台，或至少退居了一个不重要的地位，但香料的作用依然。在古希腊和罗马的医学院中，香料的作用被系统化了，而且与经验观察联系起来，尽管这种联系只是一种想象。到了公元前4世纪，香料供应商已是人们非常熟悉的角色，喜剧作家阿列希斯（Alexis，公元前375—前275年）甚至写了一个名为《药剂师》(The Apothcary) 的喜剧，主人翁既是司药也是草药学家，同时又是商人。人们对气味的兴趣使得泰奥弗拉斯图斯写了一本《论气味》(On Odours) 的专著，其中许多香料第一次成为持久的哲学探讨的对象，用香料味熏的方法也成为一种有医学根据的东西。

希腊医学开了先河，其他医学派别也效仿起来。[①]对于香料的信念显然是世界性的，而且也远远不限于古代。在中国古代的唐朝，人们用丁香"驱邪"，"避害"。在印度，乌兹别克博学家阿尔·比鲁尼（973—1048年）看到人们使用丁香驱避天花，印度人认为那是空气

---

① 古印度和古希腊医学的相似之处引起了很多的猜测。在早期曾经有过思想的传播呢，还是对于香料药物的信念是在东西方相对独立地出现的呢？

传播的一种疾病，由兰卡岛渡海而来：

居住在兰卡岛附近的印度人认为夺取人生命的天花是从该岛上吹过来的风带来的。有一个报道说，一些人可以预报这股风的到来，而且能够准确地说出风在何时何地着陆。天花出现后，他们可以根据一些迹象判断是否是毒性的。对于有毒的天花他们的治疗方法是截去一只手臂或腿，但不把人杀死。他们以丁香做药，伴以金粉让病人喝。一些男子还把枣椰子核形状的丁香成串地挂在脖子上。据信采取了这些措施，十有八九就可以防止天花的侵害了。

这看起来像一个曲解了的疫苗接种记述——这种方法通常被认为于公元1200年左右始于中国，而欧洲直到18世纪才开始使用——但却是一个很有代表性的诊断：空气传播的疾病要以含芳香物的处方抗之。

为数众多的疾病由大气传来，然而有毒气体的侵害中最致命的要数腹股沟腺炎瘟疫，也称黑死病或鼠疫。对于这种病的起因和治疗有三大派观点，但彼此之间并不是完全对立的。一派认为源自天神对于人类罪过的惩罚。还有一派认为源自彗星和恒星，是行星不吉利的排序的结果。第三派认为是由"带有一种隐秘特性的腐坏空气"所传播的毒雾造成的。拜占庭皇帝查士丁尼一世统治时期第一次记录了这种瘟疫的出现，此后又经常十分恐怖地突如其来地出现，以1348—1350年出现的那次造成的危害最大，欧洲人口中有三分之一为之丧命，有些城市甚至有半数人命归黄泉。这种比其他传染性疾病的致命危害大得多的瘟疫在18世纪之前不断侵袭欧洲，在伦敦仅16世纪就出现了十几次。

医生们对于如何最有效地对付这种瘟疫在当时也和现在一样意见

很不统一,但在防御措施中香物和香料却显得很突出。没有钱买香料的人用烟熏的方法,即在室中焚烧香木或迷迭香、紫罗兰、刺柏、熏衣草、大麻、牛至、鼠尾草等园中植物。①一个经济的方法是摆放一束芳香花草,通常是一束草药或鲜花。(因此有童谣《装满花束的口袋》;"阿嚏!阿嚏!／我们都病倒了",这里指疾病袭来时先是打喷嚏,然后是卧床不起。)一般认为,不一定非得是刺人的气味才有效力,只要有一定的浓烈度就可以驱除瘴气。大蒜是英国人常年喜爱的东西,人们在受到疾病传染的住宅区的地下埋上大蒜,意在把病的毒气吸收进去。还有一些更把人刺激得流眼泪的东西,有人焚烧破鞋,有人把旧袜子挂在鼻子下面,还有人使自己悬于污水坑上,让臭气将自己包围起来。

但是对于懂行的或有钱的人来说,他们选择的是害处较少的气味(在《格列佛游记》中,斯威夫特曾嘲笑雅虎人用屎尿治病的陋习)。香料气味的效力和持久性、它们的神秘感和昂贵的价格,这一切都使它们成为富人们的首选,那些幸存者也以自身的经验证明之。黑死病的幸存者、埃申登的约翰(牛津默顿学院的研究员)声称,当牛津狭窄的街道为死尸壅塞的时候,他是靠用桂皮、芦荟、没药、藏红花、肉豆蔻皮和丁香研磨的粉度过来的。一个多世纪之后,(博杜瓦的)尼古劳斯·德科米提布斯(Nicolaus de Comitibus)相与附和,"这是抵御瘟疫时期被毒化的空气的最有神力的药物,它是牛津的约翰所供的并且由英国的所有医务人员在1348年那场风靡全世界的死亡瘟疫中所证实的"。

---

① 芦苇、草本植物、草席等时间长了就会分解和发出腐味。伊拉斯谟(他总体来说对英格兰和英语很崇拜)在描写一个典型的英国人住宅时,写到分解的垃圾中包括狗和人的呕吐物、口吐的脏物、烂鱼骨等"不一而足的污物……在我看来是对人体非常有害的"。他认为瘟疫的造成除了这些家庭污物外,还有从封闭不严密的窗户中透入室内的有毒的风和蒸汽。

香料的另一优点是美感上的吸引力，它们的浓郁的气味可以冲散中世纪城镇中那种无时不在的恶臭气息，中世纪狭小的城市街道常常是拥挤异常、污秽不堪。伦敦的污浊是出了名的：1275 年家住弗利特河岸的怀特·弗里亚斯向国王抱怨说，河中的"浊气……甚至盖过了宗教仪式上焚烧的乳香，使许多教友罹病而死"。有报道说，拉德盖特的公厕污秽到"连石壁都侵蚀了"。

除了据传的有益健康外，香料最吸引人的地方是易携带、效力强和保存期长。据薄伽丘[①]说，当瘟疫侵袭佛罗伦萨时，市民们纷纷"手持花束、芳香草或各种香料，不时地举到鼻子上去闻一闻"。最受称道的防卫手段是香盒，它是由一块琥珀或龙涎香加上混合香料制成的，其作用是，如一位权威者所说的，"带在身上，抵御浊气"。在 14 世纪，当黑死病大暴发时，最常用的香盒是由腊粘合起来的一块软树脂，点缀或撒上香料，封在一个小金属盒或磁盒中，戴在脖子上、挂在腰带上或手腕上。比较简单的一种是用掏空的水果做成的。17 世纪时流行的方法是用"一个尚好的赛维尔柑橘插上丁香"，这在很长时间里被认为是抵御瘟疫的一种措施，可现在成了一种民间用来清新空气的方法。

在这些防御方法的背后有着阶级和金钱的烙印。在中世纪过去很长一段时间之后，香料——还有柑橘——才成为一种比较容易得到的东西，而在那之前其价格就使之成为只有少数人可以享用的东西。在 1587 年安特卫普出版的一本名为《瘟疫防护》（*De Pestis Praeservatione*）的书中，作者杰勒德·伯根斯（Gerard Bergens）建议那些"真正富有的人"用肉豆蔻、丁香或芦荟制成香盒，随时随地带在身上。越富有的人就越有可能花更多的钱，更精心地防避他们担心会得的病。伊丽莎白

[①] 薄伽丘（1313—1375 年），意大利文艺复兴时期作家，反对贵族势力，拥护共和政权。代表作为《十日谈》——译者注

一世每次出现在公共场合，即使在没有传染病的时候，也要小心地戴上一双用玫瑰露、蜜糖和香料熏香的手套，外加用最昂贵的香料装填的香盒。随着时间的发展，香盒的制作越来越昂贵，越来越精巧，以致到了20世纪它们成了一种纯粹的装饰品，变成使法贝热①的奇思异想得以施展的地方。

可是在浊气被视为是生死攸关的时代，这种审美的考虑只能让位于实用的功能。由于要经常接触病人，中世纪和近代初期的医生们特别依赖于香盒和各种装有香料的物件。当瘟疫出现的时候，有些医生戴上了中世纪式的防毒面具，那是一个面罩，带有一个"长鼻"，内中装有芳香草药或香料。此外香料还可以用做室内熏香。一位权威人士忠告那些瘟疫病人的探视者："让他的嘴里含上一片乳香、桂皮、片姜黄、香木缘丸，或者丁香。让他的朋友说话的时候不要冲着他。"

当然，具有讽刺意味的是，中世纪的这些措施的医疗作用几乎为零。欧洲人所建立的香气壁垒可说是一道医学的马其诺防线：大量人力物力投入其中，而老鼠、跳蚤、病菌轻易地就绕了过去。如果说香料起了些微作用的话，那就是给食物起了消毒的作用，或者勉强可以说为营养不足的食物提供了微量营养素。②但是香料起的作用很可能也是消极的，因为对其效力的普遍坚信不疑，转移了人们对真正的病因的关注。在那些智者们把大量的智慧用于建立一个空中防线的时候，他们忽略了搞卫生这一基本措施，这使跳蚤、老鼠、微生物、虱子等变得易于生存。当时有一个普遍的观念是，清洗使得毛孔打开，这使人的身体更易受感染，就连英王伊丽莎白一世这样富有的人，"不管她的实际需要"，一星期也只洗一次澡。

---

① 法贝热（1846—1920年），俄国金匠、珠宝首饰工艺设计家，其作坊制作的复活节蛋被俄国和各国王室视为珍品，十月革命后流亡瑞士。——译者注
② 研究表明，它们在今日食物极其贫乏的印度起着同样的作用。

香料或许还有更直接的有害影响。在一个人们的视野和活动范围狭小的时代，1348年的那场席卷欧洲的大瘟疫的祸首很可能就是由与东方的香料贸易引入的。黑死病的最早的文献记载见于中国14世纪的20年代，是由一只饮了受感染的黑鼠血的跳蚤传播的病菌引起的。这种亚洲鼠的原生地是东南亚，最初传入欧洲是经由罗马人与印度的越海贸易：14世纪时在伦敦的芬丘尔奇街发现了一只罗马人带来的老鼠。（不携带鼠疫病菌的褐鼠或挪威鼠直到18世纪才传入西欧的大部分地区，它们逐渐取代了黑鼠的时期恰是鼠疫在欧洲消失的时期。）黑鼠不可能穿越沙漠，但偷偷搭载越洋的胡椒贸易船只却是有可能的。

在没有其他解释的情况下，这种说法是很诱人的，它与在贾斯蒂尼安一世统治时期（483—565年）亲眼见过鼠疫的拜占庭历史学家普罗科匹厄斯[①]的记述是一致的。他讲述了一个逐渐扩展的毁灭性灾难的故事。路线是公元540年从埃及南部扩展到亚历山大，然后继续往北到拜占庭。这张贸易网伸向四面八方，远及印度，终至中国。亚历山大和拜占庭这两个城市最易受船只和商队所带来的传染性疾病侵袭。普罗科匹厄斯写道："这种疾病往往始于沿海，然后向北方深入内地。"由于不知道这种病是如何传播的，更不知道如何防疫，因此使得每一艘往来于印度和埃及以及亚历山大和首都拜占庭的大小船只都成了潜在的死亡之船。

可以想见，香料贸易很可能对1348年的瘟疫大暴发有着更直接的影响。从最初时期，瘟疫的出现就被归结于从黑海返回意大利的大型帆桨船，这些船是去穿越亚洲的商队线路的终点站获取从东方运抵的奢侈品的。一位佛兰德的编年史作者是这样记载的：

[①] 普罗科匹厄斯（约490—562年），拜占庭历史学家，著有拜占庭皇帝贾斯蒂尼安一世统治时期的历史。——译者注

1348年1月，三艘大型帆桨船满载各种香料和贵重物品，在一路强劲东风的吹拂下在热那亚靠岸，但他们都受到了可怕的感染。当热那亚的居民得知了这一消息，又看见他们是如何传染他人的，开始用带火的箭和战车攻击他们，把他们从港口驱走。因为没有人敢接触他们，没有能够和他们进行贸易，因为如果谁这样做了，他就会立刻死去。他们就这样被从一个港口驱赶到另一个港口……

而鼠疫也就从一个城镇传到另一个城镇。编年史作者记述了这种可怕的场景：一艘载着死者和垂死的船员的瘟疫船驶入港口，带着他们那些致命的货物。在每个欧洲港口都重复着同样可怕的故事。每到一处，这些新来者都会遭到市民的驱赶，可是为时已晚。由此长途贸易就无意之中成了跳蚤、病菌和老鼠的不可缺少的同谋者。在一个活动范围狭小的世界里，没有比这更有效的疾病传播方式了。

丁香，从发芽到开花

原载彼得罗·马蒂奥利 *Commentarii in sex libros Pedacii Dioscoridis Anazarbei* （威尼斯，1565年）

第五章

爱之香料

> 我已经用没药、芦荟和桂皮把我的床熏香，
> 来吧，让我尽情做爱到黎明：让我们享受爱的幸福。
> ——谚语（717—718年）

当老夫娶了少妻时

即使在"一月"发现他的老婆和他的侍从在梨树上幽会之前，他已经对自己婚姻的肉体活动方面感到焦虑了，他自己当然是不愿意这样承认的。他是两兄弟中的长者，虽然今年已经四十多岁了，但他仍要在朋友面前夸自己雄风不减，说自己"除了两鬓略有灰白，其他一切依然"，完全能够胜任"男人应做的一切"。在结婚之前他甚至担心他的老婆能不能承受等待着她的性爱的暴风雨："愿上帝使你能够忍受我的激情：它是那样急剧和热烈——我担心你承受不了。"他想他的妻子在他手中就会像一团灰泥一样柔软。

他的兄弟却没有这样的自信，提醒他说即使对再有活力的丈夫事情也不会那么容易："我们中最年轻的人要想保住自己的老婆也要少干些活。"事实将会证明他的这种悲观（而不是"一月"的吹嘘）是有道理的。没有多久就发生了这样的事，"一月"无意之中导致他的"五月"爬到梨树上去和他的随从达米安幽会。简要地说，这就是夸口的"一月"被戴了绿帽子的经历，它是乔叟在《商人的故事》中讲述的"当老夫娶了少妻时"的故事。从那个时期和有关题材来看，香料会在其中出现是不足为怪的。尽管"一月"吹嘘自己的性能力，他也还是不免在私下里去找一些化学药物，如所有那些对自己有所担心的丈夫几百年、或许几千年来所做的那样，他企图依靠香料给新婚之夜助力。按照传统的壮阳配方，"一月"灌下了一些香料酒，又吃了一些混有香料的叫做"药糖剂"的东西：

> 他喝了希波克拉斯酒、克莱里和弗内基①，
> 用辛辣的香料去燃起欲望，
> 又吃了许多精制的药糖剂，
> 就是那受诅咒的修士康斯坦丁，
> 在他写的《论交媾》一书中提到的那种——
> 他吃得超过了自己的消化能力。

啊！香料壮阳剂果然像那"被诅咒的修士"说的那样灵验，虽然他已是站在坟墓边缘的人了，这老当益壮的"一月"竟能活动到黎明。第二天早上他坐在床上高兴地歌唱，对自己的表现极为满意，"就像花喜鹊喳喳叫个不停"。可他的老婆却认为他的努力"不值一提"，尽管她丈夫用了香料春药并卖了力气，她还是对他的随从达米安感兴趣。她在厕所里读他的情书，达米安在渴望着她。不久就又是梨树上的幽会。

---

① 一种强烈的香料甜酒。

虽说"一月"不顺利的婚姻有点特殊,但他所用的方法却并非不寻常(照乔叟的说法,其结果也有普遍性)。香料是那个时期最主要的春药,这在很大程度上要归功于"一月"为增加性功能而求助的那个"被诅咒的康斯坦丁"。这个乔叟笔下的"被诅咒的修士"更为人所知的名字是"非洲人康斯坦丁"(1020—1087年),他是当时知识圈内相当出名的人物,其著作直到15世纪末之前在欧洲大学医学研究的典籍中占有很重要的地位。乔叟在另一处提到他时曾把他与古希腊时期的两位最伟大的医学权威希波克拉底和盖伦相提并论。

康斯坦丁1020年生于迦太基,由于对家乡狭小局限的知识眼界不满意,他离家出走来到当时知识界的首府巴比伦,对知识的渴求使他游历了印度、埃及和埃塞俄比亚,历经39年之后返回故乡。可以说,他的游历不仅丰富了他个人的头脑,而且也扩大了整个欧洲的知识眼界。正是他倡导把阿拉伯的哲学和科学典籍翻译成拉丁文,从而把自罗马帝国消亡以来被遗忘了的一种方法和探索的严格性重新输入欧洲。他总共把37本书从阿拉伯文翻译成拉丁文,而其中有许多是久已被遗忘的希腊文原著的译本。他还被认为是萨莱诺医学校的创始人,该学校是自古代时期以来欧洲的第一所这类学校。康斯坦丁是一个极具影响力的人物,他于1087年在位于卡西诺的本笃会寺院中去世。

用现代的名词说,他还是那个时代最伟大的性学家。他所著的《论交媾》(*De coitu*)一书(即"一月"所读的那本书)可以说是中世纪最早的性学手册,直到他去世300年后仍然是可读的书之一,乔叟的14世纪晚期的读者们是会乐于承认这一点的。"一月"很可能还参考了很多其他的书,但康斯坦丁的这本书是当时有关这个论题的最主要的科学著作,其中所论述的包括性卫生的各个方面,虽然都是从一种机械的和全然男性的角度来谈的。(从历史上看,有关性学方面的文献绝大多数都可以说是这种情况,而对更理想的春药的求索也主要是从男性方面的焦虑出发的。）当然，康斯坦丁也没有忽略在我们看来是更普通的情诱技巧：亲一亲脸颊，拉一拉手，注视对方的脸，"吮吸舌头"（这看来是中世纪拉丁文中"法国式亲吻"的意思）。可是如果这些招法都不灵时，康斯坦丁还有许多别的妙方。

在康斯坦丁的各种药方中几乎都有香料。对于阳痿，他的处方是生姜、胡椒、高良姜、桂皮和各种草药合成的干药糖剂，午餐和晚餐后少量服用。为了早上勃起，他的建议是喝浸泡了丁香的牛奶。他还有其他使衰减的性欲增强的方法，其中高良姜、桂皮、丁香、长胡椒、芝麻菜和胡萝卜的混合物被认为是"彼类中的最佳者"。[①]对那些由于冷质而致的阳痿，他开了一种干药糖剂的处方；他用香料来增强性欲和增多精液。鉴于他本身是本笃会的修士，他所开的一副治疗轻度阳痿的药方让人颇感吃惊，那是给那些只需稍稍提提劲的人吃的，内含鹰嘴豆、生姜、桂皮、蜂蜜和各种草药。这位有见识的修士写道，他自己试过这个配方，"非常值得推荐"。他的香料起了作用："我实际试验了一下……它们效力快而温和。"

这下我们可以明白乔叟为什么称他为"受诅咒的修士"了。可是，如果说康斯坦丁研究春药的兴趣是一个独身修士为他那一行的人尽责任的话，他的那些书的读者们可不是这样看的，一直到16世纪他的书都经常不断地在出版。不过乔叟（或者"一月"）也可能读到其他一些作者的书，声称香料有壮阳的作用，因为这种信念在乔叟之前和之后的很长时期一直存在着。在很大程度上它造成了香料的吸引力，另一方面，根据人们取舍角度的不同，也使一些人避之唯恐不及。

香料为什么被认为有这种作用，这个问题是不容易回答的。如果要从对于春药所作的那些离奇古怪的研究中得出一条可靠的结论的

[①] 胡萝卜长期以来就被认为有壮阳的功效，这显然是由其状似阳物而来。

话,那就是:几乎所有能够入口的东西在历史的某个时期都曾被认为具有提高性功能的作用,甚至还包括一些根本不能吃的东西。昂贵、稀有、奇特、质地、气味、颜色、口感和形状,所有这些似乎都可以成为因素。在不同的时期,马钱子碱、砒霜、磷和大麻等都曾有过风光的时候,虽然这些现在更多地被认为是有损性欲的,而食用马钱子碱和砒霜就更不明智了。此外,认为何者能提高性欲也因社会背景而有很大差异。布里阿特·萨伐仑(Brillat-Savarin)[①]称鱼有很强的壮阳作用,而对中世纪的牧师们来说(康斯坦丁本人不一定是这么认为的),鱼的冷和水性恰是他们守身独处的防护物。我曾读到过这样的记述:18世纪伦敦的一群心有不满的妇女曾经上书抗议当时席卷该国的喝咖啡热,据说是因为喝过多的咖啡使她们的丈夫变得性无能;而另一些人的看法正好相反。被吹嘘为有壮阳作用的药物有数千种之多,而概率的规律表明,如果其中不时常出现香料,那就是怪事。

不过,即使按这种假科学的标准来衡量,香料也是不寻常的。在古代和中世纪的人的意识中,香料和情欲是分不开的。几千年来它们的这种传说的作用使它们在餐桌上被人们另眼相看。香料具有提高性欲的作用,这是中世纪的科学家们无可争议的秘方,在其提倡者中有一些是科学和医学理性传统的奠基人,如亚里士多德、希波克拉底、盖伦和阿维森纳。有关香料的这个"真理"就像当时的人认为太阳是围绕地球转的一样,只不过它不是有关宇宙的,而是与人们的日常生活相关的。

此外,它们还是同类中的佼佼者。让·奥夫雷(Jean Auvray,1590—1633年)在写一首有关乡村的饭碗——"维纳斯庙宇中永恒的宝物"——的赞美诗时,称它提起情欲的作用超过了当时最出名的

[①] 布里阿特·萨伐仑(1755—1826年),法国政治家和美食家,首创萨伐仑松饼。——译者注

春药，其中他列出了蛋黄、松子、斑蝥、块菌、獾、雄禽、野兔、海狸睾丸、生姜和其他东方香料。

虽然奥夫雷是以揶揄的口气这样说的——他实际是在嘲笑由这一论题引起的胡说——但有关香料特别是生姜的类似的夸张说法很早就已是医学上的一种正统。对于在13世纪早期从事写作的法国《百科全书》的撰稿者英国人巴塞洛缪（Bartholomew）来说，香料促进性欲的作用就是宇宙秩序的一部分，它们是与更大的医学科学和星相学的体系密切相连，同时又被后者所解释的。与歌唱家、珠宝商、音乐爱好者和妇女服装师一样，香料师是在维纳斯星相下诞生的几个情欲职业之一。据一条据说是加泰罗尼亚学者阿纳尔德·德威拉诺瓦（Arnald de Villanova, ? —1311年）所作的注释中说，中世纪欧洲人对于神奇的东方香料的胃口是由情欲和贪吃这两种俗欲（"道德的腐蚀剂"）的结合而促发的。香料贸易不是由味觉而是由食色之欲所推动的。

总之，指出香料的在性方面的作用就是道出了一个昭然的事实。维罗纳的拉瑟里厄斯（Ratherius, 887—974年）在斥责10世纪意大利牧师的荒淫无耻时所说的话差不多是同语反复，他指责他们尽情填充便便大腹，肆意满足肉欲，又用"滋养情欲的香料"补充消耗。但是在基督教的本义中是找不到这种联系的，基督徒们只是对肉体之罪带有一种新的更强烈的敌视。支持这种说法的传统和医学上的理由是古时的。当普林尼说到奥古斯都皇帝的女儿朱莉娅使长胡椒出了名时，他让读者自己去品味其余的东西。人人都会把朱莉娅与那个时期出现的丑闻联系起来，当时这位皇帝的女儿由于过度的性生活而被放逐：恺撒的女儿，就像他的妻子，没有人敢谴责。有一个争议性的问题是：究竟是朱莉娅使香料出了名，还是相反，是香料使朱莉娅出了名？

一经了解了香料据传的催情作用，它们在人们心中所引起的食之的欲望，以及相应的对其厌恶之心，就变得容易理解了，而它们为什么在特定的场合出现也就有了注解。香料酒是中世纪婚礼上的常见物，我们也可以有理由地猜测，婚礼、酒、香料在一起出现并不单纯是为了使庆祝仪式显得排场。雷恩的赞美诗作者马伯杜斯（1096—1123年）认为香料酒（piment）是酒色之徒的佳选。与中世纪婚礼上的那种肉欲喧闹相比，现代的婚礼显得要拘谨刻板得多，尽管现在出现了许多让人难堪的电报，人们也经常会回想起大学校园里那些过界的不检点行为。中世纪时，人们对于行将进行的同房和完婚开着毫不顾忌和回避的玩笑，同房的成功与否都要忠实地记录下来，有时还要为之祝酒。厨师和牧师（以及客人们）共同肩负着促进肉体与灵魂结合的责任。中世纪时有一个关于菜谱的注释中说，球根可向那些"寻觅维纳斯的嘴"的食客们推荐，为此它们要在婚礼上与胡椒和松子（又是一种传统的催情配方）一起向客人提供。直到18世纪英国还有让新婚夫妇在婚床上就寝前喝"牛乳酒"的习惯：那是一种加有牛奶、蛋黄、食糖、桂皮和肉豆蔻的酒。[①]

当然，对这种有象征意义的配方的效力历来是说法不一的。如果认为中世纪的香料食客每一次坐下来喝希波克拉斯酒或食用香料干糖剂时，他都在期待（不管是否热切）在他的脐下三寸得到在冰激凌中加伟哥的那种效果，那就过于天真了。但是，如果以为人们会不再相信香料自古以来就被认为具有的那种生殖力，也同样是过于简单化了。这一点15世纪的法国天才的放荡诗人弗朗索瓦·维永（François Villon）[②]曾有很直截的说明。这位行为不检的抒情诗人曾屡遭监禁——他曾因杀

[①] 当麦克佩斯夫人在邓肯卫兵的酒中下了毒药之后，她称他们为"吃得过多的马夫们"，她夸口道："我给他们的香料酒中放了药。"
[②] 维永（1431—1463年），法国诗人，狂放无行，曾多次入狱，其诗美名与品德不端的恶名同为世人所知，主要作品有《小遗言集》、《大遗言集》等，后被逐出巴黎（1463年），行踪不明。——译者注

害一名牧师而被关入监狱——而他的诗才又使其获得释放。他的诗歌《遗嘱》(*Testament*)是作为一种遗赠,其中他向巴黎、朋友和人生告别,向他的朋友和敌人馈赠世俗之物。对于曾在沙特莱拷问和折磨过他的"木工",维永留下一些生姜,以给他的性爱生活催情加火:

> 我要给这位木工
> 一百个撒拉逊姜的
> 茎、头和尾,
> 以使奶汁涌上乳头,
> 热血充于睾丸。

这种绘画似的黑色幽默是维永所特有的:用上一些香料,虐待狂也会变得温和一些。

另一方面很明显的是,那些性欲不是缺乏而是过旺的人则应尽力避免香料,特别是传教士们最好远离它们,这一点我们后面还会谈到。在15世纪初期教皇马丁五世的厨师约翰尼斯·伯肯尼姆(Johannes Bockenhym)所著的《食物养生法》(*Registro di cucina*)一书中,有一个关于性温而凉的炒蛋菜谱,那是特别为社会上那些好色之徒推荐的,这也使得它成为那本以香料为主调的书中的一个特例:"取鸡蛋和橘子,将鸡蛋打匀,另以橘汁加蛋和糖制成混料,锅中放油加热,倒入鸡蛋煎炒,浇以橘汁混料……可供无赖之人、寄生虫、拍马屁者及妓女们食用。"

从纯粹职业的理由上说,他意想的那些食客们是否会听他的劝告是颇令人质疑的。香料的诱惑力如此之大,使许多本应慎用的人难以抗拒,特别是在那些牧师们中常常传出因为信用香料食物而不能守身的故事:某世俗修道士由于饮食过丰而不能专于道事,其坐禅"与其

第五章 爱之香料 217

说在默想所罗门，不如说在痴想沙司"；又有某修士由于贪口腹之欲，终为不洁的欲望之火而焚身毁行。有一个关于教皇琼的传说也可说是这类故事之一。这位女子据传在9世纪时曾一度身居罗马教最高之职。马里亚努斯·斯科图斯（1028—1086年）和（让不卢的）西热贝尔（？—1112年）在早期的记述中很少提到琼，她很可能只是一个想象中的人物。但不管怎么说，在中世纪时有关她的传说却是广为流传的，尽管有教皇的驳斥，参与编织的作者仍然以十数计。近来在一些轻信中又燃起了对琼的兴趣，其中一些人宁愿相信真有其人（尽管事实上可以历数出来，整个9世纪都是男教皇），而且把她化身为最早的女权主义者。

几乎可以肯定琼并非是一个曾经存在过的人物，不过真正使人感兴趣的是这个故事的讲述。在某种意义上可以说琼是最早的女权主义牺牲者，虽然只是想象中的。因为在12世纪和15世纪所出现的以诗体形式讲述的琼的人生中，她都被描述为一个很有学识的人，但最终像所有女人一样是软弱、易受情欲引诱和有纵欲倾向的。后来的作者在描写她的这些女性特点时都是一致的，特别是她由于禁不住香料食物的引诱而使自己名声扫地。她的餐桌上总是摆满放有很多香料的菜肴以及具有燃起肉欲的东方风味的东西。有一次因为香料食物吃得多了一些，这位欲火难禁的女子倒在了一位侍从的怀中（后者大概被吓了一跳）。在随后的9个月之中，她的日益膨胀的腹部在那些大腹便便的红衣主教的人群中并未引起人们的注意，而有一天适逢主教们的队列在行进时，队伍中突然诞生了一个活泼的男婴。被激怒的众人于是开始向这位骗子发泄愤怒，用石头把她砸死。直到今天主教的队列仍然回避那条据说曾经发生过这件不名誉的事件的通道。

热素

> 让我们来做一种能够增强男人和女人的性能力的馅饼：取两个榅桲果，两到三个 Burre 根和一个土豆。把土豆去皮，将根刮净，把它们放入一品脱白酒中，熬煮至软嫩，放入少量红枣椰子，熬软嫩后，把酒连同其余物一起用网过滤，放入八个蛋黄、三到四个公麻雀头，过滤到小量玫瑰水中，整体拌以食糖、桂皮、生姜、丁香和肉豆蔻皮，并掺入少量甜奶油……
> ——托马斯·道森《夫妻食物精选》（1610年）

从本质上说，香料的催情作用的名声来源于前面所描述的那些医学见解。就像体液理论的原则适用于所有其他医学分支一样，它也适用于性医学。和其他病一样，情欲功能障碍也被认为是平衡被打破的结果：一种或多种体液失衡。总体上说，情欲兴趣或能力的丧失是由过冷所导致的。性感缺乏为冷，情欲为热。我们已经知道，香料是一种强有力的热效药物，因而也是一种催情药。

可是，性欲只是综合因素的一部分。另一方面，生殖力则被认为是热和湿二者结合的结果。由此可以得出，热性物质可增加情欲，另一方面又会降低生殖力。由于有活力的精子都被归于热与湿类，一个合乎逻辑的结论就是：催情药是温与湿的。热与干会促进性欲但可能引起不生育。13世纪赫里福德的一位抄写员很直白地作了这样的概括：寺院里的那些多血质的人（热而湿）是生殖力与性欲都非常健旺的，胆汁质的人（热而干）性欲更强，但生育能力较差，而他们的忧郁质的伙伴则可能弃绝了一切性欲，可是由于他们是修士，这倒也无所谓。

从侧重于情欲的角度来概括性医学的理论就是：温而湿的脾性意味着精子多，同时有着健康的欲望；温而干的人精子少而"炽"，性欲较前者强烈。

至少，这是一个概括的表述。在热效最强的药物中，香料显然是首选之一。①它们几乎可以说是最好的催情药，因为可以给身体提供同样强效热力的物质是不多的。从古代的希腊到近代的欧洲，同样的食物总是一再被引证，因为同时具有增强性和生殖能力的理想的热—湿结合的物质是非常稀有的。在非洲人康斯坦丁看来，能够促进精子和情欲的最好的热而湿的食物是胡椒、松子、蛋黄、温肉、脑和芝麻菜。②另一个长期为人们所喜爱的食物是鹰嘴豆。在康斯坦丁之后数百年，法国作家尼古拉斯·韦内特（Nicolas Venette，1633—1698年）和保罗·拉克鲁瓦（Paul Lacroix，1806—1884年）提出了差不多同样的配方。拉克罗可斯对治疗阳痿的建议是：每天晚上喝一小杯生姜、胡椒、芝麻菜、鹰嘴豆、食糖和石龙子的混合饮料。

由于生姜属少有的热—湿类物种，因此它成为人们最着力搜求的香料。生姜的这个名声不全是虚的，它的确有促进血液循环的作用，从这个意义上说，它在一种微小的程度上刺激着阴茎的勃起组织。玛格隆尼·图圣·萨麦特在她所著的《食物史》（History of Food，1992年）一书中引述了让人感到有些恐怖的故事：在西非的奴隶贩子们给奴隶庄园中的"种人"喂食生姜，以增进其生育力。这位作者还猜测，也许正因为生姜的这种据传促进性欲的作用，这种香料才出现在伊

---

① 另一个人们长久思索的性功能障碍是早泄。葡萄牙医生加西亚·多尔塔认为，被视为性极凉的鸦片有使"从大脑生出的生殖种子"流经的管道收缩变狭的作用。由于它有使天生性高潮来得快的男子减慢的优点，它可促进性高潮的同时到来。

② 约翰·达文波特（1789—1877年）讲述了一个修道院中的道士们的病症获得医治的故事。那些道士们得了中世纪修道院中的人们常见的一种症状：倦怠和疲乏。为了让他们摆脱厌倦情绪，他给他们吃芝麻菜，其效果之好使得那些道士们纷纷弃寺院而奔妓院。

斯兰人想象的天堂中。在《可兰经》的第 76 章中，漂亮的天女们给那些虔诚的殉教者们捧上"一杯杯泡有生姜的来自赛尔萨比尔圣泉的美酒"。

生姜被看做是一种热而湿的、既能促进精子活力又能增强性欲的效用全面的香料，而其他香料一般被归类于偏于干性、因而有促进情欲作用却不能增进精子生育力的东西。一种受喜爱的香料是丁香，在干性的尺度表上它居于中游，通常被认为不像胡椒和桂皮那么辛热，因此常被建议用于保育男人和女人的"种子"。一本中古英语的妇女保健指导上说，用 3 盎司丁香粉加 4 个蛋黄，或服用或涂于腹部，"如果上帝有意愿"，就可使妇女怀孕。另一方面，胡椒则被看做是极端热和干的，因而有很强的催情作用，但却会使精子"干涸"。17 世纪时尼古拉斯·韦内特曾对其效用总结道："胡椒，通过耗散多余的体液……使自然倾向于冷和湿的生殖器保持温和与干燥，通过促成一种恒定的温度，增强了生殖能力，同时也给两性交合带来更多乐趣。"

有关这类论题说法五花八门，其限度只在于人们的想象力。也许最能使人感觉它们的作用的是那些大量的告诫人们不要过度使用的警告。医学论文的作者们一再提到过度的性和过多使用香料的害处。香料使用过量可导致干枯，精神失衡，甚至死亡。(特鲁瓦的)克雷蒂安(Chrétien) 12 世纪写的小说《克利吉斯》(*Cligès*) 中说到的便是这类情况。故事中的女主人公被迫嫁给了一个她不喜欢的男人，她的保姆泰莎拉配制了一种香料药剂，给那位不受人喜爱的丈夫灌下后使得他情欲大发，懵懂的头脑中出现性幻觉，新婚之夜他以为自己已尽鱼水之欢，而事实上他根本没有碰到女主人公的身体："他为一种幻景所欺骗，以为自己在拥抱、亲吻、抚摸……以为堡垒已经攻陷，其实什么也没有发生……"而那位未失贞操的女主人公仍在想着她的梦中情人。

因此，对于青年人或健康的男女，香料的强效力实际成了对健康的一种威胁。正是由于这个原因使得（宾根的）希尔德加德说，食用生姜对于一个身体健壮、体重适当的人（换句话说，对于一个体液平衡的人）来说是有害的，"因为它使他变得糊涂而愚蠢，情欲激发而又温而无力"。在《萨勒尼坦健康指南》(*Salernitan Guide to Health*)的一个版本中说，如果我们对有催情作用的香料的欲望不受医生的有益规劝控制的话，人类的好色和奢侈的自然倾向会引向永久性的健康损害，我们的机体会变得过热，终致干涸而死。①

以今天的眼光来看，很难看出这是一些最受推崇的学术主张，而这种崇信随着时间的推移不是在减弱，而是越来越增强，因为对中世纪的行医者来说，以古希腊留传的学说做根据是最强有力的论证。可是虽说盖伦和古希腊医学为性医学提供了背景和理论框架，在中世纪时香料及其处方的更直接的来源是穆斯林人所在的近东和西班牙。正是通过阿拉伯人的媒介，盖伦的学说以及作为一个整体的严谨的医学科学研究才得以重新输入欧洲，在这里，在新的千年之交，这些理论找到了一个亟需它们的市场。中世纪的贵族是历史上所见过的最为其生育能力担忧的男人们，鉴于当时生育率之低和子嗣的死亡率之高，他们的担心是不无道理的。②贵族们的这种忧虑以及他们所拥有的缓解这种忧虑的财力，与香料贸易的重新兴起正出现于同一时期，也可

---

① 纵欲和过热所带来的另一个较小的危害是催生白发和脱发，这被解释为过度的干性至于头顶，使头发枯死。许多过早的秃顶可被归结于一种健康的男子阳刚性，伟大的伊斯兰医生兼哲学家阿拉齐（ar-Razi, 865—930年）曾写道："我通过试验发现，乱交会损伤头发、眉毛和睫毛。"

② 私下或公开的羞辱是造成性无能的另一个可能的原因。阳痿是离婚的合法理由，有无数资料记载着邻里和朋友们被传唤为一对夫妻的性生活状况作证。医生们可能被召来为一位男子的生殖器作检查，宣布其能力是否正常，男人们甚至可能被要求公证证明其性能力。一份15世纪约克郡的法庭记录的报告中说，一群妇女被召来见证一位丈夫是否能成功地和其妻子交媾，当他失败了时，那些妇女"异口同声地谴责他……因为他娶一个年轻女人到家里是欺骗了她"。

以说（只是我们不知道在多大程度上）对后者的重新兴起提供了一种解释。为了得到这些香料及其使用的方法，那些贵族们把眼光投向了东方。

以伊斯兰最著名的科学—哲学家阿维森纳或伊本·西纳（Ibn Sina，980—1037年）为首，阿拉伯著作者们的教义中建立了一个性医学的框架，其理论一直到近代仍在欧洲反复出现。欧洲思想史上的一个巨大的矛盾就是：中世纪的欧洲要向它的宗教的敌人那里去寻求科学、占星术和哲学领域中的指导。阿拉伯的科学家们在盖伦理论的基础上加入了新的配方和香料，其中如肉豆蔻等许多香料显然是盖伦时期人们所不知道的。在10世纪的安达卢西亚，哈里发阿比得·阿·拉赫曼三世和阿尔哈卡姆二世的医生和秘书阿里伯·伊本·赛德（918—980年）确立了香料的热性及其对性健康的影响的理论基础，这基本上就是我们前面所概述的那些原则。作为几本有关这一论题的著作〔包括《论胎儿的诞生》（*On the Generation of the Foetus*）和《孕妇和新生儿的处理》（*Treatment of Pregnant Women and Newbouns*）〕的作者，赛德认为不能受孕或不能保持勃起都是热性损耗的结果。他提供的一种治疗处方的配料包括美国榄、生姜、胡椒、石榴花和鸡蛋等，认为它既可以增强精子的活力又能提高性能力。

比赛德影响更大的是他的弟子伊本·阿勒贾扎尔（898—980年），作为一位突尼斯医生，他是康斯坦丁的处方的直接来源。正是他给了生姜以催情良药的名声，他在自己所著的几本有关这一论题的著作中盛赞香料的多功能性：促进性欲和生殖力，促使更多精子生成，使快感延续的时间更长。这后一项是阿拉伯从医者的一致主张。13世纪的一位开罗医生阿尔·梯法石建议用桂皮、丁香、生姜、小豆蔻来"增进交媾能力……对于那些想连续两次交合的人特别有用"。其他香料可以起一种替代的作用。伊本·阿勒贾扎尔说，如果手头没有生姜，可以用黑胡椒或白胡椒代替，但这会伴有过干的危险，他认为生姜的亲缘植物高良姜有促使立刻勃起的作用。

像所有其他宗教一样，伊斯兰教的权威也往往是拘谨而正经的，但与西方基督教相比，伊斯兰教的教规要宽松得多，允许对这一论题进行研究和坦率的讨论。在叙利亚阿尤布王朝时，萨拉丁苏丹王的侄子曾约请当时一致公认的最伟大的犹太学者麦姆尼德斯（1135—1204年）就这一论题写一篇专论，他并不认为这样做有失自己的尊严。麦姆尼德斯在前言中解释说，苏丹王坦率地承认，他需要增补一些活力，这主要是由于年迈力衰和他的众多妻妾的要求所导致的："他述说道，愿真主使他能够精力永存，他不愿意自己以往的性生活习惯有任何改变。"可是，伊斯兰的著作通常强调所提供的方法能保持性功能和生育方面的能力，而不是单纯提高性生活的乐趣（虽然人们可能会对阿尔·梯法石的《老年男人重振雄风》（*The Old Man's Rejuvenation in His Power of Copulation*）一书感到困惑）。基督教是极力反对这些探讨的，而伊斯兰教在这方面却提供了较大的宗教自由，这也许是在一夫多妻制下对男人有较多的要求的结果。从穆罕默德时代起阿拉伯思想家们就一直为各种导致人口减少的灾难而担心，当时小的游牧部落很容易在阿拉伯半岛的局部战争中被消灭或吞并，这种担忧一直延续到伊斯兰人向包括世界人口最多的城市在内的城镇社会的扩张。在那些据认为是先知穆罕默德的语录中，甚至也提到过春药。据学者阿勒加扎利（1058—1111年）说，当穆罕默德抱怨性能力不够强时，天使加布里尔建议他喝一种拌有胡椒的肉粥。

这样的坦率在基督教的西方是不可想象的。就在麦姆尼德斯为萨拉丁的侄子撰写论文的时候，英格兰的牧师们却在谴责狮心王理查德一世的纵欲和轻浮。在西方人的眼里，东方强调香料作用的性医学随着时间的发展具有了双重特性：一方面，阿拉伯医药的东方本源和名声为西方学者们对性学的兴趣提供了一种知识探索的掩护，即康斯坦丁的著作是翻译的，否则他们会难于为这种研究辩护。另一方面，显然，正是由于西方人对于东方本源的默许和依赖，使得那些学者们能够坚持他们的那些出自阿拉伯的配方，其中许多是几百年后在西方的重新出现，有的略有改变，对这些改变有的作了说明，有的没有说明。有一种被认为是公元9世纪巴格达著名的医生尤哈那·伊本·马绍依配制的药剂，在法国17世纪末出版的莫塞斯·查拉斯（Moses Charas）的《皇家药典》(*Pharmacopée Royale*)中基本原封不动地重又出现，这使它成为药学史上最悠久（当然不一定是最有效的）配制药物。

可是这种对东方的依赖产生了一种矛盾的效果，至少有一些人认为，这种联系损害了香料的名声，甚至又蛊惑起有关淫荡的东方的神话。也许，作为东方最显眼的出口物，香料的到来不可避免地会带有它们原生地的特点。这使得，比如说，（上维莱的）约翰在其12世纪所写的讽刺诗歌《调皮的哭泣者》中针对香料的东方本源和催情作用进行攻击。那位郁郁寡欢两眼泪汪汪的主人公返回位于"饕餮城"住所的途中，遇到了一些"肚皮崇拜者"，他们靠吃有辛辣调料的食物来刺激性欲，他们的贪婪促使他们越过子午线去寻找东方的香料，无厌地遍寻世界的珍馐美味以及那些能够滋养情欲的佐料。（那位调皮的哭泣者对用咖喱建的房屋会怎样看呢？）在一些人看来，香料是不能与它们在性方面的联系分割开的。200年后，《论七大罪孽》（*Litil Treatise on the Seven Deadly Sins*）的作者卡米莱特·理查德·莱文汉姆（Carmelite Richard Lavynham）把香料与"地狱"的淫荡之罪（他指的是以寻乐为目的的性）联系起来。这些犯禁者的特点是食用"辛辣的肉和饮料……香料和药物"，而这样做的唯一目的是燃起欲火，"为了性欲的满足而不是为了正当的繁衍后代，由此增加了肉体的过失"。

英格兰牧师诗人约翰·迈尔克看来，即使是道德上完好的人也难免受到影响。他在一首1450年前后写的题为《对巴黎牧师们的讽劝》的诗中告诫说，加有香料的干药糖剂有着让人担忧的副作用，那就是"催人……淫欲"。香料的催情作用使得即使为治病而服用，也会导致人们去做"那种污秽之事"。麦尔斯认为，香料的害处是双重的，因为食味和嗅味都会刺激起肉体的罪欲，嗅味对于那些受到警告的人也会激发"言语粗俗"，"思淫欲"和"触摸女人或自己的肉体"的小过失：

> 你闻到过些你所喜爱的味道——
> 那些肉、酒或香料的香味，
> 那些使你闻后做出背理之事的味道吗？

中世纪的基督徒有时显出十分鄙弃有关医学的研究（中世纪的寺院会成为医学研究的中心是件费解的事情，教会在更多的时候是压抑人们的探究欲望的），他们不需要什么康斯坦丁或阿维森纳来告之香料的危险性，因为他们靠万灵的神谕权威就会知道这些。圣奥古斯丁在《论摩尼教的习俗》(On the Customs of the Manichaeans) 一书中指责他以前的宗教同道者们（奥古斯丁本人曾是一个摩尼教徒）误解了香料引起淫欲的污染性。摩尼教的信仰认为，胡椒和块菌这类食物有一种内在的对宗教典仪的污染作用，而在正统的基督徒看来这是异教的无稽之谈。香料的污染不在于它们有什么内在的或仪式上的影响作用——物质由上帝所造，本身不存在邪恶——它们的污染作用来自于它们促发了人们的"感官欲望"。食用"加有胡椒的块菌"——二合一的春药——的人并不因此而玷污了自己，只是由于撩发了肉欲冲动而可能做出淫荡之事。

由此得出的实践上的结论就不言自明了：对贞洁者来说，去除香料，食用凉而湿性的食物。对于那些对这种撩拨性食物的可能后果有所担心的基督徒们来说，可以食用与块菌和胡椒一类食物相反的食物——地中海一带产的被称为 Agnus castus（Vitex agnus-castus）的本地植物。修士们食用这种强冷而干性属类的食物以使肉体和思想摆脱肉欲的困扰。埃及隐士圣安东尼（基督教隐修院制度的创始者之一）的伙伴、14世纪时极有影响的修士塞拉皮恩称这种植物为"修士们的胡椒"，这是因为，如一位中世纪权威者所说，"它使人保持羔羊一样贞洁"。直到今天，这种植物还被称做"修士的胡椒树"。

可是，如果说香料的春药名声很早就具有了一种医学事实的地位，它们的吸引力在很大程度上仍然依靠纯粹的迷信。要获得一种有魔力的名声，异乎寻常的特性常常是有帮助的，正如犀牛角和老虎鞭之类人们熟知的春药一样，香料长久以来就具有东方的神秘、稀有和价格昂贵的特点。只要香料保持其神秘性，这些特点就会一直保持。创造奇迹的（泰安那的）阿波罗尼奥斯的传记作家、（提尔的）菲劳斯特图思（Philostratus, 170—245年）写道："情侣们特别醉心于这种（魔力）技艺，因为他们所患的病使他们易于相信那些虚幻的东西，甚至于去向老巫婆们请教。因此在我看来，他们求助于这些江湖医生，聆听他们的骗术是不奇怪的。"3世纪时的情形在21世纪时也仍然适用："他们接受巫婆给予的魔力腰带，奇异的宝石，其中有的来自地球深处，还有来自月亮的泥土或是恒星的粉尘，最后是印度生长的各种香料。"

其他一些魔力性药则包含较大的危险性。历史上总是有人相信，某些配料的刺痛作用可产生感应效果，人们所熟知的例子就是能引起水泡和引发神奇效果的斑蝥或西班牙若芫菁，那是德萨德侯爵最喜爱的东西（有一次一些客人无意中吃了他的藏物，结果抱怨说他们中了毒）。古希腊—罗马作者艾利安（Aelian, 170—235年）曾写到，牧羊人用黑胡椒给羊群中的羊催情交配："由之引起的刺痒使羊群中的母羊控制不住地追逐公羊。"类似的故事也发生在彼得·罗纽斯·阿比特尔（？—66年）所著的《森林之神》（Satyricon）一书中，身败名裂的恩克尔皮尔斯试图寻找一种方法来医治他的阳痿，他因为杀死了普里阿普斯的一只圣鹅而被用涂有胡椒的橡胶做的假阴茎插入肛门作为惩罚（普里阿普斯是长有巨大阴茎的男性生殖之神，园艺和葡萄种植业的保护者，据说他以假阴茎插入肛门的方法来惩罚不幸被当场抓住的小偷。不过，恩克尔皮尔斯所受的惩罚比起法律所规定的钉死在十字架上的惩罚来说要算轻的）。奥古斯都诗人奥维德（公元前43—公元17年）提到旧时妻子们用胡椒和刺人的荨麻作为爱药，他认为这毫无用处。他的态度看来是很慎重的，而他主张的是更为诗意的方法：亲密的谈话、调情和前戏。

这种毫不害羞地接受性和香料的态度随着多神教的古代世界的消失而一同消失了，但是通过让人难受的刺激来激发性欲的观念以及认为香料有助性能力的意识直到近代很长时期依然延续着。保罗·拉克鲁瓦引述了一个让变心的情人回心转意的药方：取1只乌鸡，"以基督的名义"将其杀死，然后用5根丁香刺穿它的心脏，口中一边不断念叨"以耶稣基督的名义……他曾像你（指鸡）现在一样受难"，同时把刺入的丁香做成十字形状。"服用之后，回心转意的情人就会由你随心所欲……"很多时候，魔幻会与一些受人推崇的医学信念掺和在一起，特别是，卵巢和睾丸被普遍认为有很强大的感应作用。在据认为是非洲人康斯坦丁所写的第二本有关这一论题的书《爱与交合》（Liber minor de coitu）中推荐了一个配方：把生姜与胡椒和牛犊睾丸、雄禽睾丸（事实上是各种睾丸）并用，再加上其他配料如葡萄、瓜以及另一种在其成为普通水果之前常用做催情食物的香蕉，这显然是因为它的形状像阴茎。

按春药的标准来看，甚至这些东西也太温和了，崇信奇异之物往往演变为崇信让人极其恶心的东西，1619年丹麦城市奈斯特维兹的一次奇特的巫术审判就是一个例子。一位作为被告的男青年被控教他的一个朋友用肉豆蔻子引诱年轻姑娘。他的主意是让他的朋友整个吞下一粒肉豆蔻子，等待它从消化道的另一端出来，随后把半消化的肉豆蔻子磨碎掺入一杯啤酒或葡萄酒中，让那位被看中的不存疑心的女子喝下，后者由之失去抗拒之力并像法官判决所说的那样，会屈从"他的所有欲望"，甚至还会为这种享受付钱。在所说的这个例子中，法官发现，通过那种污秽而卑鄙的手段，被控告者不但夺取了那位姑娘的贞操，还掠去了她为这种不幸遭遇所付的钱。

也许，如果受骗者和行骗者都相信这种东西，这类事情曾经发生。但是纵观这类药的大部分，我们所得的主要印象不只是它们多么没有效用，而且会感到它们一定多么让人难受。看一看那些有关人的身份，这一点也许就不足为奇了：作者几乎一律都是男性，通常是牧师，妇女的享受通常不在他们的考虑之列。但是比一位假定贞洁的修士的轻信更让人惊奇的是，一直到近代类似的观念仍然存续着。路易十四的首席药剂师皮埃尔·波麦特曾告诉人们，"在任何一种适合的搽剂中滴入几滴（胡椒）油，涂抹于会阴部三或四次，就能恢复丧失的勃起功能"。这种旧时为妻子着想的性药在盖伦的医学原理已经过时、体液理论不再取信于人之后很久仍然流行着。事实上在一些有关这一论题的广泛流行的出版物中，它们一直延续到今天——请在互联网上搜索"香料"或"勃起"，看看有什么结果吧。《极乐性生活之春药》（*Le Paradis sexuel des aphrodisiaques*，1971年）一书的作者、自称为"香料师"的马塞尔·鲁埃（Marcel Rouet）告诉人们，香料是可以吃的，但要断续地吃，可产生意想不到的效果："一位20岁的青年男子，其器官特别是肾脏尚没有任何问题，每星期服一到两次足量的香

第五章 爱之香料

料制剂，可以毫无困难地使性乐延长达数小时之久。"（肾弱的老年人为了保健原因最好用弱一些的刺激物。）鲁埃还引 *Kama Sutra*①作为根据说，性交之前可以直接用研磨的香料涂抹于阴茎，这样那位幸运的接受者就会完全听命于胡椒阴茎主人的支配。不过他承认，"更实用的方法"是用胡椒油和多香果油代替自然状态的香料。而他所建议的"对妇女有极强的催情作用"的含有辣椒、胡椒的配方，会刺激人流出更多的眼泪。如果辣椒完不成任务，在肛门里插一小段生姜也会达到同样的效果。

在一个其特点是普遍不愿意理智思考和甘愿冒遭罪风险的领域，也许我们最好的理解就是：有时名声能够自我维持，由于这一原因，如果硬要从中去寻求解释的话，那就是把问题看得过于认真了——有时人们不禁会想，像鲁埃这一类作者是不是在受鲁莽、天真或是对人类的一种普遍恶意所驱使。在这里也寻不出严格的规律性，至少我们可以找到一个例子，其中香料本身成了性魔力的接受者。在丁香、肉豆蔻皮和肉豆蔻子的故乡摩鹿加，人类似乎想为所得的恩惠作出回报，把他们的一些性活力施之于香料，在我们所知的故事中是施之于丁香。19世纪的安汶岛，在荷兰东印度公司对丁香种植林几百年的野蛮管理之后，荷兰殖民当局接管了控制权。丁香园的管理者们定下苛刻的目标并以严酷的手段加以实施。在这里范赫威尔男爵目睹了发生在丁香园里的一桩奇事："在安汶的一些地区，当丁香种植园里的情况预示收成可能不够好时，男子们便在夜间赤身裸体来到园中，就像使妇女受孕那样试图给丁香树施以营养，一面口中喊着：'多多地长出丁香来吧！'他们企图以这种方法让丁香树结出更多果实。"

摩鹿加种植园中的这种怪异之举与欧洲人的信念和实践之间也许

---

① 著于公元 5 世纪左右的一本印度梵文性学典籍。——译者注

并没有什么本质的差异,在欧洲人眼里,那些商人们从这个星球的一端航行到另一端,感染坏血病,濒临死亡,只为寻求香料,丁香如此大的吸引力如果不是来自一种魔力又是什么呢?

香料姑娘

> 听着,请告诉我,明天晚上
> 那带有香料气息和缀有宝石的印度人①,
> 是在你安置的地方,还是和我睡在一起。
> ——约翰·多恩《日出》(1633年)

香料的情诱名声并不都是那样直接或强调性爱的肉体方面,像维永所夸口的他的生姜的爆炸性效果或医生声称的增强精子活力、促进性欲。就像对白日的来临感到恼火的约翰·多恩一样,并不是所有人都那么拘泥于字面意义的香料与性的联系。香料长久以来被视为有神奇的作用,而这种期许往往是比喻性的而不是实际的。在《莫比·迪克》(*Moby-Dick*)一书的开头,伊什梅尔在冬日里的贝德福德闲荡,哼唱着赞美萨莱姆妇女的歌:"那里的人们告诉我,年轻的姑娘们的呼吸中带着那样强烈的麝香气,她们当海员的情人在离岸数英里远就可以嗅到她们的香味,他们仿佛闻到的是摩鹿加的香气,而不是清教徒沙地的气息。"这或许只是美好的愿望,但却是很常见的想法。贡特尔·格拉斯(Gunter Grass)②所著的《铁皮鼓》(*The Tin Drum*)一

---

① 这里指本诗作者的情人。——译者注
② 贡特尔·格拉斯(1927—),德国作家、插图画家,主要作品有以传奇色彩和夸张风格反映德国纳粹时代及战后生活面貌的小说《铁皮鼓》和剧本《平民起义演习,一个德国的悲剧》等。——译者注

书中奥斯卡的情人散发着桂皮、丁香和肉豆蔻的香味,那是圣诞节和香料饼的味道。凡是人所羡慕的东西都不会因这种比喻而减色。

对于各个时代的诗人来说,香料都是一种能唤起人的丰富联想的象征物。一个久远的看法是,一个真正姣好的女人是无须吃也无须使用香料装点的,因为她自然地就带有香料的气息。17世纪的诗人、耽于酒色的罗伯特·赫里克特别欣赏这种看法。安西娅带有肉桂的香味:

> 如果我吻安西娅的乳房,
> 我会嗅到凤巢芳香。

安妮则散发着丁香的气味:

> 这种香味来自
> 富有的香料房,
> 这种香味是丁香花的味道,
> 或是在炉中熏制过的玫瑰的气味(干玫瑰)。

朱莉娅超过了所有的人,她带有各种香料的气息:

> 呼吸吧,朱莉娅,你呼吸吧,爱勒恳求道,
> 不,不要停下,爱勒起誓说,
> 所有东方香料的气息
> 都汇聚于此。

朱莉娅身上的香料气息如此浓郁,她只要亲吻一下就会使一块婚礼蛋糕带上香料的气味:

> 我的朱莉娅你今天一定要
> 为新娘做婚礼蛋糕:
> 你只要揉捏一下面团,
> 你就会使它带上杏仁的香味,
> 或者,你只要亲吻一下,两下,
> 新娘的蛋糕就如同加了香料。

还有一些人看到的则是香料另一面的比喻:犀利而辛辣。放纵的卡斯蒂里安牧师朱安·鲁伊斯〔Juan Kuiz,1283—1350年,他曾被(托莱多的)大主教以生活和作品放荡为由监禁过〕在胡椒上看到了身材短小、热辣活跃的女人的类比,他喜欢这种女人,他觉得高个子的女人性欲冷淡而孤僻。矮小的女人外表看起来冷,在爱情上却炽热如火,在床上,她们使人愉快、富于想象力。此外,她们还是操持家务的好手:

> 胡椒粒虽小,
> 辛辣胜过肉豆蔻:
> 女人虽矮小,情爱似火烧——
> 美妙的享受世难找。

另一些人想的却不是什么高个儿矮个儿,他们提到香料是为了唤起那潜在的神秘魔力。佛罗伦萨—比萨的诗人法齐奥·德利·乌贝蒂(Fazio degli Uberti,1310—1367年)写道:"想一想她那嘴唇,体味一下/亲吻那红色芳果的感觉/那里是香料和神酒的蜜坛。"

也许人们会感到惊奇的是,许多这类诗人仿照的原型实际是《圣经》。从各种意义上说,《圣经》中对香料提及最多的是《雅歌》(*Song of the Songs*)。现在形式的《雅歌》是公元前 4 到 3 世纪成篇的,不过其中有些部分可能完成得更早。在《雅歌》中富于情欲和香料气的比喻中,桂皮和肉桂是频繁出现的对象:

> 一个围起来的花园是我的姐妹,我的爱人;是封闭的春天,是禁闭的温泉。
> 这是一个结满香果的石榴园,还有指甲花和甘松,
> 甘松和藏红花,菖蒲和肉桂,那些乳香树,没药和芦荟,那些最主要的香料;
> 一个泉水的花园,源自黎巴嫩的溪流,在这里汇成爱情水的馨泉。

在《雅歌》中,爱通过眼睛和鼻子传入心扉:

> 他的面颊就如香料的苗床,散发着馨香;

另一处的描写是:

> 你迷住了我的心,我的姐妹,我的爱人;你迷住了我的心,用你的眼睛,你颈上的项链。你的爱是多么甜蜜,我的姐妹,我的爱人!你的爱胜过了醇酒,你的霜膏超过一切香料。

《圣经》中没有哪一篇像《雅歌》这样充满了香料气,但馨香之气与情欲的相连在许多篇中都有提及。《箴言篇》(*Proverbs*) 中的妓女用桂皮把不知情的小伙子引上床,"就像鸟儿投入罗网"。文献记载的第一

个与香料有关的女人是神秘的示巴女王,"她向所罗门王敬献的香料其数量之多世所罕见"。

《圣经》中对示巴女王的记述语焉不详,而后来的诗人们往往把她的到访加以传奇色彩的渲染:她自东方来,浑身为一股厚重而神奇的东方气息所包裹。(历史学家们在这个故事中通常所看到的却是对与阿拉伯半岛的贸易旅途和协议的回忆。)带有示巴女王身上的塞巴①香料气味的人中有一个是堂吉诃德的杜尔西内娅,至少是在那位花心骑士的幻觉中:桑科·潘萨去看望他主人的妻子,回来后堂吉诃德问他是否在那个女人身上闻到一股"塞巴人的气味,一种让人心痒的香气"。桑科回答说没有,只闻到一股男人或者说是"屠夫"身上的气味,就好像干完力气活后身上流着汗的味道。堂吉诃德于是想,他闻到的一定是他自己身上的味道。

香料引起的联想当然不会是不洗澡的好色的侍从身上的味道,它们是神奇而富于迷幻的,其吸引力就在于它们的神秘性、难于描述性,它们是诗人用以唤起奇异的情欲的代号。当堂吉诃德幻想杜尔西内娅身上散发着塞巴人的香气时,当多恩把他的情人比为有香料气的印度人时,其效果是要传达一种诱惑性的而又遥远的期许;就像自仙女们身边返回的奥伯龙②,他的心上人身上带有的是某种东方的气味——不是带有萨瑟克区和斯台普尼沼泽区(Stepney Marsh)的气息的普通伦敦老百姓身上的气味,也不是从地里劳动回来身上流着汗的曼齐干(Manchegan)③乡村农妇的味道。

在这种悠久的文学传统背后,甚至在《圣经》篇章背后,香料还有着更多的实际用途,其中最久远和古老的是香水:鼻子欣赏的诗。

---

① 塞巴王国为一经营黄金、香料和宝石的古代王国。——译者注
② 奥伯龙,中世纪民间传说中的仙王,泰坦尼娅的丈夫。——译者注
③ 堂吉诃德的故乡。——译者注

第五章 爱之香料　　235

什么时候东方的香料开始被采用，对这一点人们只能去猜测了。公元前1200年的阿卡得人（Akkadian）典籍中提到一位用各种芳香树胶和树脂制的"香水公主"，但不清楚的是她是否知道东方的香料。然而有一点是清楚的：在靠近东方的那些文明中，每一个都曾有过种类繁多制作精致的香水，而这些香水是很容易与香料（一旦可以得到的话）嫁接起来的。在古埃及，利用近东的各种芳香物制作的香水在敬神的仪式中起着很重要的作用，从而又推动了一项意义深远的贸易——这一论题我们后面还要谈到。以实玛利人①（他们从约瑟夫兄弟们的手中购得约瑟夫②）在去埃及的途中携带了许多种类不详的香料："人们看见从格拉迪来的以实玛利人在旅途中跋涉，他们牵着骆驼，携带着香料、香膏油和没药去往埃及。"到了埃及的"中王国"（Middle Kingdom）时期（公元前1938—前1600年），香水已被广泛地用于世俗生活。在大英博物馆中有一幅底比斯人墓中的壁画，描写的是一个盛宴的情景，宾客们享受侍男侍女们的服侍，后者给他们献上花环、一碗碗的酒，还有香水和油膏。附带的刻文中鼓励客人们："欢庆这高兴的日子吧！摆放上香物和香油供你闻味儿，奉上荷花做的花环供你戴在手臂。"有一位女宾不胜酒力，回过身去在偷偷呕吐。

到了古罗马时代，香物的制作技术和种类都有了长足的发展，而在荷马的时代人们已经很明显地把气味和情欲联系起来。西方文学中最早的情诱描写出现在史诗《伊利亚特》中，其中赫拉③借助不可抗拒的芳香油转移她的迷途的丈夫的注意力："在宙斯青铜地面的房屋中，吹进一股香气，它便充溢了天地宇宙间。"其神力之大使得宙斯宣

---

① 以实玛利为《圣经》中的人物，亚伯拉罕与使女夏甲所生之子，后来与母皆被其父所逐。以实玛利的后代传说为阿拉伯人的祖先。——译者注
② 约瑟夫，《圣经》中的人物，亚各的第十一子，遭兄长嫉妒，被卖往埃及为奴，后做宰相。——译者注
③ 赫拉为天后，主神宙斯之妻，掌管婚姻和生育，是妇女的保护神。——译者注

布说:"我的胸中从未涌动过这样的情欲,不论是对女神还是对世间的女子。"他随即道出了一连串先前被他征服过的女子的名字。

不过,众神中与芳香物关联最多的还要属那些爱神们,阿弗洛狄特①和她的儿子、缺肢人厄洛斯。柏拉图在他的《共和国》(*The Republic*)一书中论证说,香味刺激产生欲望——我猜想那些爱好精美香水的人们大概会同意这一说法,至少广告中是这样说的。在《专题论集》(*Symposium*)中讨论爱的本性时,柏拉图借诗人阿加顿之口说出了这样的见解,即厄洛斯曾受到香气和鲜花的诱惑。其实这不过是对一个古老的看法加上的哲学家的意见,人们自古就认为香气是阿弗洛狄特的特征之一,是她的诱惑力之一,是她到来的预示,或者说是爱情本身的表现。在荷马的《赞美诗》和《阿弗洛狄特》诗歌中,当这位女神从奥林匹斯山飘然而至她的塞浦路斯岛和芳香的圣坛时,她浑身笼罩着一种不可抗拒的香气。希腊众神们在他们的供品中都收到了香物,而阿弗洛狄特的香物还有更大的用处。一个神话中说,她送给一位船夫的香物礼物使女人们都为之销魂,可是像希腊神话中常有的描写那样,那礼物最终给他带来了厄运:有一次他在晒草时和一位有夫之妇通奸,结果被抓住杀死了。

仍然是希腊人,他们把香气变成了情爱诗中的一个固有特点。阿尔基洛科(Archilochus,公元前675—前635年)写道,"那些在头发和乳房上涂抹了香水的妓女们即使对于古人也注定要激起欲望"。在阿里斯托芬(Aristophanes)②的有关雅典女人性冲动的喜剧《莉赛斯特拉塔》(*Lysistrata*)中,米兰尼(她的名字的含义是"小爱神木")借助一种芳香油膏把她的失望的丈夫弄得神魂颠倒。西顿的诗人安蒂帕特在给他的诗人朋友、以放荡和酗酒出名的阿那克里翁(公元前582—前

---

① 阿弗洛狄特,希腊神话中的爱与美的女神,相当于罗马神话中的维纳斯。——译者注
② 阿里斯托芬,古希腊诗人、喜剧作家,被誉为"喜剧之父",相传写过44部喜剧,现存《阿卡奈人》、《骑士》、《蛙》等8部。——译者注

485年）①题写的墓志铭中，表述了香气和情欲的这种密切联系。这位以勾引女人出名的人即使死后也散发着香气，以下是罗宾·斯凯尔顿（Robin Skelton）的翻译：

  此处是阿那克里翁的坟冢。这里躺卧的
  是他那奔放情欲的碎片，
  而香气的余韵仍在墓碑周围
  飘绕不去，仿佛他为自己的最后安息地
  选择了一块永恒的情欲热土。

联想在生育典礼和婚礼仪式上香水和香料的广泛使用就可以看出，这种联系并不是神学或文学上的臆想。在阿多尼亚（Adonia）仲夏节日时，茴香子被撒种在称为"阿多尼斯花园"的小花圃中（起这个名称是为纪念阿弗洛狄特逝去的情人），同时一边饮酒，一边放纵情欲。在阿里斯托芬的剧作《云》（Clouds）中，斯特里普赛亚迪斯回忆他的妻子上婚床时的香水味，说她"真的在分泌香水和散发着藏红花的香气，更不用提美妙的性爱，钱，性爱，过度的饮食，噢，还是性爱"。

  当东方的香料到来时，它们立刻就有了合适的位置。公元4世纪时，它们肯定已在那里存在了。泰奥弗拉斯图斯曾写过一本有关香味论题的专著，他说所需的香物来自印度或阿拉伯半岛，他提到了肉桂、桂皮和小豆蔻的名字。其他的配料则比较近便，如麦加的香液、苏合香②、藏红花、牛至和没药。对于它们的来源，仍然存在着许多谜，而

---

① 阿那克里翁，古希腊宫廷诗人，所作诗多以歌颂酗酒和爱情为主题，其诗体被后人称为"阿那克里翁体"，受其影响的作家有16世纪法国诗人龙萨和19世纪意大利的莱奥帕尔迪。——译者注
② 苏合香是从安息香属植物中提取的带有香味的树脂，原产地为东欧和小细亚，古代时广泛用于制作熏香。——译者注

这只是更增加了它们的魅力。泰奥弗拉斯图斯以为他的小豆蔻来自波斯，虽然他也提到有些人认为它和其他香料一道来自印度。这之中桂皮占有突出的位置。中世纪的喜剧诗人安提法奈斯在他的一首作于公元前380—前370年的诗《安蒂亚》中提到一位名叫佩龙的香水制作商。佩龙以使用桂皮出名：

> 我让他试一下佩龙的油膏，
> 他把甘松和桂皮混合成特殊的香味。

数年之后，亚里士多德告诫人们说，香水的"干燥性"会使人过早生出白发："为什么那些使用香水的人白发生得早？是不是因为香水有香料而产生了一种干性，使得那些使用香水的人变得枯干？枯干使人易生白发。不论白发的产生是由于头发的干枯还是因为缺少热量，有一点可以肯定，干燥导致枯槁。"

看来没有人去听这些理论，不过有少数人对亚里士多德的担忧有同感。中世纪的喜剧诗人喜欢揶揄年轻人过分喜爱香气和时髦产品。阿里斯托芬失传的喜剧《达塔利斯》中有两兄弟，一个是有见识的城市人，收集了很多进口的时髦香水，另一个是乡下人，根本没有听说过这些东西。当时埃及的香水特别有名，其中有不少流入了雅典的专门市场。除了佩龙的桂皮配方的香水，还有几个品牌留传下来，比如波萨格达和麦加鲁斯，这两个都是以当时著名的香水制造商命名的。

在许多方面是希腊人的模仿者和继承者的罗马人也对香料情有独钟，若说有什么区别的话，那就是他们对香气的催情作用更为强调。普鲁塔克（Plutarch）①不赞成使用这类东西，他认为香水"是使女人

---

① 普鲁塔克（约46—120年），古希腊传记作家、散文家，一生写有大量作品，其中最著名的是《希腊罗马名人列传》。——译者著

第五章　爱之香料

变娇气、使男人失去阳刚之气的奢侈物,绝对没有什么真正的用处。不过,虽说它们是这样一种本性,它们不但导致了所有女人的堕落,也使大部分男人中了魔,他们甚至不再愿意和自己的妻子上床,除非她们上床时散发着没药的香味和撒了香粉"。然而过多的香水会认为是俗丽。在普劳图斯(Plautus,公元前254—前184年)①的一出喜剧中,一个情妇对另一个说:"你真的愿意和那些普通的妓女们混在一起吗?做那些囚犯、那些流着生姜草油的人的朋友?"

像在他们之前的希腊人和埃及人一样,罗马人在香水的使用方面也是富有创造性的。在尼禄的"金屋"中有一个香气四溢的餐室,屋顶上坠着玫瑰并流淌着香水。和希腊人一样,他们也给那些名贵的香水起上各种别致的名字在市场上推销。普林尼提到一种名贵香水,堂而皇之地名为"帕提亚国王皇室之油膏",它是王室制作的一种有许多奇异和贵重成分的混合剂,其中有一些不知其名,但其中包括有桂皮、小豆蔻、肉桂、菖蒲、生姜草、藏红花、牛至和蜂蜜。虽说香物以品种、稀有和神奇莫名定名分,但桂皮被公举为翘楚。在诗词中香料常常作为高贵的象征出现,如一位悲痛的寡妇怀恋其丈夫散发着"桂皮味"的"香体"。普劳图斯的喜剧《卡西纳》(Casina,桂皮)的名称取自一位老情种心上人的名字,她身上的香气败露了事机。那老鸨女人在她的乳罩上写有这样的诗句:"布查图斯,我的心上人!你老了,我也如此,我是多么地需要你!和你相比,所有的香水不过是舱底的污水!你是我的没药,我的桂树皮,我的玫瑰露,我的藏红花,我的肉桂油,我最珍贵的香水!你喷洒在哪里,我就渴望埋葬在哪里。"

像通常的情形那样,香料与香水的联想往往诱发情欲,这一点在阿普列乌斯写的《变形记》或《金驴记》故事中有最明显的表现。主

---

① 普劳图斯,古罗马喜剧作家,其作品大多根据古希腊后期的"新喜剧"改编而成,主要作品有《一罐金子》、驴子的喜剧、《吹牛军人》等。——译者注

人公卢西亚斯在探险途中，有一次落入一只驴的腹中，这位永远患着性饥渴的男人和一位贵族妇女睡在了一起，开始时他不想做那种禽兽之事，可是几杯酒下肚后，他便再也抵御不了美酒和那女人身上香脂油的"撩人香气"所引发的欲望。在这之前，当他还处于人的形态时，他曾被诱惑与一位女巫的女佣陷入了情网，他无法抗拒那女人摇摆的臀部和带有桂皮香味的呼吸。就卢西亚斯来说，他最喜爱的女人身体部位是她们的头发，而一位秃了顶的女人用再多剂量的桂皮也无济于事：

> 如果你带来一位绝色美女，除去她头上的美发，使她的脸盘失去了自然的依托：好了，即使她是下凡美女，即使她是维纳斯本人，有三女神和爱神丘比特相伴，身缠着她那有名的爱情腰带，有燃烧的桂皮和欲滴的香液——如果她没有头发，连她最忠实的奴隶也不会爱她。

在一定程度上，香料受世人尊崇被归结为一个技术性问题，古时的香水和膏油比现代人使用的在效力上要弱得多，因为当时还无法把强力的香精油分离出来，像现代人那样用酒精、合成化合物以及用蒸馏法分离出来的香油精一起制成浓郁的香水。相反，古时的香水制造商是把香料浸泡在脂肪或油中，然后用文火加温（浸渍），或者不加温地晾放（花香吸取）。这样的香水通常被洒在身上或头发上，或浇在火盆中燃烧（现代"香水"一词 per fumum 来自拉丁语，义为"通过烟熏"）。香料之受人欢迎在于其有极强的效力和持久力，是香水制作者的上选原料。这种情况一直延续到由蒸馏法的发明引起的制作工艺的改变，由此进入了化工时代。

当然，这只是历史学家们喜欢作出的那种齐整的、功能性的解释：香料是必要的，因而变得时髦。但是在罗马人眼里——或鼻子里——

问题并非这么简单：香料的吸引力很重要地来自于它们与神的相连，特别是桂皮，其本身带有强烈的寓言和宗教色彩，据传说生长于半神话的神与妖怪的王国。一位受荷马和维吉尔①文学熏陶的古罗马的听众不可能看不到它们与那些散发着仙香的神与英雄之间的类比，而这种香气正是他们非俗世凡人的一个标志。在史诗《伊利亚特》中，战死的英雄普特洛克勒斯与赫克特的身上被涂以香油；同样，奥维德的诗《变形记》中的维纳斯也在埃涅阿斯身上涂上香水以使其不朽："她在他的身上涂上了天国的香水。" 仙香②之物据定义即为不死的，这是这个词的含义之一，该词源于希腊语词 am-brotos，义为不朽。

正如天使有翼、圣徒带光环，多神教的爱神则伴有桂香。在史诗《埃涅阿斯纪》中，爱神维纳斯的神的特征即是她那飘散着仙香气息的头发。在阿普列乌斯那里，性感的维纳斯、丘比特、伊希斯三女神身上都带有阿拉伯香水的气息。当爱神丘比特深夜隐身造访普绪客③时，由于他"散发着桂香的卷发"的气息而使身份暴露。

受过教育的古罗马人大多并不真的相信他们的那些神话，但至少在这一方面，信仰转变成了实践，因为在香气及情欲的联系上凡人效仿着仙人，在现世和神话中，香气都是情诱的武器。普劳图斯剧中的情妇爱罗蒂姆下令"把长榻打开，点燃香水"，"引诱情人"。当囊中羞涩的情种、诗人凯图鲁斯不能给他的朋友提供一顿像样的饭时，作为补偿，他向她赠送了精美的香水：

---

① 维吉尔（公元前70—前19年），古罗马诗人，作品有《牧歌》10首，《农事诗》4卷，代表作为史诗《埃涅阿斯纪》，其诗作对欧洲文艺复兴和古典主义文学产生了巨大影响。——译者注
② 此处原文ambrosial有"香的"、"美味的"和"神的"、"适用于神的"两种含义。——译者注
③ 亦译"普教长"，人类灵魂的化身，以长着蝴蝶翅膀的少女形象出现，与爱神相恋。——译者注

> 我送给你香水,
>
> 那恰是维纳斯和丘比特给我姑娘的东西,
>
> 当你闻到它的时候,你会央求天神,
>
> 法布鲁斯,让你闻个够。

由于香水象征着吉祥,婚礼上常常燃灼香水。当卡图鲁斯①因为莉斯比娅不能和他结婚而感到沮丧时,他悲叹她永远不能由她的父亲领进散发着亚述人香气的婚房,只能在夜里接受偷偷赠与的礼物。

正如香料历来的情形那样,这种情欲—神话的反响共鸣转而成了社会资本。那时也和现在一样,香水是一种重要的附带着全部社会效应的时尚装备;在罗马这样一个对时尚十分敏感的城市,这种东西的奇异、稀罕和昂贵不但不是负面的东西,反成了使人追求向往的品性。其中最昂贵的香料香水有着最大的社会效应。一方面香料的时尚、新颖和风头、排场成为富有的罗马人追求的对象,另一方面他们的国人则特别善于对任何时髦虚华的形式作生动的、通常是批判性的评论,其中最滔滔不绝的是马提雅尔。

与普鲁斯特和波德莱尔等一小群作家的想象力并行,马提雅尔的想象力对于气味特别敏感。他特别蔑视虚华和不必要的奢侈,他认为昂贵的香水就是这种恶习的最典型的代表。在马提雅尔看来,人为的香气是另一种形式的炫耀、虚华和无价值的骗术。如果说桂皮是所有香料中最富诗意、最神秘之物,它同时也背负着最沉重的责难,其原因就是它最昂贵。普林尼曾列出各种等级的肉桂油的价格,不纯的肉桂油每磅为35到300古罗马便士不等,纯的每磅高达1 000到1 500便士,相当于当时一个百夫长6年的工资。肉桂油的香气可以说是金钱

---

① 卡图鲁斯(公元前84—前54年),罗马抒情诗人,尤以写给情人莉斯比娅的爱情诗闻名,诗作对文艺复兴和以后欧洲抒情诗的发展产生影响。——译者注

蒸发出来的，而这既是其优点，也是其缺点，全视评论者的立场如何。受马提雅尔攻击的推崇香料的人中有一个叫柯蒂鲁斯的"漂亮男孩"，那是一个装模作样的谦谦君子。他忸怩作态地在罗马闲荡，口里哼着埃及和西班牙的时髦小调，一头时兴的卷发，传播着各种流言逸事。这样一个典型的轻狂浪荡子，浑身总是散发着香脂和肉桂的香气，而那在马提雅尔看来则是"垃圾商品"。马提雅尔崇尚的是先前苏格拉底倡导的阳刚传统，蔑视男人身上任何不是得自健身房中的气味，看不起那些不应是男子汉身上应有的味道：

> 因为你身上总带着
> 浓郁的玫瑰花香，
> 还有那骄傲的凤凰巢窠的肉桂和桂皮的香气，
> 因此你嘲笑我们，柯拉希努斯，因为我们什么气味也没有，
> 可我宁愿没有气味，也不愿有香气。

香水对女人也没有什么好处。当时有一位有名的香水商叫柯斯姆思，他的客户当中有一个叫做盖莉娅的女子：

> 无论你走到哪里，你都会想到柯斯姆思的叫卖，
> 想到肉桂油正从晃动的长颈瓶中流出，
> 不要痴迷于那新奇的无价值之物，盖莉娅，
> 我想，你一定知道，我的狗也会带有这种香味。

这里的推论就是，盖莉娅自身也有些像只狗。

不过，马提雅尔也并没有把一切香气都视为时髦的多余。他对香料或香水的抱怨并不是它们的使用，而是过分和无度。实际上在其魅

力面前他本人也未能免俗。在他写得最富有温情的一首诗中，他把儿子清晨的吻比喻为藏红花和柯斯姆思的香水。在一首诗中他说他不打算给他的心上人买丝绸和桂叶香水，不过他仍然希望她能配得上那些东西。香料的问题在于其昂贵和人为造作，真正的好东西是不需要虚饰的。这是人们所熟悉的罗马情爱诗人的抱怨。不加修饰的本色是最好的。

而在那些持不同见解的人手里，罗马人制作香水的技术精华一直被保持到中世纪。在千年之交，随着与东方贸易的复兴和阿拉伯人科学技术的不断输入，制作香料的技术大为提高。从阿拉伯人那里学来的蒸馏法使得能够提取花精，这便使香水制作业为之改进，减少了对树胶、树脂和香料的依赖。即便如此，罗马人仍然保有对大多数配料及其社会作用的赏识。中世纪的香水制作是以油类或动物脂肪为基础，加上酒、香料和芳香物。香料被看中的仍然是以前的那些品性；配料越奇异，品味就越高。西班牙人、萨莫拉的弗朗西斯·朱安·吉尔写到用豹和骆驼等怪异动物的脂肪与酒和桂皮做配料。先把脂肪从肉上剔下，放到酒里煮，然后撤去火，晾放一夜。第二天再加上一些酒，混合研磨、搅拌，晾放一阵儿，最后再加上7种奇特的油，重新加热。最后一个程序是加上草莓等各种水果，以及希腊和罗马香水制作的传统配料，主要是桂皮和肉桂。他给出了一种典型的中世纪的腋下用香水配方，其中建议要及时地使用桂皮、丁香和酒来除去腋臭。

中世纪时用少量香料就可以对付的另一种恼人的毛病是口臭。《玫瑰的故事》(*Roman de la Rose*) 第二部分的作者让·德·默恩（1240—1305年）告诫一位有口臭的妇女说，千万不要空腹时对着别人讲话："尽可能不要把嘴对着别人的鼻子。"17世纪时，彼得·达米安（还记得吗，就是那位把克卢尼比做香料园、想象他们的香水气息在天堂中飘荡的人）提到一些贵族妇女，她们"海淫地"咀嚼着香料，以清新口气。而在达米安看来,她们实际应当咀嚼的是圣诗和祷告词,"这样上帝的眼中才可能带有香气"。更不体面的是,乔叟笔下的阿伯萨拉姆先在口中嚼一些小豆蔻,然后去引诱米勒的老婆,结果是大倒其霉。

这里,正如香水的情形一样,一些人认为诀窍在于:真正有品位的女人是无须人为地去提升的。1505年,当英王亨利七世遍寻欧洲宫廷以期找到一位新的夫人时,看来他就持有这样的想法。他派了3位心腹去打探一位候选者——那不勒斯年轻的女王,他事先交代说,要"观察一下她头发的颜色","特别要察看她的肤色","注意一下她的唇边可长有纤毫","留心她的乳房和乳头,看看它们是大还是小",等等。对亨利来说,他未来的王后口中的气味很重要,他对使臣们的指示是:"在不失礼的情况下,尽量接近她的嘴,以便能嗅到她的口味,看看是否清新。每和她说话时,注意感觉她的口气中是否带有香料、玫瑰露水或麝香的气味。"

使臣们传回的报告是令人满意的:"我们在不失身份的情况下尽量接近了她的面部,我们感觉不到任何香料或香水的味道,她娇好的面容、洁净的皮肤和口腔,使我们真诚地相信,这位女王的气味一定是清新可人的。"可是她有一个致命的毛病——没有钱,这使得亨利一直是一个鳏夫。

在没有牙膏的情况下,口气不好的人会使用香料,这或许不是什么怪事;可是香料的气味不但被认为是诱人的,而且是有性诱惑力的,这是为什么?就目前来说,这是一个找不出满意答案的问题。科学家们很早就知道气味和性欲的密切联系,尽管他们的发现多是提示性的,而不是确定性的。不错,人脑处理气味的部分正是掌控欲望的部分,嗅觉不好的人常常报告性欲减退,某些气味确实可以刺激性欲望。弗洛伊德在《文明与不满》(*Civilisation and its Discontents*)一书中也这样说（诚然，他也是依据一种猜测），书中还说，压抑这种反应是文明生活的一个必要条件。当然，在谈到这两方面时，并没有特别提到香料。最保守的说法是最保险的，那是人类学家提出来的，与习得的反应相比，他们倾向于更多地归之于传统和信仰，较少地归之于天性。如果鼻子"知道"香料闻起来能刺激性欲，那么可以想象，身体就会作出相应的反应：如果信仰能移山，它就能移动更多别的东西。

现在应当清楚的是，鼻子早就知道香料的性刺激作用这一点是没有疑问的。美国性学家詹姆斯·莱斯利·麦卡利（James Leslie McCary）认为，现在仍然是这种情况。他在《春药与性欲缺乏》一文中以科学的眼光来看一个古老的信仰：把一个伙伴哄上床的最好方法是给他或她提供一顿美餐。为了证实这一假说，他制作了一种蜜饯，那是把梨和草莓泡在橘味白酒里，"加上搅打的蛋黄、糖粉、丁香和桂皮"，在一种受控的环境下向接受试验者询问，半数的人说那道甜点"非常'性刺激'"。麦卡利认为其原因在于它的口感、味道和香气："甜点口感爽滑，似奶，而这是我们潜意识中等同于性感的东西。此外，它的香味（丁香、桂皮、利口酒）'奇异'（exotic），这也是等同于（不管是在怎样替代的意义上）性意想的一个词。"经过这样的滋补，我们就对为什么会"很自然地……准备好了肉体和情感方面的最终的表达——做爱"给出完全科学的解释。

以通常认为的香料所具有的某些效力来看，这算是温和的诱剂，一些推崇空气传播的人提出了更强大的催情剂。香水的无可比拟的优势是以肉眼看不见的方式产生作用，其效力因为是纯粹气体性的而更加微妙诡秘。18世纪时一位名叫詹姆斯·格雷厄姆的江湖医生四处游说，兜售他的产品，那是一种"天国的，或者说医学的，磁力的，音乐的，电气的床"，一项不寻常的发明，它保证能通过对感觉官能的不断刺激而增强欲望。格雷厄姆对他的听众保证说：

> 床的圆顶高贵、典雅，我要说，是一个富丽的穹隆，散发着香料、香水和香精的温馨气息，它使人神清气爽、精神亢奋，就像美妙的音乐荡人心扉，或像电火催人性起，顶的底面镶嵌着闪亮的镜子，以各种角度照出那躺卧的一对儿的各种琼姿魅影。

花上50英镑的额外小钱，还可以租上一个乐队来一段激情的演奏。

格雷厄姆的主顾们应该说是一些知情的受诱惑者，但空气传播方法的部分魅力，或说危险，在于它可以施加于一些不知情的接受者。还有什么比一种肉眼看不见而持续不断的诱人气味更能吸引一个不经意的人的注意呢？在穆罕默德·阿勒奈福照乌（Mohammed al-Nefzaoui）教长15世纪时所写的《香水乐园》(Ten Perfumed Garden)一书在这方面说得最有意思。那是一本受突尼斯和阿尔及利亚的Halfsid总督、苏丹王阿卜杜勒—阿齐兹·阿勒哈夫西之托所写的一本阿拉伯传统的性学手册。这本一部分是实践指导、一部分是粗俗段子的指导书是极少见的几本通过翻译而有所增益的著作之一，它由于理查德·伯顿（Richard Burton）翻译成淫秽的维多利亚英语而更活灵活现。

正如书名所暗示的，香水是一种最细微精妙的情诱手段："男人使用香水也和女人一样会引发性交行为。女人闻了男人施用的香水会神昏志迷，男人借此易于得手。"这位教长先生所引述的一个最突出的例子是假冒的先知默卡伊拉马的诱骗花活，"这个骗子，凯思（真主会诅咒他！）的儿子，假冒有预言的天赋，效仿先知真主（祝福他，向他致敬）"。当另一个女骗子假先知向他挑战，要他证明他的本领时，默卡伊拉马感到不知所措：他怎么能使他的对手相信他有那些自称的本领呢？正当他为此苦苦思索时，一个淫荡的老头给他支了一招：应当用情诱的手段使自己摆脱困境。

方法很简单：在和那位假冒的女先知见面之前，他应先支一个帐篷，内置鲜花，燃焚香料，"当你感觉那气味强到足以使水浸润时，你便坐于王位之上，然后派人去叫那女先知到帐篷里来见你，而她必须单独见你。当你们俩单独待在一起时，她会吸入香气，她会变得心旌摇荡，浑身骨头酥软，以至神魂颠倒。当你看到她已入此境时，要她与你共享鱼水之欢，她一旦被你占有，你就不会再受眼前的难事困扰"。

默卡伊拉马用不着更多的点拨，一一照那老色鬼的指教做了。当那位女先知坐定在那里时，不可抗拒的香气便开始发挥威力："她心醉神迷，变得迷茫而不知所措。"默卡伊拉马便以他不可抵御的魅力勾引之："来吧，让我与你做爱，这个地方就是为此目的准备的。你可以仰面躺下，或双手扶地，也可以像祈祷时那样跪下，额眉着地，臀部翘起，像三足鼎立。不管你喜欢什么姿势，说出来吧，你都会得到满足。"

那女人被香气熏得发蒙，不知何者为好，于是叫嚷道："这些方式我都要试一试！让神给我以启示，哦，无所不能的先知！"

伯顿从事翻译的时期正是维多利亚女王在位的年代，人们对这类东西的接受是不一致的。对于那些视香料为东方情色堕落标志的人来说，这种形象给他们增加了攻击的材料，而香料之被认为是淫欲的东方气味也许是不可避免的。尽管学者们通常把这种态度看做是一种近代现象，是帝国主义者认为自身文化优越的重要部分，但就香料来说，这种联想显然是自从认识到东方的存在时就有了。在香料的批评者看来，它们的异国情调——这是它们吸引人的很大一部分——以败坏道德的毒药的面貌而重现，它们的外来品特点不是抬高其身价的东西，反成了其流行的阻碍。此外，希伯来先知和罗马多神教徒也都持这种看法。卢坎（39—65年）特别突出埃及女王克娄巴特拉为恺撒所设宴席的奢靡气味，描绘了一幅腐败东方的图景，在尼罗河富庶灿烂的文化背景下躺在睡床上的恣意放荡。这位埃及女王在她的镀金的宫殿中用她的疆域中奢侈美味的佳肴款待宾客，毫无羞耻地展露她用时髦的丝绸制成的袒露胸背的衣裙（古代的蹩脚货！），用卢坎的话说，那是诚实的罗马士兵们从未见过的奢华。那些被征服了的具阴柔气的东方人反过来又使罗马人丧失了阳刚气：

>他们的头发浸染着桂油的香味，
>异国的气息仍清新可闻，那是它们故乡的气味，
>小豆蔻，新近进口的……
>还有爱之香料

罗马人有关香料为浮华虚荣之物的批判在基督教辩论家的著作中重新复活。在基督教世界中，香馥之气具有一种让人难以参透的模糊意识：一方面它隐喻着美丽和奉献，如耶稣使徒所说"你是基督的气息"；但另一方面，它又含有一种诱惑之义，一种危险的无理智的征兆。特别是香水，由于它的作用微妙又不可见，它对肉体的腐蚀更为隐蔽。在早期亚历山大基督教社区的领导者、（亚历山大的）克雷芒[①]（150—211年）看来，"对馨香之气的属意是把我们引向感官欲望的诱饵"。他认为洁身自好的女人要克制自己不去香水店之类的场所，女人在那些地方放荡地玩乐就像妓女在妓院中自贱。

这种观点的引申就是：闻恶味是有益的。基督徒的理想并不是无味，而是要有恶味。这种愿望在据认为是（阿奎莱亚的）鲁菲纳斯（345—410/411年）所作的对圣阿尔塞尼（354—455年）生活的描述中得到了很好的概括。那位隐士对他以前在巴比伦的奢侈生活、耽迷于香气的感官享受，深自懊悔和羞愧，作为对安逸享乐生活的弃绝，他隐居到埃及沙漠中的一个斗室中，睡在发臭的污水浸湿的腐坏的棕榈叶席

[①] 克雷芒，希腊神学家、亚历山大基督教学校第二任校长，将希腊哲学与基督教教义相结合，为基督教亚历山大学派奠基人之一。——译者注

上。与他一起的修士们抱怨难闻的气味，而他的回答是，他讨厌熏香和麝香的气味，他宁愿忍受这污浊之气，以换取灵魂在来世中享受芳香之气。这是今世与来世享乐的一种简单交替换位，而在阿尔塞尼看来，在这件事上是根本没有选择的，否则的话，当最后的号声吹响时，他的肉体在尘世上享受的财富和淫乐将使他的灵魂永受地狱之苦。

据此，对香料而言，广泛的渴求就意味着广泛的危险性。奥古斯丁本人特别提到了肉桂，他悲叹自己虚度的青春，"在巴比伦的街上闲荡，在那里的污秽中翻滚，就像浸在肉桂油和名贵的香膏中"。这种对腐败的提醒不仅仅是由于教会神父所具有的对罪恶的出名的敏感嗅觉，奥古斯丁对肉桂的指斥实际上不过是在重复《圣经》的神谕。尽管香料在《雅歌》中的出现具有神秘色彩，其中仍然提到了伊齐基尔被毁灭的城市提尔[①]，连同那里的肉桂、菖蒲及"各种尚好的香料"，那是被从海的中心处刮来的东风毁掉的。继提尔之后的是巴比伦。就是把香料描绘为天堂伴物的同一天启录，又把它们置于"禁果"之列。《启示录》这样提到那座"你的灵魂渴望的"被毁的城市：

> 哦！哦！你这伟大的城市，
> 你这壮美的城市！
> 你的末日审判来得如此之快。
> 地球上的商人们为她哭泣，为她悲悼，
> 因为从此再没有人购买他们的货物，那金银，那珠宝，那精细的亚麻、紫袍、丝绸和红衣，各色香木，各种象牙，各种

[①] 提尔，黎巴嫩西南部港口城市，古时曾为腓尼基的一个奴隶制城邦——推罗。——译者注

> 名贵木料、青铜、生铁和大理石，肉桂、香料、熏香、没药、乳香、葡萄酒、油料、精粉和小麦，牛羊、马匹和战车，还有奴隶。

正如《雅歌》是诗人的倾诉，这里则是传教者的布道：香料是情爱的食物，它们也是引发悲叹的火种。在一个为《圣经》经文所浸润的时代，一个预言世界将出现种种灾难的时代，人们很难视香料为无辜之物。

当然，并非所有的人都持这样极端的观点。一方面，确有少数顽强的人坚持把被毁城市的肉桂和其他香料看做是逝去的德行的象征，从而使得福音传教士们激烈的观点与《圣经》中香料以神秘的形象出现的那些段落得以协调。不过，就大多数人来说仍然是把香料看做巴比伦—罗马道德败坏的象征、多神教徒沉沦生活的象征，或者是一种奢侈无度，由之导致那座城市的毁灭。这种普遍的观点至少早在颇有影响的殉道者圣希波吕托斯（Hippolytus, 170—236年）时就有了，他是一位长老和僭称的教皇、《关于反基督》（Concerning Anticbrist）的作者。从最好的方面说，巴比伦的奢侈品象征着世间财物的虚假的魅力和期许；从最坏的方面说，它们是巴比伦乱伦和"荒淫无度"的又一表征，"引诱她①私通的迷幻酒"，它们既使那些巨商们暴富，也使他们归于消灭。"她如何尽享奢逸和愉乐，她也因此备受痛苦和哀伤。"

当使徒约翰在爱琴海的帕特莫斯岛（传统上是这样认为的）写下这些话时，他所指的巴比伦并不是美索不达米亚的巴比伦（它当时不过是帕蒂亚帝国的一个地方省），而是世界的真正情妇——罗马。那位

---

① 这里把当时的罗马比喻为堕落女人，见后文。——译者注

灾难预言者所开列的巴比伦名贵物的单子读起来就像罗马奢侈品贸易的一个摘录，这并不是一种巧合。事实上，以事后的眼光来看，它清楚地表明了奢侈的肉桂和香料在人们心目中的地位。根据查士丁尼一世皇帝（438—565年）之命，东方奢侈品在进入红海时都要纳税，而那位灾难预言者所罗列的物品与官方的纳税单极为相合：桂皮、象牙、亚麻、珠宝、金子。香料给人们带来感官享受的那些功用也正是它们受责难之处，难逃灾难预言家的鞭挞。上帝将会记得巴比伦的不德。

显然，世人也是如此。如果不是在消费者至少是评论者眼里，当东方贸易从黑暗的中世纪的沉眠中苏醒过来时，灾难预言者的责难给香料传说的美好蒙上了阴影。香料贸易的增长不是减少而是更增加了那种显见的危险。硫火①在不断侵入。早在12世纪初，正当输入欧洲的肉桂达到了自古罗马时代以来未曾有过的数量时，（圣维克托的）休把香料视做罗马奢侈堕落的卷土重来。那些在他看是来自12世纪"文艺复兴"以来崛起的巴比伦之东，他想象着驮负沉重货物的骆驼和商人的漫漫长队，他们载着各种香料、稀有和贵重的服装、大量金属、各色宝石、马匹和无数奴隶。事实上，这并不是对穿越阿拉伯把香料运往西方的商队的一种贬抑性描述。世界又开始向前发展，可是在休看来，东方奢侈品中最显要之物代表的不是开拓进取者的胜利，而是人类贪欲的重现。肉桂是酿造灾难的调料。

这里的道德说教并不限于灾难预言者所警示的帝国的衰亡，香料在我们今天所谓的个人消费问题上也完全可以起一种教育的作用。的确，由于香料背负着引发淫欲的名声，很少有更适合的奢侈品可用来佐助中世纪道德家们所偏爱的说教了：任何予人享乐的东西，哪怕是些微的，都是对人有害的。这种观念可说是伊壁鸠鲁享乐主义的反转，

---

① 硫火（sulphur），古代认为是构成地狱之火和闪电的物质。——译者注

其见识用教皇利奥一世的话表示就是："使人外部感官愉悦的东西有害于人的内里。"香料作为这种说教的例示出现于一本名为《故事微言》(*The Alphabet of Talks*)的书中，那是一本自13世纪起以各种版本流行的启迪故事集，副标题是"何以肉体享乐往往以痛苦和灾难继之"。在15世纪的一个英文版本中有一则故事说，一位公爵夫人极尽奢侈，以至连洗漱之水都要用她的仆人在夏季清晨收集的露水（人们不知道她冬季用什么）。她认为用手吃肉有失尊严，坚持要用刀叉——这细节很可以使我们看出一些中世纪的用餐规矩——"她要使自己的床有那样强的香料香味，说起来都会让人惊奇。她这样的穷奢极欲，结果正义的上帝罚她得了癌症，身体腐烂……其味之大，无敢近之。"

这也就是说，对于她过分寻求香气的贪欲和享乐，招致的就是腐臭的因果报应。①另一方面，香料也还是有好的地方，由于那位贵妇人身体的恶味，仆人都离开了她，只剩下一位女仆，"她不顾那恶味敢于接近她，只是因为她颈上那么多香料的香气，即使这样，那恶味也使她不敢长时间地逗留"。

在这种得失总和为零（现世和来世之间两种大小相同方向相反的作用力）的道德说教中，香料成了道德家们的老生常谈。正是由于它们的香气及在中世纪贵族奢侈品中占有的突出地位，它们与基督徒的俭朴的苦行生活（或者换一种说法，死与地狱之火的痛苦）形成了（或者说人们希望如此）鲜明的对比。因为今日的馨香势必意味着来日的恶臭。继肉桂而来的是点燃地狱之火的硫磺。因此彼得·达米安（那位特别依赖香料以引起兴奋痴迷，但在现实中又特别讨厌它们的神秘的作者）设想那些地狱中被诅咒的人："那些今天花天酒地的人，明天

---

① 读者会看到这里包含的但丁的 contrapasso 的观念，即一种与罪过相匹配的惩罚。

将要痛苦地呻吟，为他们今天的淫荡享乐作无尽的悲叹；那些今天闻吸香料芳香、迷恋那强烈气味的人，明天将受硫磺恶臭的熏堵，漆黑的浓烟将笼罩大地。"如果奢侈的抵押不在今世偿还，它必定要在来世偿还。

即使在香料是时代的气息的年代，人们对那种香气也抱着一种矛盾的心理。一致的看法是它们的气味能引发情欲，但对这是好事还是坏事看法上却殊为不同。它们有天堂的气息，但又激起淫荡；欲求中夹杂着嫌恶。特别使人感到惊异的是，就在那些最殚精竭虑寻之求之的人之中，有些也是抱有疑虑的。在威尼斯，尽管香料贸易曾是经济的一个重要部分，但长期以来也是一个骄奢淫逸、笼罩在衰落阴影中的帝国形象的伴随物。即使在大发现时代的顶峰，当欧洲人自罗马时代以来第一次重返香料故土的时候，一些人也在香料的香气中嗅到了腐败气息。费尔迪南德和伊莎贝拉的牧师、殉道者彼得在庆祝西班牙征寻香料的勇武功绩的同时，对它们有害的、使人失去阳刚之气的影响发出了悲叹。在写到麦哲伦驶抵摩鹿加群岛的航海之行时，他不以为然地称那些香料是"使男人女性化的珍肴"，他不认为这里有什么矛盾之处。他更清楚地知道，这种看法古已有之。在提到摩鹿加群岛本身时，彼得说道："自罗马的奢华年代起它们就——可以这么说——悄然地进入了我们的视野，给我们带来不无严重的影响。那些淫欲的气息、香水和香料使人性格变得柔弱，男人变得女性化，德行淡漠，耽迷淫乐。"但就是这些腐蚀灵肉的香料却成了人们向往的目标。

历史学家们已不再作这种泛泛的道德说教，但就彼得的情形来说，他的一些猜想仍然流行着，虽然不是那么引人注目，或不那么有意识。所说的负罪感已不存在，但香料引起感官刺激的前提假设仍不乏信者。正如他视香料为肉欲情色的引诱物，现代香水工业仍然是香料的主要消费者，它们向人许诺的情诱作用让人咋舌。加尔文·克莱因的"魔力"香水（Obsession）中含有豆蔻和丁香；伊夫·圣洛朗的"鸦片"（Opium）香水中含有胡椒，这种例子不胜枚举。生姜、肉豆蔻皮和小豆蔻都是常用的添加剂。如果我们相信广告的宣传的话，我们就会得出结论，香料的诱情作用一如既往，只不过人们对这一现象不再那么有意识。

不过，总体上说，现代对于香料与情欲相连的观念主要是文字上的，而不是本意上的，但也仍然是很实在的。纽约市有一个香料店的店名叫"春药"——只看这名称就很清楚了。二者源远流长的联系使得它们已渗入到现代的流行文化中。20世纪90年代中期"辣妹组合"（Spice Girls）一度像耀眼的彗星划过流行乐群星的外层轨道，随后又依名人的牛顿物理定律，坠向地面烧毁。不用说，使她们热辣火爆的仍是她们勃勃的性感。不管是有意还是无意，她们沿袭了一个重要的传统。以下是《柯林斯英语词典》（*Collins English Thesaurus*）中有关"香料的"（spicy）词条的定义："芳香的、有香气的、热辣的、刺激性的、有味道的、加作料的、扑鼻的、露骨的、不适当的、不庄重的、不文雅的、退色的、下流的、淫秽的、丑闻的、蛊惑人心的、猥亵的、挑逗性的、不得体的"——把这作为这里讨论的一个小结应该是不错的。

如何让小阴茎展雄风

这一节的撰写是根据一个假定：香料的任何催情作用更多地存在于人的意念中而不是身体中，其作用（如果有的话）乃是一种信念方面的东西，而不是任何严格意义上的生理反应。考虑到有一些关于香料作用的过分轻率的说法，这看来是一个合理和必要的指导性方法。在以上提到的有关这一论题的著作中，从各种意义上说最直白地论及淫欲的要数《香料乐园》一书了，而其中的提法也是最大胆的。

这是一本少见的完全符合学者们所谓的阴茎中心观的书。穆罕默德·阿勒奈福照乌伊斯兰教长始终关注的是阴茎的功能和大小，而在这方面他特别提到了香料的多方面的作用。它们可以被直接涂抹，照这位教长的说法，其效果比融化的驼峰油、皮革、热松脂和活水蛭更好。他的建议有时看来有些鲁莽："如果你想提高快感，咀嚼一些荜澄茄—胡椒，或者大颗粒的小豆蔻子，把一些涂抹于阴茎头上，然后就可以干活了，这会给你和你的女人带来无与伦比的享受。"香料甚至能促使一个女人打点行李，搬过来一起住："如果你想激起那女人强烈的与你同居的欲望，取一些荜澄茄、欧蓍草①、生姜和桂皮，放在嘴中咀嚼，用唾液将阴茎抹湿，并且替她也抹上一些，她由此产生的激情将使她对你恋恋不舍。"

但这比起第18章"增大小阴茎使展雄风配方"的内容来说就不足道了。由于这一论题的极端重要性，作者将其放在最后一章来讨论："因为大阴茎会使女人产生绵绵情意。"反之亦然："许多男人仅仅因为阴茎短小，在交合一事上，被女人嫌弃。"

可幸的是，有一方便的挽救法：

> 阴茎短小的……男人，若想使之变大或坚挺以利性交，需在交媾前用温水摩擦，直至其变红，由于温热充血而胀大；然后以蜂蜜和生姜调拌涂之，专心揉摩使其浸入皮肤，之后可行房事；女人所得之快感会使她缠绵不去。另一种配方是以少量胡椒、熏

---

① 北非产的一种芳香根茎，亦称小白菊，香味清淡，食之辛辣。

第五章 爱之香料

衣草、高良姜、麝香混合，研成粉，过筛，拌以蜂蜜和腌姜。先以温水冲洗阴茎，再以调好之物着力揉搓之，阴茎会变得大而粗壮，这会使女人淫欲大增。

这也许是香料催情作用最强的一种说法，但完全可能是真实的，虽然或许有些夸大。芝加哥气味与味觉治疗和研究中心的艾伦·赫希最近发表一些研究结果得出了相差不多的结论，只需把教长所称的"展雄风"换成通常的概念，即增加阴茎血流。在所作的一项研究中，赫希让自愿接受试验的男子闻各种气味，同时用一个小压力箍套测量阴茎的血流。首先让一些医学校的学生作试验，结果是对桂皮卷的反应最强。可是在较大范围内所作的重复试验表明，熏衣草和南瓜饼可使血流量增加40%，多炸面圈使增加31.5%，这使桂皮卷和一种未提名的"香料"相形见绌。

根据这个研究结果，赫希认为气味对性欲有极大的影响；事实上他所得的结果看来也在一种较小的程度上证实了香料——性欲的关联。不过，这并不能结束关于后天习得的还是先天固有的这类辩论，但不管怎么说，炸面圈胜过了香料，至少对芝加哥的男人来说是这样。（然而赫希确也发现，他的东方香料对于那些性交特别频繁的人来说影响力最大。还有一点值得注意的是，所有自愿参与试验的人都是通过广告从芝加哥的一个古典摇滚乐团招聘的，可以说那是特别爱吃炸面圈的人。）

但是，如果说在人类方面还得不出确切结论的话，有关啮齿动物却得到了一些虽小但很有希望的证据。这是沙特的一个科学家小组在寻找桂皮（Cinnamomum zeylanicum）的毒性而不是春药时意外发现的。科学界对这方面的研究一直有很大兴趣，迫切想弄清香料的抗菌和抗微生物特性是否能有工业和医药方面的应用潜力，而其结果也许倒证实了一位修士的猜想，达到了那位教长的满意。

所说的试验是通过实验室的老鼠进行的，这些老鼠被分成三组，所喂的食中包括数量不等的桂皮。第一组作为受控制组，不喂香料。第二组喂的食物中有很高的桂皮含量。第三组可以说是用桂皮填塞的，就像为得到"肥肝"（foie gras）而催肥鹅一样。

用桂皮喂养的老鼠得出了很有意思的结果。就毒性来说，试验表明香料的毒性很小，或者说只有微小的负面作用。受控组没有显出什么可观察到的改变，只是体重大大增加了——太多的热量，太少的窜来窜去。第二组没有显示大的负面作用，体重也没有大的增加。第三组同样没有显现可观察到的负面作用，只是血色素计数有微量下降。与另两组相比它们也保持了较瘦的体形。最有意思的是一个意外的发现：用桂皮填喂的老鼠都显出生殖腺非正常性增大，雄性老鼠的精子计数大为增加。这些大量增加的精子的活力也比正常的强得多，它们是更优秀的游泳者。

迄今还没有有关人类的类似试验发表，或者我没有看到（没有看来可信的），但上述结果看来是很有希望的，特别是在一个全世界都报告精子计数下降的时代。这个试验有些迟地第一次提供了些微科学证据，表明香料的提倡者果真要有所发现，不仅仅是一种安慰意义上的，而是有更深的生理学意义的。当然，有一些人会认为非正常的生殖腺增长和大量的精子生成并不一定是在催情剂研究中人们所追求的东西，桂皮可能也不会像伟哥那样做到一有要求就引起勃起，但它在实际的催情药物研究中仍然会有某种重要的用处。

第四部分
精　神

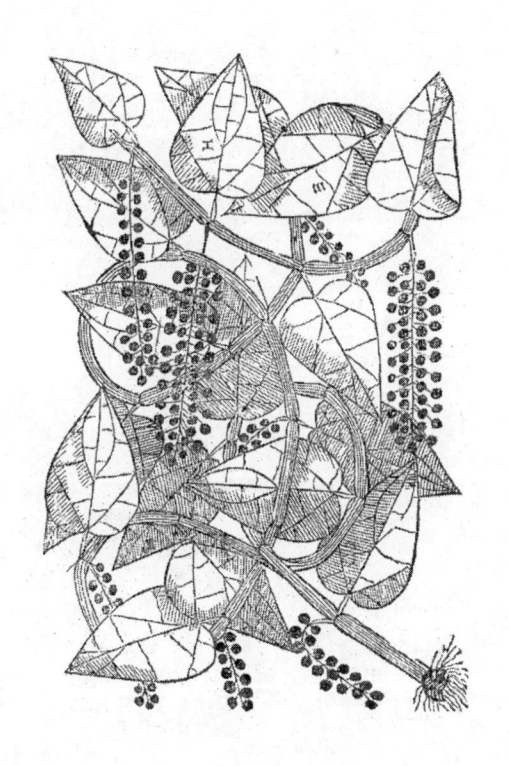

胡椒藤的叶子
原载克里斯托瓦尔·阿科斯塔《论印度东方的药材与药品》
（布尔戈斯，1578年）

第六章
神之食物

> 把最好的牛羊驱赶到这里；
> 在祭坛上堆起从印度收获的果实，
> 那些阿拉伯人从芳香树上采摘的东西；
> 让浓郁的气息荡漾……
> ——赛内加（公元前4—65年）《海格里斯·沃特斯》

> 一些人对于某种气味极为敏感！这的确是一个吸引人的有待研究的问题，从生理学和病理学的意义上都如此。牧师们很清楚气味的重要性，在他们主持的仪式上总是有各种混合香物，意在麻痹人的理性官能，使之进入一种神迷状态，这在妇女身上很容易实现，她们比男人更为敏感。
> ——福楼拜《包法利夫人》（1856年）

神烟

如果我们相信奥维德所描绘的故事，我们便会知道有关香料的许诺曾促成了历史上最有名的对女人的诱拐。那位奥古斯都诗人在他长诗《赫罗伊德斯》（*Heroides*）中，描写了斯巴达的海伦[①]的犹豫与彷

[①] 海伦，相传为宙斯和勒达之女，斯巴达王梅内内奥斯之妻，后被帕里斯拐走，因而引起著名的特洛伊战争。——译者注

徨，她在苦苦地思索是否抛弃家园、名声和家庭，与寄宿在她家中的能说会道又漂亮英俊的帕里斯私奔。最终，那位王子的甜言蜜语与她粗鲁、"土气的"丈夫的轻蔑态度促使她作出了决定。船在岸边等候，随时准备载着她远走高飞：

> 武器和海员已经配备，特洛伊船队即将离岸，
> 海风和船桨会加速我们的航程。
> 伟大的王后，你将从特洛伊城通过，
> 百姓们会以为新的女神来到他们中间。
> 不论你走到哪里，都会有桂皮的火焰点燃，
> 祭畜的鲜血溅洒地面。

这个引诱果然奏效，斯巴达的海伦变成了特洛伊的海伦。

如果说这个故事是永恒的，帕里斯的引诱条件却并非如此。屠斧砍杀的牲畜和香料点燃的火焰能够引发爱情和战争，这看起来颇有些奇特，但在古人眼里却没有什么不寻常。不论是读过奥维德的诗的有见识的奥古斯都古罗马人，还是传说中的青铜时代的王后海伦，如果确有其人的话，都会意识到所提出的条件的巨大诱惑力。事实上，帕里斯所提的那些条件正与把海伦奉为女神的身份相合。肉桂与其他那些采自赤道亚洲、又经船队和商队载过莫名的海洋和沙漠的各种香料和香物都是神的食物。

早在有香料被食用的证据之前很久，它们就被应用于描述为宗教的或魔幻的（其区别很大程度上只是一个观察角度的问题）用途中。不用说，奥维德的对话只是对一个几千年前可能或未曾发生过的事件完全想象性的描述，但它仍然向我们提示了香料历史上的一个重要且历久不衰的论题。至于使用香料拜神的实际用途，奥维德借助帕里斯

之口的描述可说是相当准确的。

在奥维德的年代（基督诞生前的最后几十年），像帕里斯所说的那些场景是罗马帝国的庙宇和神祠中每日都有的景象。正如帕里斯向海伦许诺的，香料通常是用来混入在宗教仪式过程中燃烧的熏香里或直接加入寺庙火盆的火焰中。另一方法是将其掺入香水或油膏，涂于崇拜的偶像或拜神者本人的身上。这些异域的稀有和神秘之物是古时拜神中最被看重的物品。香料的实用特点也是其有吸引力的原因之一。和熏香混在一起时，它们会释放出一种沁人心脾的馨香，使近东和阿拉伯的树胶和树脂气味更为浓郁和深厚。今日的商用熏香所采用的也恰是此法，其中很多掺有桂皮、胡椒、肉豆蔻皮、生姜、丁香和肉豆蔻。在印度乡镇的小街上人们依然能够看到工人们在做熏香混料，先把香料研磨成糊，然后滚卷成圆锥状或抹在细木棍上。这是自古代起就留传下来的习俗。

一句话，多神教是有气味的。公元98—117年特洛伊皇帝统治时期编纂的一部早期基督教著作《沙比尔行传》（*Acts of Sharbil*）中，描述了一个典型的拜神景象，那是叙利亚埃德萨镇的一个节日场面：

> 全城的人都集中到了圣事馆对面中心广场上的巨大祭坛旁，诸神（即它们的塑像）都被搬来了，装点起来，端坐在那里……牧师们都在用香料香和酒祭奠，馨香袅袅，牛羊被宰杀，竖琴和鼓乐之声全城可闻。

除了盛大节日以外，香料、熏香和香水之气还充溢于古代的宗教仪式，正如宗教充溢于生活本身。城镇不论大小都有数十个寺院和参拜点，那些守护神都以馨香供奉，每逢它们的节日，信徒们都排成长队手持香炉和烟熏香水罐游行庆祝。海员们和旅行者都带着叫做"赛米亚特里亚"(thymiateria)的小香炉,人形状,顶部有一凹口。从比萨港的淤泥中挖出的公元前2世纪初沉没的"狮船"(Lion Ship)的残骸中发现了一些这样的香炉。除了通常的拜神外,特殊场合需要特殊的香气。公元218年,叙利亚出生的古罗马皇帝埃拉加巴卢斯即位,他以最好的酒、牲畜和最浓的香气感谢他的守护神,一群叙利亚美女"在粗俗的乐曲中跳着淫荡的舞蹈"。

罗马人痛恨埃拉加巴卢斯奢侈的东方生活方式和崇仰外国的思想,但对他的渴慕香料大概并不加挑剔,因为到那时罗马宗教也已经是香气十足了。在罗马家庭中,每天早上都要向守护家庭大门和壁炉的家庭守护神供奉花环和烧香(在巴厘岛当地人至今有着类似的习俗)。西塞罗在著作中写到城里的人给街上的英雄塑像烧香。城墙之外,农村中散布的神祠中点缀着过路者供奉的香物。维吉尔描写过众多维纳斯祭坛燃着沙巴香,空气中弥漫着花环的清香。塞内卡的大力士在为又一次胜利而感谢神恩时要人们献上最好的祭物和印度香料。

我们已经看到,爱神带有奇异的香气,事实上众神都喜爱芳香。为了赢得它们的恩宠,想在比赛中获胜的运动员在比赛前往往在自己的身体上涂抹香水或以香水做供物——这可说是一种原始的兴奋剂,它的一大好处是可以使人轻易地搪塞失败之责。其道理是,如菲罗斯特拉特斯(Philostratus,170—245年)所写的,一些运动员把他们的失败归因于香水选得不好:"……如果我燃的是那种而不是这种香水,我就会赢了。"在叙利亚国王安蒂奥楚斯·埃皮法尼斯(公元前215—前164年)于达夫尼举行的运动会上,观众们的身上被涂上15种香水中的一种,包括桂皮的、甘松的和藏红花的等,最后离开时又被戴上没药和乳香的花冠。害单相思病的罗马人焚烧香料以赢得爱神的眷顾,认为任何失败都是他们自己的过错:"如果试验不成功,他(情种)总是把它归咎于自己的疏忽,认为是自己忘记了焚烧香料,或者忘记贡奉或化解香料"。

香料有如此大的名声，以致在共和国时期凡世俗的使用都被视为有亵渎之嫌。公元前46年恺撒凯旋时受到夹道欢迎，人们手里拿着散发着香气的香炉。不管群众做出的是怎样盛情的姿态，恺撒这种对以前只有神才可享有的习俗的僭越在元老院精英中引起愤慨，他仿佛是一位僭称天子的东方君主。在两年之内他本应得到因果报应，可是从长远来看恺撒实际所得却是被神化为一个新的帝国时代的殉道国君。时隔不久，所有的罗马皇帝都得了神的封号，从而得到以香水、香料和熏香供奉的资格。

恺撒焚燃的是何种香水我们无从得知，但是其中很可能含有桂皮，那时桂皮已成为东方香料中最受景慕和最重要的一种，其次是一种质地逊色一些的它的类似物玉桂（cassia）。粉状的桂皮很容易溶解于脂肪或油基中，桂枝可用于助燃——圣火绒。在这一意义上它是神圣之物，一种魔幻之物。菲罗斯特拉特斯谈到过公元2世纪的一种神奇的香料加宝石和碎蛇肉酒酿，据说有使人与动物沟通之效。罗马皇帝韦斯巴芗（Vespasian，9—79年）在"太和殿"（temple of Peace）中以覆盖有金箔的桂皮皇冠祭神。老普林尼在享有王权的贵族领地的一座寺庙中看到过一个盛于金盘中供永久展出的一块巨大的桂皮，就像基督教会后来展示它们自己的珍贵的、有神力的遗物一样。

罗马人也和在东方的更古老的文化一样对肉桂怀有景仰之情。公元前247年到前226年在位的叙利亚的希腊统治者塞琉古二世曾把两磅肉桂和两磅玉桂祭献给位于米利都阿波罗寺。甚至在那个时候，地中海人对这种香料的了解已经有好几百年了：公元前6世纪初，先知以西结[①]在其著作中提到包括玉桂在内的来自提尔异域的奢侈物。大

---

① 以西结，公元前6世纪以色列祭司、先知，相传《以西结书》为其所作。——译者注

约同一时期在希腊，萨福①写到在赫克托耳②与安德罗玛赫结婚的队伍通过注定有厄运的特洛伊城时燃烧桂皮。文献学家们长久以来一直认为萨福所说的桂皮与现代的香料不可能是同一种东西，但已有证据表明，那位女诗人熟悉香料并不是不可能的。在特洛伊稍靠南的萨摩斯岛上，德国考古学家在一个公元前7世纪的贮藏室中发现有桂皮，考古发现的地点曾是宙斯之妻赫拉的寺庙，那香料无疑是萨福时代或之前供奉给那位女神的。

这里便出现了奇事。没有证据表明萨摩时代的希腊人知道印度，而在其后的数百年间，印度只是人们心目中的一个概念而不是地理位置，仅仅是东方的一个代称。可是，如果说印度是一个谜，香料就更其如此了。在某种意义上，它们不是神的也是魔幻的，它们不知道以什么方式从地图上那广阔空白的空间而来，那是龙、神与鬼怪的故乡。由不可知的谜便产生出了神秘的故事。公元前5世纪通过希腊历史学家希罗多德（Herodotus）③讲述的桂皮收获的故事开创了一个久远的传统：

> 他们（阿拉伯人）收获桂皮的方法是一个更为离奇的故事。他们不知道它是从哪儿来的，也不知道它是在哪儿生长的（他们中的一些人用概率性的推理，认为它是生长在酒神迪俄尼索斯长大的地方）。但是他们说，腓尼基人告诉我们叫做"桂皮"的东西是由大鸟衔到它们的巢中的，那些巢用泥筑在没有人能攀

---

① 萨福（公元前约612—？年），古希腊女诗人，作品有抒情诗9卷，哀歌1卷，仅有残篇传世。——译者注
② 赫克托耳，特洛伊王普里阿摩斯长子，帕里斯之兄，特洛伊战争中的英雄，后被阿基里斯杀死。——译者注
③ 希罗多德（公元前484?—前430/420年），古希腊历史学家，被称为"历史之父"，所著《历史》（即《希腊波斯战争史》）主要记述希腊战争及阿契美尼德王朝和埃及等国的历史，是西方第一部历史著作。——译者注

到的悬崖陡壁上。在这种情况下,阿拉伯人想出了这样一个聪明的办法:他们把已死的驮畜牛和驴等的尸体切割成大块带骨肉带过来,撒放在鸟巢附近的地方,他们躲在一边。那些大鸟飞下来,衔起肉飞回鸟巢。可是那些带骨肉太重,鸟巢承受不了,破裂掉到地上。于是阿拉伯人便过来捡起他们所要的东西。在阿拉伯半岛人们就是这样收获桂皮的,然后把它们运往世界各地。

就连冷静的亚里士多德的继承者、吕克昂学派的头人特奥夫拉斯图斯(Theophrastus)也作了同样神奇的描述:"他们说肉桂树生长于深峡幽谷中,那里有可以致人死命的毒蛇。他们把手脚包裹保护起来然后走进深谷,得到桂皮之后,他们把它分成三份,留下一份给太阳神。他们说,他们刚一离开那个地方,就看见桂皮着起火来。"

虽然这些故事大多只是奇想,但把点燃的桂皮之火供奉给太阳神及诸神却是事实。在某种意义上,这些燃烧的供品是一个神秘故事的重演,参与者将其看做是一种仪式,通过它使这种香料重新回到它的天神"主人"那里,或是在某种意义上使人回想起它的太阳的本源。按照普林尼的说法(他认为肉桂生长于埃塞俄比亚),没有太阳神的允许这种植物是不能被削割的,要获得这种香料需祭杀44头牛和山羊。这种植物不能在夜半削割。首先用茅枪砍下一些枝条献给神,然后再削割供给商人的香料,后者把它们带到盖博奈兹(Gabbanites)港口、红海上的欧希里斯(Ocelis)。从那里它们被传说中的阿拉伯富人运到罗马帝国。他们向北穿梭于红海的浅滩暗礁之间,或是沿着古代阿拉伯人通往麦加和麦地那的进香路线,用骆驼或独桅帆船把香料运到埃及或阿拉伯半岛的市场,再从那里最终运到罗马。

或者说这是普林尼的猜想,因为这是他对一个未解之谜的最好的重构,不过这里有一种对香料的东方根源的意识。据奥维德的看法,

第六章 神之食物

桂皮从东方的引入是与对酒神巴克斯的崇拜同时的，那种神圣的香气是在他征服了印度之后带回来的："你（巴克斯）是第一个享用被征服的土地上的桂皮和熏香的献祭之神。"这里说的是有几分真实性的，因为香料几乎肯定是与习惯于以香料献祭的老的东方祭祠仪式一同引入的。在那之前，"祭坛上没有供品，冰冷的炉边长出了草"。凡缺少历史和可靠的资料之处，类似这样的神话便被用做填充。直至今天，有些有关古代香料贸易的猜想并不逊于古希腊罗马的神话。但是，如果说人们对香料贸易是"如何"进行的找不出答案，对"为什么"进行看来却比较清楚。人们在不同程度上相信馨香之气的吉祥特征却是一种普遍的现象。我们已经知道，希腊—罗马宗教信仰中有一条为神是有仙香气的。作为神，他们的食物和衣饰都有着雅致的香气，因此，在世俗之人供奉香气与带有香气的仙人之间有着一种根本的相应相称。从本质上说，用香料供神可说是以同物祭同物。

由于这一原因，不但香料，还包括许多地中海的芳香物在被用做香料之前都曾被用做圣礼之物。藏红花、茴香、胡荽早在有被做世俗之用的记录之前都在祭圣的场合出现过。"麝香草"（thyme）之名来自于希腊语动词"牺牲"或"焚祭"。公元前4世纪从事写作的特奥夫拉斯图斯认为，香料是继熏香和一些当地土产的草药之后被用于祭坛和香炉的。自那之后还没有出现更好的解释。埃及人和其他古代"近东"文化至少自公元前3000年初时起就曾使用过阿拉伯和黎凡特地区的芳香物如乳香、没药、香液、松节油①。腓尼基人所信奉的主神之名 Baal Hammon 意为"香水祭坛之神"；有一个公元前约2500年的闪族人的香台，造型为一个头顶熏香的牧师。在整个地中海的寺院和神殿中，香气更多地被理解为精神上而不是美学意义上的东西。芳香

---

① 松节油取自近东的一种常见树（Pistacia terebinthus），是制作希俄斯松脂的原料。

之气是一种"非言语表达的祈祷"①。

　　和古代世界其他地方的宗教一样,希腊和罗马信仰也是香气笼罩的。在某种意义上可以说,神即是香气。在文学作品中凡人与神人遭遇时,后者的身份往往由身上的奇异的香味而暴露。在荷马的史诗《伊利亚特》中,洒有香水的宙斯端坐在奥林匹亚上的香云上,众神则在欢宴,吃着避讳不能言的香物(叫做ambrosia,即神之食物)和神酒甘露,后者是神的饮料,显然掺有圣礼的香物如没药或其他祭坛的熏香,具体为何物荷马似乎也不很了然。学者们一直在争论荷马史诗中的神酒(nectar)和神食是不是对"近东"芳香物的一种回忆。这个词很可能源于闪族语,原义为"散发气味,缭绕如烟、如云气"。倘若如此,则神酒即是香水,香水即是神酒,也就是说神饮用的是香水。晚些时候的希腊人显然是这样理解的。当马其顿国王腓力的医生用自己的医疗技术与宙斯相比时,他的雇主谴责他的僭越行为,罚他以熏香代食:如果他果真可以和神相比,那么就让他食用香烟吧。

　　间或,人们会看到一些暗示表明香料被看做一种本意上的礼物,不仅仅是唤起而是在某种意义上源自超自然的领域。它们被视为神酒和神的食物在俗世中或者是超越俗世的类比物。公元4世纪的雅典喜剧诗人安提法奈斯把一种特别高雅的香水比喻为"天堂里肉桂的气息"。有意思的是,公元3世纪时有一种酒被称为神酒(nectar)。一

---

① 科学家一直在寻找这种习俗的生理上的依据,迄今已经取得少量但很有启发性的结果。通常认为,大脑中处理气味的部分同时也负责调节生殖行为及情绪和动机的部分。一些气味引发的记忆甚至可以表现为一种"游走"的形式。《雅各布森的器官》一书的作者莱尔·沃森甚至认为燃烧的香可以引起人的一种类似性冲动的"基本的生物快感",燃烧的香会让人释放一种化学物,它与据认为与人的性行为有关的类固醇相似。如果是这样,那么这种化学物便可以使人产生一种情绪的高昂,一种易受宗教激动情绪影响的兴奋状态。从较少争议的方面说,或许存在着一种共识,即气味打乱和激发大脑的惯常工作机制:某些香气能产生联想力,它能使人的时空感发生折曲。罗梭曾评论说,气味作用于感觉和欲望的官能,可以论证,这种唤起的兴奋与宗教的神迷状态并非完全不同。气味如同神本身一样不可言说和难以捉摸,荡摇于理性思维之外。

第六章　神之食物

本古代手稿的汇编记载有一种香料蜂蜜酒的配方:"6吩[①]没药,12吩桂皮,2吩costus,4吩甘松香,4吩胡椒,6品脱阿提卡蜂蜜,24品脱酒,在天狼星升起时储藏于见阳处计40天,有人称之为神酒。"(尼多斯的)阿加撒奇德思公元2世纪绕阿拉伯半岛航行时曾想象,那里桂皮和没药的"神奇香气"就是神话中神的食物。他认为,在那附近就是"快乐岛",荷马史诗中的那些著名的英雄就在那里安享着来世。

但是,香料祭献的逻辑不仅止于以同物供同物。如果香料闻起来似有仙气,或者甚至源于神秘界域,那么那里也就是它们的归宿。在现代人看似古怪的想法在古人看来则是再自然不过的事。古人心目中的神居住在天宇,它们是大气与天国的仙人,虽然看不见又相距遥远,但它们仍然能够显现,以某种形体的形式表现出来,或显为凡人,或为风暴,或为动物,或为燃烧的树丛。如果大气和天空是神之所在,那里当然也应该是为它们焚燃的供物的去向。

就是这样的信念也没有妨碍古希腊和罗马人拿这种想法开玩笑。贺拉斯在一首赞颂维纳斯的诗中以一种典型的幽默语调谈到女神吸吞熏香的气息。阿里斯托芬在公元前414年所写的名为《鸟》的喜剧中描述道,那些鸟形成了一幅遮于天国与大地之间的锦缎,这使得人类祭物的烟气无法升到空中,由此来使那些饥饿的天神的脾气变得更随和一些。这种奇异的想法成了一个长久流传的笑话。与阿里斯托芬同时代的喜剧作家菲里拉兹(Pherecrates)在剧作《暴君》中说,宙斯创建了天空以防止众神们总是逗留在香气缭绕的祭坛边。这里提到的天空(heaven)用的一个词是指原始的烟囱,是屋顶上供烟冒出的一个洞口。罗马时代,普劳图斯的喜剧《谎言》中的骄傲的厨师夸口说,他做的饭食如此之香,那气味直飘上云端,被在那里的古罗马保护神

---

① 一吩相当于1.3克。——译者注

朱庇特大口吞食。

后来，当多神教的诸神面临最后和致命的挑战时，喜剧作家卢奇安（Lucian）[①]开的玩笑就更不敬了（具有讽刺意味的是，他的这种不敬倒使他在基督徒中受到欢迎，从而使他的著作得以流传）。在他的喜剧《天人》中，祭祀的烟气成了一种直通天宇的电话。奥林匹亚山上的宙斯揭开他宫殿地板上的一个个盖子（那是通往人间的洞口）就可收到来自人间的神拜，它只接受带有香气的神拜，拒绝污浊之气。俯身于一个洞口，他听到这样不孝的神拜："噢，让我的父亲早点死去吧！"他拒绝了这个神拜。来到下一个洞口，对于那里的令人舒心的祭祀香气，他恩许给受干旱侵袭的塞西亚地区降雨，给利比亚以闪电，让希腊地区下雪。他让南风停息一天，派遣风暴到亚得里亚，给卡帕多西亚地区送去几千蒲式耳的冰雹。

这里的神和戏谑都是典型的希腊式的，但是，这些信念的根源可以追溯到更为古老的"近东"文化。在古代的美索不达米亚和埃及，可与天国接触和可以与之直接交流的观念表现得更为明确。正如金字形神塔可以通往天宇，烟气是通往神的另一途径，而且是一个更易理解的阶梯。这种以香祭祀的理由的最简单的表述在古代地中海主要文明中都存在着，最清楚的表述见于最古老的经文之一、亚述人对公元前2000年洪水的记述。像更为人知的诺亚一样，乌塔—纳皮什提坐在方舟中等待洪水的退去。他坐听雨声六天七夜，最终"曾经像女人阵痛一样翻腾的海洋平静下来，暴风雨静息了，洪水结束了"。当洪水最终退去后，感恩的幸存者回到陆地上以香烟的祭祀感谢神，众神们被香气吸引，就像吃夏日烤肉的聚餐者一样围拢过来：

[①] 卢奇安（120—180年），古希腊作家、无神论者，作品多采用喜剧性对话形式，讽刺和谴责各派哲学的欺骗性及宗教迷信、道德堕落等。著有《神的对话》、《冥间的对话》等。——译者注

> 我在山巅上奠酒祭神,
> 我七个一组摆放器皿,
> 在下面堆起菖蒲、果木和 rig-gir,
> 众神闻见了气味,众神闻见了芳香的气味,
> 他们像飞蝇一样围着那祭献供品的人。

希伯来的诺亚从方舟中出来之后也是这样做的,以此来平息上帝的怒气:"当主闻见了香气,他在心中说,'我永远不会再因为人而诅咒大地,因为对人心的猜想是出于他年轻时的罪恶,我也绝不会再像以前那样去摧毁每一个生灵。'"

埃及神话中的神有着不同的名字,附有动物的形体,埃及人以香物祭祀也是从基本相同的假设出发的。当希罗多德在公元前5世纪初游历埃及时,他注意到埃及人在祭献的动物供品中加入香料,让神享用起来更香美。现存的最早的对祭拜芳香物的提及见于公元前3000年中期的古埃及第五王朝,那时油膏已被用来涂抹于法老、牧师的身上及祭拜的神像上。在公元前3000年的一本宗教法规汇编《金字塔典籍》(*Pyramid Texts*)中说,祭神的熏香有三重目的。典籍中指出,一方面,熏香被认为可以吸引众神,唤起一种看不见的神灵的存在。有些典章中认为,熏香本身就是神物,是神的选物,或是他或她显现的形式。相应的和在某种意义上宇宙的推论就是,熏香驱除妖魔,引吉祛邪。从实际的角度说,圣油膏被用来给普通牧师和最高牧师——法老神国王涂抹。斯芬克司狮身人面像的基座上有一幅雕刻,描写公元前1425年法老梯奥思拉斯四世向神供香物酒的情形,他本人也涂抹了这种香物酒。指称这种香物的象形文字的本义是"使成神圣之物",涂抹了芳香物就会变得像神一样。

不仅如此,对于埃及人来说,熏香不但能取悦于神,也来自于神。

就在大约同一时期，有一份"失事船员"的著名手稿，说的是一个在熏香之国——阿拉伯？索马里？——落难者的奇闻。他遭遇了可怕的蛇神，后者威胁说要把他变为灰烬。为了平息神的愤怒，这位吓坏了的海员向他贡奉了各种不知名的芳香物，他乞求道："我会让人带给你ibi，hekenu，indeneb，khesait,[①]还有庙宇的熏香，它给所有的神带来满足……"但他这是给龙王送水多此一举，那位神笑着答道，那是他造出来的。在埃及人的膜拜观念中这些思想占有极重要的地位，这使得在埃及有一个职业阶层专门制作神油和神膏。在埃及人让人惶惑的、有动物头的万神殿中甚至有一个叫舍兹牟（Shezmou）的香料神。

很遗憾，对于香料神主管的是些什么香料我们只能去猜测了。从象形文字和失事船只提供的那类东西中去考证出现代植物学的名称是件不容易的事。对他们手中的芳香物的来源地埃及人并不比那位惶恐的落难者清楚多少，他们只知道那个半神秘的地区叫蓬特。这是位于红海南岸的某个地区，两千多年来它向尼罗河地区的神庙和神国王提供香料。最早去往蓬特的远征记载见于法老萨胡尔（公元前约2491—前2477年在位）的时代，尽管有一位来自蓬特的奴隶曾在基奥普斯（公元前2589—前2566年，位于吉萨的最大的金字塔的建造者）的宫廷上出现过。由于蓬特的芳香物的缘故，最早见于记载的商船队就是驶往那里的。有关那次航行的情景仍可见于戴尔·阿尔·巴利（Deir al Bahri）神庙的墙上，船队在曲折的航线上躲闪回避。那幅画是公元前1495年奉女法老哈希普苏特之命雕刻的。浮雕中出现了五只船，船上有爬到高处的海员，滑桨队，船的前后有掌舵人，船在潜游着巨型乌贼和鱼的海面上迂回而行。从他们在蓬特所采购的产品和与之谈话者

[①] 这些词是古埃及文字的拉丁拼音，所指的香物难于考证，见下文。——译者注

的外表（包括一个体型肥胖、看似黑人的妇女，她可看做是早期原始的种族漫画的一个代表）判断，学者们基本一致的看法是，蓬特位于现代索马里所在地区附近，从波涛汹涌、暗礁密布的红海向南航行两千英里左右。所附的文字记载说明，这些无畏的古代船员们给尼罗河地区带回"神的土地上的各种香木、大量的没药树脂、新伐的没药树、乌木、纯象牙、绿金 Emu、肉桂木、kheyst 木、ihmut 熏香、sonter 熏香、眼部化妆品、猿、猴、狗、南方黑豹皮、当地土著人及他们的孩子"。植物是栽在盆中活着带回来的，这样在神庙花园里栽培后就可提供本地产的了。我们将会看到，这远不是最后一次从原产地偷回芳香植物。

长期以来就有一种看法认为，蓬特是另一个更根本性的发端，这里才是香料贸易的诞生之地。因为在给哈希普苏特带回来的奢侈品的采购单中有一个象形文字，据一些学者翻译是"桂皮"。自曾任芝加哥大学埃及古物学和东方历史教授的詹姆斯·布雷斯特德一百多年前对这幅浮雕所作的认真的学术研究以来，所说的象形文字已被音译为接近古汉语和闪族语中表示"玉桂"①的词。如果这个翻译是正确的，哈希普苏特的香料把尼罗河地区的神和神国王的位置确定为在向印度洋伸展的贸易之网的末端。

可叹的是，古代历史从来不是那么简单的，哈希普苏特的"桂皮"至多不过是一种引人入胜的可能性。（一个与此类似的争论涉及公元前约1543—前1292年的第十八王朝的莎草纸本的医学典籍，那里同样可能提到过香料。）争论取决于含混的音译问题，这使得对哈希普苏特香料的确认与荷马的神酒和神食几乎一样模糊。但是在另外一种意义上，哈希普苏特的货物的准确成分并不那么重要，不管其中有还

---

① 这里指 cassia，亦称"中国肉桂"。——译者注

是没有桂皮，她的异域货物开了某种先河。因为即使戴尔·阿尔·巴利神庙的墙上的文字记载没有说明别的，它至少说明了古人赋予香物的极端重要的意义，以及不畏路途遥远要去获取的决心。它们值得向南方航行近两千英里的征程，值得载入她统治时期的伟绩史册之中：看看我的奢侈物吧，万能的神，它让人兴叹。（哈希普苏特的自夸过了头，竟使得她的后继者觉得有必要贬损她的伟业。）埃及人之所以不远千里去获取香物，原因在于这种贸易是为一种神圣的目的服务的。在神庙浮雕所附的对那次远征的长篇记述中，阿蒙主神说道，他造香物之地蓬特是为了"转移他的心"（"to divert his heart"）。如果说我们可以从这种早期的贸易中看出一种什么动机的话，那就是要保有变幻无常的上天的恩宠。

在一个法老本身就是神人的多神世界里，这是一个必须十分重视的急切的问题。因此，假如桂皮不在蓬特的异域物品之列，那幅浮雕至少提供了一个线索，说明它为什么后来会出现以及香料缘何如此受青睐，以致值得不远千里的贸易远征。[1]在一个人们习惯于从获利的角度来看贸易而香料仅被视为一种调料的文化中，这提醒人们：我们对过去的猜想多么容易出现历史的错误。埃及与外部世界进行海上沟通的最初的可以辨别出来的动机看来不是源自美食家，而是源于神。

因此，当奥维德借帕里斯之口许以桂皮香料的祭礼时，他的诗人的奇想是建筑在一定的历史事实上的。就海伦的特洛伊的故事来说，其接近事实的程度甚至恐怕连奥维德本人也未想到，因为香料肯定在特洛伊战争甚至更早的时代已被使用。已经出土了一些那个时代的仍带有香料残迹的香炉，在埃及和西西里这样遥远的地区都发现了古希

---

[1] 事实上，一些学者认为不只是香料贸易，其他所有贸易一开始都是为了神的目的。公元前2000年的美索不达米亚经文中第一次出现的"商人"一词即与神有关，指的是"神庙中有权从事域外贸易的官员"。

腊迈锡尼时代的香水瓶。在土耳其西南海岸近海失事的迈锡尼的船只（可能是从黎凡特返回的）中找到了不同种类的芳香物。在迈锡尼位于皮洛斯的宫殿群落（建于公元前1300年到前1100年左右，即一般认为的特洛伊战争时代）中，考古学家们发现在记载宫殿库存的泥板中，至少有百分之十五是关于各种草药和香物的。当泥板上的语言被解译出来是早期的希腊语时，便发现其中有许多香物的名称，其中有胡荽（coriander），其拼法是 ko-ri-a-da-na，故很容易辨认出。在同时代的迈锡尼的宫殿群中，据传说是海伦的表兄、迈锡尼王阿伽门农的宅邸的泥板上记有孜然芹（ku-mi-no）和芝麻（sa-sa-ma），这两个词都源于闪族语系。

由于该语言世代流传，有关的信仰也随之流传。在希腊黑暗的中世纪漫长的间断时期，入侵者扫荡希腊半岛，宫殿被夷为废墟，但希腊人仍然依稀记得那些曾用于敬神的香物。在古希腊—罗马时期，悲剧作家埃斯库罗斯（Aeschylus，公元前525—前456年）[1]写到宫殿里的祭祀火焰，"它被软滑的神油膏助燃，那是国王们最珍爱的油脂"。皮洛斯宫中的泥板上提到四位制造这些油膏的商人，令人惊奇的是，其中一个叫梯厄斯忒斯，了解希腊神话的人都熟悉这名字，他就是那个被其兄阿特柔斯（阿伽门农之父）诱骗而啖食亲子肉的可怜者。在迈锡尼时代，这个名字简直就是一个职业的代名词，如同史密斯和赖特[2]一样。他的职责就是给宫殿中提供祭祀波特尼亚（Potnia）神和波塞顿（Porseidon）海神的香水，那是两个防止失宠于天神的超自然的保护者。

据神话传说，梯厄斯忒斯的不幸后来成了阿特柔斯宅地的诅咒，

---

[1] 埃斯库罗斯，古希腊三大悲剧作家之一，相传写了八十多个剧本，现存《被缚的普罗米修斯》、《波斯人》、《阿伽门农》等七部。——译者注
[2] 史密斯（Smith）常被西人用于指铁匠，赖特（Wright）指建筑和修理工匠。——译者注

恰恰在迈锡尼的宫中应验，而该宫正是传说中他的兄弟给他设下那可怕的家庭宴席之地。在那座宫殿中发现了也许是历时最短暂但却最使人震惊的一件藏物：考古学家弗雷德里克·波尔森在这里发现了一个公元前两千年的希腊瓶，除去塞子之后，"内中有一股香气，那是存了3500年之久的香水，一瞬间就飘散了"。

奥维德大概会感到满意，虽然他可能并不感到惊奇：迈锡尼人和他们的神的确有着对香气的敏锐嗅觉。这证实了奥维德的说法，至少从诗的角度（如果不是或不完全是从历史的角度）是如此，因为，如果特洛伊的海伦确有其人，她闻到的就是这种香水。

神之鼻

> 主对摩西说，
> 你取一些常用的香料：500谢克尔[①]纯没药，
> 它的一半量、250谢克尔的香桂皮，
> 250谢克尔香菖蒲，
> 250克玉桂，
> 谢克尔用圣殿中的标准量，
> 取一赫因[②]油橄榄：
> 用药师的方法，
> 你将做出神的膏油，
> 一种涂身的神油。
> ——《圣经·出埃及记》，30：22—23

而对普林尼来说，这一切都是一种巨大的浪费。在昔日的好时光，神只需简单的食盐供品就满足了，就像古代罗马的那种方式，简朴而适

---

① 250谢克尔大约相当于3公斤。
② 约4升。

当的供奉。那么他的同时代人为什么要以所谓的"虔诚"之名执意要把一小笔财富付之缕缕香烟呢？不仅如此，奢侈挥霍的罗马人现在又把本属于神的专用之物用于在死去的凡人遗体上焚烧。普林尼遂得出结论，这也就是人们为什么称阿拉伯半岛为"福"岛的原因，一种"人死之后仍然享受人间奢侈之物，对死者焚烧原本认为是为神所造之物"的那种福。

在理论上普林尼的看法是：如果神是永恒不变的，那么昔日俭朴的供物就完全够用了。而更使普林尼忧虑的是经济问题，他对每年有多少阿拉伯的香物随烟飘散作了估算，他断定每年有大量的金钱流入阿拉伯半岛（流出罗马）。罗马的其他香料提供者——印度、中国以及普林尼不确知的"阿拉伯海"，每年吸走了大约一亿罗马银币："我们的奢侈品和女人开销如此之巨。"受益者不是神而是人。

另一些人的抱怨比普林尼更有过之，普林尼是一个多神论者，他虽惜财，但毕竟还相信神的存在，而对另一些把那些神视为妖魔的人来说，他们对香料花费的怨愤更多的是针对邪神崇拜，而不是浪费挥霍。在理论上（即使在实践上并不总是这样），在耶和华、上帝或阿拉这样的非实体的、一神的圣殿中，香料是没有地位的。在后古代的宗教骚动期，日见衰落的多神教在一神的犹太教、基督教、伊斯兰教的挑战前面临崩溃之时，这是一个值得激烈辩论的问题，普林尼的悲叹与这种辩论相比就显得微不足道了。随着罗马活力的减弱，新的一神教在罗马帝国的传播，这个问题一度是一个生死攸关的问题。一神教对香料拒斥的意义比其起源要清楚得多。旧版本的《圣经》中在许多祭祀的场合提到过香料，我们已经看到，《创世纪》中的神对于诺亚祭献的香物是有品赏的嗅觉的，同样他也能品赏他的信徒们祭献的"赏心的香气"。《创世纪》中讲述约瑟在从吉利厄德去往埃及的途中被卖给以实玛利人的香料商为奴，示巴女王带给所罗门的香料很可能也注定要派在类似的用途上。

《圣经》中有几处隐含地提到早期远途的芳香物贸易，参与者包括所罗门，这些贸易显然主要是为宗教上的缘故。与他的盟友、腓尼基人海罗勒姆一道，所罗门向俄斐地区派出了一支远征船队，去采购那里的金子、孔雀和一种未指名的香木，后者用于建造国王房屋的围栏。如同蓬特一样，俄斐的确切地点一直是学者们争论的话题。一个诱人的可能性见于俄斐的异域奇物中有关孔雀的一个希伯来语词，该词看来源于泰米尔语有关鸟的名称。孔雀的原产地是印度，由于这个词在《圣经》的其他地方没有出现过，看来可以认为海勒姆航行到了那里。但是，不管俄斐在什么地方，古代的以色列人显然和信奉多神教的埃及人一样甘愿不远千里地去寻找神圣的芳香物，所以我们看到《圣经》抄写者叹道："从没有见过像示巴女王带给所罗门国王的那样多的香料。"这是所罗门统治时期的一个业绩。①

到公元前7世纪后期先知耶利米的时期，情况显然已经或开始变化了。耶和华对此已不再感兴趣："那些示巴的熏香，还有那些来自遥远之地的菖蒲对我来说有什么用呢？我不要汝的焚香供物，汝的牺牲不能取悦于我。"那位心怀报复的先知之神震怒地说。对以赛亚来说，"祭供是不起作用的，我厌恶熏香"。这种变化显然来自教义的改变，它标志着从一种外在的祭献行为向强调个人的纯洁和忠顺的转变。神主不再满足于焚烧的供品，而要忏悔的心的供奉。从神学的角度来看，道理很明白——至少从事后来看是这样。神本身是在演变的。按照希伯来《圣经》后来的版本中的记述，《创世纪》中一个可以在花园中走来走去的具形的神，已经退隐为一种更遥远的真正形而上的存在。其

---

① 所罗门从示巴女王和俄斐获得的是什么芳香物始终是一个谜。希伯来《圣经》提到的一种引人兴趣的香料 shelet，希腊翻译者译为 onyx，意为"爪"或"钉"，这里指的是丁香吗？

第六章 神之食物

结果，整个供奉的观念便需要重新加以评估，由于对不具形体的神祭献有形体的供物是讲不通的，为什么要把物质的东西供奉给非物质的存在？

可是，正如我们已经看到的，神学理论上的这种清楚明白与以往考古和经书上的证据并不吻合，从先知的震怒可以看出（事实上也得以解释），历史上在这方面常常含混不清。早期经书中的神喜爱香气这一事实使得一些学者们认为，希伯来宗教中香气的祛除是较晚时期的发展，是后代抄写者与编辑者写进经书的，也就是我们现在所知的那些写《圣经》的人加入的。杰尔德·尼尔森在研究古代以色列人对熏香的使用时指出，在现存的《圣经》中只是很模糊地提到早期曾很广泛的对芳香物的使用，这是由于后来宗教"改革运动"者的重写，那些抄写员和编辑者对于古代经书中与流行的（或他们自己的）宗教实践有甚大差异的地方，都以他们同时代人的观点加以修改重述。《圣经》中几处最明显的提到香料的地方见于旧版的《出埃及记》，其中耶和华向摩西索要用肉桂和玉桂制的"圣膏油"，用以涂饰圣会的礼拜堂、寺庙的摆设，使它们"在主面前散发出香气……而更显神圣"。这种油被视为高贵之物，只有牧师能够享用，不得用于任何世俗的目的，违者将被逐出教会，"调配好的这种油不能施于人的肉体，汝也不可将其用于任何类似的目的：它是圣物，只能用于圣途。不论何人调配了这类东西，不论何人使之用于世俗之人，他会被排除出信徒之列"。

实际上，这里显示的对香物的敬意与埃及人与亚述人所显示的并无大的区别：使神愉悦的气味，一种在寺庙之外使用便是亵渎香气。也许正是这种与多神教传统的共同之处，使得希伯来宗教后来开始革除香料和熏香。对于一个特立独行自我优越意识强烈、极力要保持自身特权地位的修道士阶层，一个把自身的信仰越来越看做是与多神的邪神崇拜相对立的宗教派别，香料的麻烦之处在于它总是让人想起界线不清的以往。这个论点与不同的《圣经》抄写传统中所记述的其他一些在列王被逐以前的背离正统的邪神崇拜相符合。《列王记》中记载，所罗门（他毕竟是法老的女婿）在后期的生活中有时做些邪神崇拜之事："在耶路撒冷之东的小山之巅，所罗门为基抹（摩押人的可憎之神）及摩洛（亚扪人的可憎之神）建了一座神庙。他为他的所有外族妻子都建了同样的神庙，以便这些女人为她们的神焚香上供。"经书中类似这种段落的出现反映出宗教做法上的不固定性，它与在拜神中香气的广泛使用相符，但却与后代的神学宗旨相左，由此便被从经书中有选择地革除了。

因而香气的排除是一个进化的而不是革命的过程。在第二个神殿时期（公元前536—公元70年），在耶路撒冷神殿的金祭坛上仍然有香料的焚烧，香料混合物是在神殿自身的阿夫蒂纳斯堂（Avtinus Chamber）中配制的，那屋子便是以提供配料的香料商的家族的姓命名的。该家族自称掌握一种秘方，所生之烟气呈柱状垂直上升；他们拒绝泄露这个秘方，以防被用于邪神崇拜。

在其他地方，某些芳香物的使用仍然延续着。建于公元3世纪后半期、位于太巴列哈马斯的塞维鲁犹太教堂的拼花地板上，有一个熏香铲的图案，显然熏香仍被用于每日的拜神。大约同一时期有一本名为《摩西启示录》的书，那是一本以犹太教为基础的基督经书，其中亚当在行将被逐出天堂前请求上帝："我恳求神主允许我把香气带出天堂，使我在离开天堂之后仍依然可以给神主祭献香礼，使神主依然可以听到我的声音。"在历史学家约瑟夫斯的年代（他的写作时期大约在公元93年），祭司长依然用桂油涂身。最明显地提到香料之处是有关公元4世纪末对耶路撒冷洗劫的描述，作者使用的笔名是赫格希普斯，其中讲述了一位牧师把耶路撒冷圣殿中的圣坛器皿和罩布献给罗马人征服者，内中装有"桂皮、玉桂、多种香料、熏香和许多装有

第六章 神之食物

圣餐的盒子"。这个描述很清楚地显示这些东西都是为了宗教的用途，属于圣殿中最宝贵的物品之一。

甚至直到今天犹太教使用香料祭祀的历史依然留有一些模糊的痕迹。在安息日的结束仪式上香料仍然被使用着，仪式上主持人使用这样的话语来使酒和香料圣化："祝福你，啊主，我们的上帝，宇宙的创造者，一切香料的创造者。"这种习俗的确切起源已无从查考，但至少有一点是清楚的，在公元3世纪初或甚至1世纪时这种做法就流行了，因为在犹太教律法书《密西拿》（*Mishinah*）可见有关的记述。现代学者倾向于认为这种习俗源于古希腊罗马时期的一种食物祭礼，但看来同样可能的是香料盒是一种更为古老的宗教习俗的演变，那时香料本身是一种供物。一种更为诱人的可能性见于伪经《巴录书》3的启示文中，那是公元70年耶路撒冷神殿被毁约半个世纪后一位犹太作者杜撰的旧约经文，现存的只有希腊文的古版。在一个梦境中，天使伴随巴录游历天国，他在那里见到了凤凰，那大鸟"排泄出一条虫子，而那虫子的排泄物是桂皮，那是国王和王子的用物"。一位学者认为启示录中所说的"国王和王子"指的是犹太群落中的一些在祭礼中使用桂皮的神秘的圣者。

但是总体上来说，显然犹太人的香料在渐渐退去原有的神奇光环，逐渐变为一种象征性的而非神圣之物。其他宗教也遵循着这种模式，最彻底的是伊斯兰教，像犹太人一样，他们也开始信奉单一而不具形的神。与犹太教同样，伊斯兰教的出现也经历了一个与多神世界冲突的过程，原来在多神教拜神中起重要作用的香气被革除了。《古兰经》第五十一章中有这样的话语："我造鬼和人的目的非为其他，只为他们应服务于我，我不需他们为我养生，也不需他们为我供食。"阿拉真主是此事的最有资格的评论者。他的出生地麦加是古代膜拜的重地，它的商业活力很大程度上得自于它作为阿拉伯商队旅途上的一个贸易中心的位置，途经这里的货物包括来自也门的熏香和香料。作为一个曾是赶驼人的穆罕默德，肯定比其他任何人都更清楚这种贸易。他的第一个妻子卡迪加本人就是一个香料富商的寡妇，或许正是为那些穆罕默德不久即开始摧毁的香烟缭绕的圣坛和偶像提供香料的人之一。穆罕默德在世期间香料实际上已逐渐从阿拉伯人的宗教中消失，没有其他宗教像伊斯兰教这样彻底地祛除了芳香物和实物的祭献。①

像犹太教一样，基督教在这方面的情况也要复杂和混乱得多。如我们已经看到的，流传下来的希伯来语旧约经文中有多处地方提到香料，但是在早期基督教教会著作家的文章中有关这一论题的意见却出奇地明确和一致：香气走开。最重要的反对根据就是，它们为多神教（异教）所用。从最初《福音书》的布道到5世纪多神教的最后被禁，基督教徒和多神教徒其后的香烟缭绕的祭坛一直比邻而居，就像宗教的空气污染一样，它每天都在执著地提醒基督徒们多神教与香料的联系。在《殉道者劝诫》一书中，伟大的神学家奥利金（185—约253年）②曾说，区别多神教与基督教的外部标志是在家庭的祭台上熏香的存在与否。虔诚的基督徒都不会烧香，因为香烟会引来妖魔。另一方面，如果妖魔可以喂食，由此推理也可以使其受饿，阻止地狱不速之客造访最好的方法就是剥夺他们赖以进食的香烟。德尔图良认为，那些购买香料作为"葬礼的慰藉物"的基督徒是邪神崇拜者的同谋，是吸食香烟的魔鬼的助虐者："行邪神崇拜之实……不通过偶像，而通过烧香。"

要说有什么变化的话，那就是，这种憎恶随着时间的发展越来越

---

① 香料虽没有在伊斯兰拜神中起直接的作用，但中世纪的伊斯兰学者对香料的起源却提出了一种也许是最富有诗意的看法。据伟大的伊斯兰学者阿特—塔巴里及追随他的阿拉伯地理学家们说，亚当在被逐出天堂之时懊悔不及，流下伤心的泪水，而那泪水幻化成宝石和香料，成为人类堕落之后的医药和慰藉物。
② 奥利金，古代基督教著名希腊教父之一，《圣经》学者，曾编写《六种经文合璧》，主要著作有《基督教原理》、《驳塞尔索》等。——译者注

加深了。对于宗教迫害时期的受害者来说，香料散发的不仅是魔鬼的气息，而且带有个人痛楚的经历。在德西乌斯皇帝（249—251年在位）和戴克里先皇帝（303—304年在位）迫害基督徒时期，基督徒们被辨别分离出来并给以改弦更宗的机会，可在皇帝肖像前祭献、奠酒或烧香。如照此办理，便可得到一张适当的证书；如拒绝，就地处死（不少基督徒似乎通过贿赂腐败官员而逃过一劫）。那些不愿殉道而选择偶像崇拜的人被讥讽为"烧香者"（Turificati）。在圣杰罗姆（347—419/420年）[①]看来，这个标签就是软弱或动摇的基督徒、不愿为信仰而牺牲的人的代名词。

对信奉多神教的罗马人来说，基督徒拒绝向皇帝献香，从严格的宗教的角度说，既违反常理又不可理解，但并不可怕。比这远为重要的是，不向皇帝祭献即等于政治上持异见，是对皇权崇拜的公开反对，而在一个皇帝经常被手下的士兵杀害的时代，皇权崇拜日益变为皇权合法性的一个支柱（有讽刺意味的是，后来的基督徒皇帝成了这种崇拜的继承人）。但对于虔诚的基督徒来说，祭献是一种精神上的自杀行为，是对妖魔的认可；对于罗马人来说，这是一种反叛。因此，在公元3世纪和4世纪初时，经常会有某个时期，皇帝下令要求行祭礼时必须有证人在场，这既是对忠诚与否的检验，也是辨别是否反叛者的一种简便方法。在这样一个时期中，有一个公元3世纪末或4世纪初的名为《助祭哈比普之殉道》的文献，其中记载戴克里先皇帝命令行奠酒和祭礼，"各地圣坛应悉数恢复，可在宙斯面前焚烧香料和乳香"。哈比普对此执异议，诵读《圣经》，以身殉道。

当然，并非所有基督徒都这样极端，但殉道者人数虽少，其影响力却甚大，他们坚执信仰而赴死的行为给在许多人看来多少有些抽象

[①] 圣杰罗姆，早期西方教会教父，《圣经》学家，通俗拉丁文本《圣经》译者。——译者注

的神学辩论增加了刺激性。像在他们之前的希伯来先知一样，基督信徒们也抱有这样的理念：把物质性的香料祭献给非物质性的神是荒谬的。为什么要把可朽的香料供奉给不朽的存在（being）？公元2世纪哲学家阿忒那哥拉（Athenagoras）也许是第一个从多神教信徒可以理解的角度陈述反熏香观点的人，他提出神不需要带香味的熏香的论证，可是他自己的推理带有很浓的多神教气息，因为"他本人就是香气十足"。基督教护教论者拉克坦蒂（Lactantius，240—320年）也指出，"凡可朽的东西……与永存之物是不相容的"。

从圣餐礼仪方面来看，这种立场的含意是很清楚的。以塞亚最早说过："熏香是令我厌恶的东西。"公元4世纪的《使徒循例》的神主也如是说。在据传为圣巴西勒（St Basil，329—379年）[①]所作的有关这同一段话的论述中也有类似的评论："上帝看重气味的享受，这种想法让人憎恶……须知由灵魂的节制而造成的肉体的圣化，这才是主所需要的熏香……那种撩人嗅觉、移人性情的物质的香对非物质的神灵来说一定是可厌的东西。"圣约翰·克里索斯托（St John Chrysostomos，347—407年）说得更干脆："上帝没有鼻孔。"

神圣的气味

> 圣母，你被比做
> 香气飘溢的肉桂，
> 比做东方的没药，
> 那远方的香物。
> ——（阿亚拉的）佩罗·洛佩斯《利玛多·德帕拉西奥》，（1385年）

[①] 圣巴西勒，基督教希腊教父，反对阿里马教派，制定隐修院制度，6月14日是其纪念节。——译者注

但有些基督徒却不这么确信,如果说教会的神父们很难怀疑他们的神接受香气祭献,他们的教徒们在这方面显然就更糊涂了。因为在香气和拜神这个缠结的问题上,香料和熏香比宗教原则更持久,而且显然也更令人信服。在多神教的神庙和祭坛被夷为废墟之后的很长时间里,那些曾经出现在阿波罗和阿弗洛狄特祭坛上香料香气仍然在西方的宗教场所逗留不去。

在中世纪初教会的礼拜仪式和文献记载中,香料实际上像以前在多神教那样又重新出现了。这种向宗教正统的回归很早就出现了。公元6世纪锡西厄人基督教作家狄奥尼尼西·爱格兹鸠厄斯(Dionysius Exiguus)写道,施洗者约翰被希律王砍下的头颅得到许多修道士和天使的呵护,在上面撒放"甘松香、藏红花、桂皮等各种香料"。我们已经看到,这个时期的天堂已经充满了浓郁的香料气息。公元300年左右生于非洲的基督教语法学家马里厄斯,确定肉桂的产地是伊甸园。圣杰罗姆和圣克里索斯托[1]把盛产香料的印度定位于天堂的比邻。香料重又回到了它们的天堂之家。

显然,它们也存在于教会之中。最早明显地提到香料的是公元4世纪末《圣经》中的叙利亚人厄弗冷(Ephraim),他明确地规定他的基督信徒们应"在圣殿中焚烧芬芳的香料"。其他一些最早的描述见于《教皇生活》(*Liber Pontificalis*)一书中,那是教皇的记录和伪造品的杂烩,现存的版本是从公元6世纪初叶起编制的。该书中的许多最早的记录是根据教皇文库中的早期文件整理的,看来起始年代是公元4世纪,包括大部分未加修饰的教会法令和事件、教会储物、圣骨匣、宝物和礼拜设施。后者包括4世纪初西尔维斯特教皇(据传他曾为罗马皇帝康斯坦丁一世施洗礼)的大量香料储备。

---

[1] 圣克里索斯托(约398—404年),希腊教父、君士坦丁堡牧首,擅长辞令,有"金口"之誉,因急于改革而触犯豪门权贵,被禁闭,死于流放途中。——译者注

书中写到康斯坦丁长方形教堂（它恰巧是在"香料库房"的原址上建的）时，提到了那位皇帝每年赠送的150磅未指名的芳香物和一个金香炉。那时在今天圣彼得大教堂的原址上是康斯坦丁和他的母亲海伦娜建的一个老教堂，那位皇帝为大教堂捐赠了一小批教会物品：金子、青铜器、斑岩、枝状大烛台，并转送了东正教会送的一些礼物，包括225磅香液、800磅甘松油、650磅未指名的芳香物、50磅胡椒、50磅丁香、100磅藏红花及100磅细亚麻，"康斯坦丁·奥古斯都谨赠圣彼得"。那位皇帝向各教堂总共赠送了高达150磅的丁香。

《教皇生活》还包含罗马帝国其他大教堂的类似档案。如果这些数字是准确的——它们看起来似乎如此——这意味着第一个基督徒皇帝的180度大转变。反之，如果这些数字是编造的，它至少反映了6世纪时一个虔诚的伪造者对于一个大教堂财宝的想象。不管怎么说，这些财物显然是教堂的资产，像与之为伍的枝状大烛台和香炉一样，它们在那里不是供人吃的。从各种迹象来看，我们在这里所遭遇的是被早期作家们所批判的那种习俗，类似于那个储藏在享有王权的贵族领地内的多神教寺庙金盘中的桂皮，或者塞琉古国王在米利都献给阿波罗神的香料。就在德尔图良诟病招引魔鬼的香物后仅一百来年的时间，在那些宁愿选择死也不烧香的殉道者仍存于活人的记忆中时，上帝就又找回了他的鼻孔。到底是谁使谁改变了信仰呢？

毫无疑问，教会对香料的重新接受可归于这一事实，即许多旧的信仰很容易被调整得适应新的宗教环境。多神教中一个被加以基督教包装的传说就是：以桂皮祭献的凤凰死而复生，成为不死鸟。这里基督与凤凰的类比是很明显的。公元4世纪时的米兰主教圣安布罗斯[①]，

[①] 圣安布罗斯（339—397年），意大利米兰主教，在职期间意图维护基督教的权力，在文学、音乐方面造诣颇深，12月7日为其纪念节。——译者注

把凤凰和使之重生的桂皮视为基督及其学说的象征。在一个据认为是莱克坦蒂厄斯的著作中写道，凤凰

>建了一个巢，或是坟墓，
>因为她只有死才能再生。
>她在那里囤积琼浆和香料，
>那是亚述人、富有的阿拉伯人采自森林的财宝；
>那是俾格米矮人或印度人的收获之物，
>或是生长于塞巴王国的土地上。
>这里有她堆起的桂皮，有小豆蔻四溢的香气，
>还有与桂叶混合的香液。

由于这里的多神教的比喻手法，学者们曾辩论这诗的灵感是来自基督教还是多神教，但在某种程度上这个问题的提法是有错误的，因为在那时凤凰和香料已是两种宗教里都有的东西了。在这个意义上可以说，以前多神教中的凤凰带着基督教的羽毛重生后变成不死之鸟了。

不过，基督徒们并不需要借助多神教的神话来赋予香料以神之气息，他们有自己的东西。除了希伯来《圣经》中多次提到香料外，一些最显著的比喻取自公元2、3世纪骚动时期出现的早期基督教和犹太教的次经著作。虽然这些大部分后来在规范的《圣经》中都被删除了，但在中世纪时曾被广泛阅读。在公元2世纪初叶的次经《彼得启示录》中，香料见于天堂之中。同样，在更早些的《以诺书》（记述以诺幻想的被放逐到天堂的神启著作）中，小天使翅膀扇动起的风中带有香料的气息：

>它们（风）在乐园中聚齐了，从这端吹到那端，裹染了乐园

（甚至它最遥远的地方）中香料的馥郁气息，直至它们最后彼此分开，浸透纯香料的气味，他们把伊甸园最遥远地方的气息和乐园中香料的芬芳带给那些将要继承伊甸园和生命树的正直和虔诚的来人。

这些提到香料的段落在中世纪评论者的手里得以成熟和发展，形成丰富的比喻。香料超越了地上和天堂的界限，这已成为一个很平常的见识：那些一生善良有德的人在天堂里应得到永恒的天赐之福，并享受上天的调味品的滋养。生活于12世纪中叶的（欧坦的）奥诺里于斯想象天堂的样子是：飘荡着桂皮和香液的气息，那些得到神之赐福的人在上帝的目视下饮宴。这是一幅永恒的景象。一位英国的15世纪布道书的作者想象那些正直的人在上帝的光辉照耀下聚集于群星之中，在上帝最后审判之日吃着香料。那些在地上大有问题——有多大的问题下面将要探讨——的食物，在天堂里毫无问题。在圣徒和六翼天使的陪伴下是不能吃卷心菜和土豆泥的。

中世纪的人是从历史、寓言和道德说教的角度来读《圣经》的，对其中的香料亦如此。在富尔达本笃会修道院院长、美因茨大主教毛鲁斯·马格奈梯厄斯·拉巴努斯看来，示巴的著名的香料（pigmenta）已升华为一种高尚德行的象征，它不仅指香料，更是各种"美德的饰物"。《圣经·便西拉智训》中在提到圣"哲女"（holy Wisdom）时，不是说她带有肉桂的香气吗？拉巴努斯大主教生活在一个渴求象征物的时代，贵重、稀有、神秘的香料给人们提供了无穷尽的比喻素材。对于圣比德和他的那些众多仿效者来说，灰褐色的桂皮是一种内在价值胜过外在炫示、实质胜过形式的象征，是一种内在美德的体现。它外表朴拙，却有着眼见不着、手触不到神奇的疗愈功能。在人们的心目中，生长桂皮的树（当然他们谁也没见过）是矮小不起眼的，颜色灰暗，一幅拙于外而慧于中的形象。沙特尔的主教（？— 1183年）、彼得·德拉塞勒把香料特别是桂皮看做一种有无比价值、神秘而有神奇疗效之物的象征。

前面已经指出，在所有涉及香料的《圣经》故事中，最有影响，在情欲或口欲诸种意义上最富刺激性的是《雅歌》。除了它对艳诗的影响，更重要的是它有某种脱离现实的梦幻般的特点，使得它与神秘的想象共鸣。在《雅歌》自然主义的丰富的比喻中，香料（spices）与芳香物（aromatics）是不可分割的整体。或许正是那香气的捉摸不定增强了比喻的效果。香料引发了一种心痴神迷的状态：

醒来吧，北风；来吧，你南风；请吹拂我的花园，
让那里的香料流淌，让我心爱的人来到他的花园，吃那甜美的果实。

对于这种情欲语言所暗示的一些难琢磨的可能性来说，一种方便的解释就是，把这里的香料理解为对一种"神秘的神迷"状态的比喻。根据这种理解，这首诗表达的不是一种肉体的而是精神的爱，不是两个情人之间的爱欲，而是基督与教会、教会与灵魂、上帝与信徒或其他类似者间的情迷。

就这样，香料（至少在比喻的意义上）重又得到了教会的宠爱。脱去了身上的多神教恶名，它们现在体现的是圣行懿德及其抗腐朽和恶行侵染的效力。教皇格列高利一世就上述引文解释道："这里的各种香气如果不是指圣行懿德又是指什么呢？"（可不，还能指什么呢？）整个中世纪时代的牧师著述者们都视香料为各种精神食粮的代表物。圣安布罗斯认为桂皮象征"圣灵的礼物"；12世纪沙特尔的主教彼得·德拉塞勒把《雅歌》中的桂皮和玉桂看做是抽象得近于柏拉图式的精

神之物，体现神圣的理想，由其不可捉摸性而益增神力；桂皮象征"善念之气"，远播四方。在（埃诺的）菲利普（1100—1182年）看来，《雅歌》中的油膏是一种珍贵的有医疗效用的香料制剂，这里的理解是它是一种上帝所赐的治愈精神而非肉体之物。那种试图把《雅歌》中更富挑逗性的语句作无邪的寓意去理解就会导致更大的曲解。查理大帝的老师阿尔昆认为，语句"我要让你喝我的掺有石榴汁的香料酒"所指的乃是"神的殉道者的光荣胜利"。

试图作这样的解释看来是荒唐的，但这些人的认真是无疑的；同样毫无疑问的是，香料与神以往相连的经历（尽管这一点除了中世纪的神秘论者，其他人很难意识到）促使了中世纪人对它们的接受。依《圣经》的典故，香料是介于今生与来世、天堂与凡尘之间的东西。如果香料并不是真的带有神的气味（或者神带有香料的气味），至少二者间是可互相唤起的。如果"他的面颊是香花也是香料的圃床"这句话中的"他"象征性地指神，那么我们就得了《圣经》的依据：香料与神界在某种意义上是相连的。这种关联由圣杰罗姆的拉丁文《圣经》译本——大多数有文化的欧洲人所了解的《圣经》——而得以加强，该译文的拉丁文把当时的词汇转换回过去《圣经》中的词。《雅歌》中的香料商（pigmentarius）成了现实世界中向中世纪宫廷和修道士们提供香料的香料商们的神话的祖先。在香料身上，宗教经文和现实缠结在了一起，香料路线成了把现在与神的以往连结起来的香味线索。

在中世纪时，这种缠结的一个最明显的含意、也是中世纪神秘主义的关键之处即存在着香气。中世纪的神都是带有香味的，也常常带有香料气。在古代后期，基督、圣母和圣徒都带上了一种很强的桂皮香的特征——鉴于桂皮曾被认为是引发情欲之物，这或许是有些讽刺意味的。在659—668年曾做过托莱多主教的圣伊德尔方索看来，与圣母身上的仙气最接近的就是桂皮的香气，它"比桂皮更香"，这是中世纪著作中最悠久的俗成看法之一。在一篇 15 世纪的布道文中,基督的血看来被比喻为香料酒(piment),说它像好客的主人敬客那样慷慨地涌流:"他谦卑地使自己的香料酒流出,以愉悦他高贵的客人。"

这种形象比喻的背后是一种实在意义上的信念。从很早的时期起就有一种俗成的看法,认为圣徒死后都带有香料气。公元 415 年当圣司提反的遗体被发现时,他身上带的不是玫瑰味而是香料味,这是他身为圣徒的无可辩驳的证据。公元 4 世纪初卡萨里亚的主教(?——340 年)欧西比乌斯写道,殉道者波利卡普在火葬柴堆上散发着一种香料的香气:一根人体的熏香。隐居在沙漠中的圣徒传记的作者们从不忘提他们身上悦人的气味。这些躲在沙漠狭小的洞穴中从不洗漱、以不识物质享受出名的隐士,在现实生活中一定是散发着臭气的,但在纸莎草纸上的描写(或死后)都是带香味的。真正的圣徒不需要香料——他们本身就带有这种气味。

随着时间的发展,上帝宠儿的这种香料气味成了中世纪圣徒生活中习以为常的特点。圣迈因拉德是一个居住在埃策尔山坡洞中的著名的瑞士隐士,861 年一伙强盗被存留在他神庙中的那些宝物所引诱,在一次笨拙的抢劫中把他杀害。这位隐士刚被勒死,"整个洞穴中顿时充满了香气,好似所有的香料气都涌到了那里",整个尸体闻起来甚至比香料还香。(马姆斯伯里的)威廉(1090——1143 年)写道,圣比德死时使所有在场人的鼻孔里都充满了"不是桂皮和香油而是天堂之气,宛如春日的愉人气息充溢四方"。荷兰圣徒利德维纳(1380——1473 年)一生半饱半饥,一次滑雪事故还使他终身卧床,死时身上却带有生姜、丁香和桂皮的气味。即使是现世生活中一个真正有价值的俗人,死时也可享有些许香料(或更好的)气息。14 世纪出版的《怪人瓦维克传奇》一书中的怪人死后发出一种"任何香料都比不上的""香气"。

这种俗成的看法并不仅仅是一种虔诚的或诗意的想象,以唤起一种神圣而不可言喻的东西。有些学者试图从尸体所发出的真正的香气的角度来解释这种仙气，这就失之于或过于玄奥或过于稚拙。(这种推理方法也与大约17世纪以后圣徒渐渐失去香气的见解难以调和。) 香料气本质上是一种信念的衍生物。Vitae[①]并不是现代意义上的历史，它们是由一些热切的信徒写就的，这些人确信他们闻起来有一种香气，于是就闻到了。毕竟，这里要表达一种重要的象征意义，而这一点中世纪读者是很容易就看出来的。写和读 Vitae 的人对香气深刻的象征意义都有一种敏锐的感觉，愉人赏心之气是一种标记，它是基督教徒特点的显示，也标志一种胜于外在炫耀的内在的、无形的美德。

　　由于神圣之物和天堂都被实在意义上地认为带有香料气，那么反之亦然，魔鬼的身份也常常被他们所带的可怕的臭气所显示。著作者常常用气味来传达一种道德寓意，我们前面已经看到，亨利一世国王被七鳃鳗毒死后，他生前的恶行使他死后带有一种恶臭，气味之大竟使那些受命来料理尸体的人掩鼻而逃。亨利的最后一个牺牲者便是那个处理尸体的人，"他被以重金雇来，以斧切下头颅，取出发臭的脑髓……他得的钱也没给带来什么好处"。(读过陀思妥耶夫斯基小说的人会回想起佐西马神父的死所激起的不同情感，当他的尸体开始变味时，他的那些崇拜者都很伤心，但他的敌人们却很高兴，因为这证明他的圣洁是假的。) 同样，中世纪的地狱也有一种超乎自然的恶臭，当但丁去到阴间探访时，他看到那些阿谀者"在粪便中打滚"，散发着地狱里的屁臭。他碰到（卢卡的）阿莱希奥·英特米内，后者"头上覆盖着那么多粪便，我简直不知道他是牧师还是俗人"。乔叟笔下的牧师提到被诅咒的人时说，"他们的鼻孔里应当填满腐臭的污物"。反之，天堂里却有着仙乐和香料之气，它们是在人间可以感觉到的天堂的气息。

---

① Vitae, 拉丁语词，相应于英语的 life, 即生活，生命，生存。在这里是一本书名。——译者注

旧世纪，新世纪

对于中世纪的基督教会来说，香料的仙气有着几种实用上的意义。如果香料闻起来有神的气息，即使不是真的把神招来，也是一种象征，那么据此可以推论，它们可以对抗妖魔恶臭的影响。用强烈悦人的香气驱除污浊邪恶之气，是古代的另一个直接传承，虽然在基督教那里带上了一些自身的特点。亨利·霍金斯（Henry Hawkins）在其1633年出版的《圣母》（*Partheneia Sacra*）一书中，引述了一个古代的魔法习俗，声称桂皮是对抗魔鬼的药剂。利雪的主教、14世纪中后期任教于巴黎大学的教师尼柯尔·多雷斯米（Nicole d'Oresme, 1320—1382年）认为，香料的作用是一种强效的白色（有益）魔法。由于有《圣经》上认可的魔力，它们可以克制异教魔法，如"特尔斐神谕"（Delphic oracle）的使人神迷的烟雾。事先吃一顿香料餐就是所需的免疫方法，虽然多数多雷斯米的读者不一定有遭受特尔斐污染的风险。

多雷斯米的看法更引人瞩目，因为他本人曾著文强烈抨击超自然的魔法。与之类似，其他一些作者也声称香料可以驱除恶魔：这与德尔图良所谓的香料会招来恶魔的说法正好相反。在《巫术传奇》（*Romance of Sorcery*）一书中，萨克斯·罗莫尔（Sax Rohmer）引述了（阿米诺的）希尼斯特拉里讲的一个与香料有关的故事。17世纪时，一个年轻修女患了现代心理学家可能会归之于"花痴"一类的病，当时被解释为是梦淫妖在作怪。不论在白天还是黑夜，那个妖魔都化装成一个年轻漂亮的男子，引诱她偷食禁果，祈祷、祖传之术、驱邪等等招法都奈何他不得。最后，修女们只得去向一位神学家求教，后者主张用一种香料烟熏的办法：

> 一个新的用玻璃样黏土制成的罐子被遵命搬了进来，装填上香藤、荜澄茄籽、两种马兜铃属植物的根、大小豆蔻、生姜、长胡椒、紫罗兰花、桂皮、丁香、肉豆蔻皮、肉豆蔻仁、芦木、苏合香、安息香胶、芦荟木和根、少量混合檀香木、三磅对水的白兰地；然后把罐子放在热的灰烬上，以蒸馏出香雾，同时紧闭门窗。

这种方法起了一定的作用，但是效力还不够，还需要加更多强效的香料：

> 熏香刚一制好，那个梦淫妖就来了，但他不敢进到屋子里来，只有当那处女出去到花园或走廊中散步时，他才在她面前现形，而旁人却看不见。他用手搂住她的脖子，偷吻，或更准确地说，强行吻她，使那个姑娘感到十分恶心。
> 最后，人们又去向那位神学家请教，他指教说那姑娘要随身带一种由极强的芳香物如麝香、琥珀、丁香、秘鲁香液等制成的药丸。这样装备好了以后，那姑娘又到花园中去散步，梦淫妖面目狰狞而且怒气冲冲地出现在她面前，但他没有接近她，他只是咬着手指，似乎在思索报复的手段，可是随后就消失了，此后她再也没有看见他。

在许多基督教会中的人看来，这种驱邪之法不过是一种巫术，由于这个原因它是不容于基督教的。

用香料制作熏香和油膏是没有什么大问题的，康斯坦丁皇帝皈依基督教后不久，香料就重又恢复了它们的这种作用。教皇格列高利一世认为，香料的馨香与熏香一直飘向天堂，使祷告者带有了香气，象征他们升入了天堂。他在另一篇文中写道，香料被用于制作"王室的油膏"，他这里显然指的主教和牧师们授圣职时所涂的圣油。圣油过去——现在依然——也被用于其他圣化仪式，如施洗礼和坚信礼，使教堂、圣餐杯碟、祭坛、祭坛石台以及钟、洗礼水等圣化。康斯坦丁皇帝的香料很可能就是被用于其中的一种或多种目的，因为罗马大教堂的芳香物的记账与康斯坦丁教皇颁令调制和使用圣油的记述恰好出现在同一段落中。可以想象，这些香料的使用是为了创造一种天堂的气氛，进入老圣彼得大教堂（康斯坦丁皇帝捐赠了大批香料的教堂）要通过一个叫做"天堂"（Paradise）①的中庭，它是由喷泉围起的一个花园：一个缩小的天堂。如果这是对天堂的花园、喷泉和围墙的模仿，为什么不能模仿它的气味呢？不管怎么说，康斯坦丁的香料正是他的那些记述者们依据传统所认为的天堂中的芳香物。

在公元5世纪叙利亚著作者狄奥尼修斯（笔名"法官"）的时代，圣油是由所能找到的任何一种芳香物配制的，早期的希腊教会使用过四十多种不同的香料和香草。本笃会达富尔达大修道院大主教和院长赫拉班（Rabanus Maurus，780—856年）显然是依据一种异域的配方来配制圣油的，而他的特点是把香液掺入桂皮，这是两种对比强烈的芳香物，分别象征痛苦和甜蜜。

但是在西欧，对于香料是否可被接受从来没有出现过明确一致的意见。对有些人来说，他们对香料所带的多神教气息的感觉一直没有完全消失。虽然在象征上它们有很高的精神价值，但是在实践方面却有着很大的问题。9世纪中叶，（哈尔伯施塔特的）萨克森市主教海默

---

① paradise 是源于波斯语而通过希腊语引入的词，本义为"围场"。

认为，香料"与偶像同类"，因此不能供奉给上帝。对于早期的教会来说，另一个可能更严重的问题是，随着罗马帝国经济和政治的崩溃，制作圣油和熏香的香料越来越难以获得。在1453年被土耳其人征服之前，帝国残存的东半部曾是通往远东的中介。公元6世纪，萨桑的波斯王朝关闭了拜占庭商人的贸易通道和贸易中心，迫使他们以高昂的价格从波斯国购买香料。575年，随着对也门基督教王国（罗马人曾从那里获得基督教世界所需的香料和熏香）的征服和吞并，波斯人填补了他们在贸易垄断上的最后一个缺口，由此西方通向东方的大门便被关上了。

这样做的结果是，基督教徒只能从索罗亚斯德教教徒那里获得他们（或他们中的一些人）礼拜仪式所需的芳香物。但是波斯人为所欲为的时间不长，赫拉克立乌斯皇帝洗劫了达斯塔格得的波斯王室住宅，劫掠了大量丝绸、芦荟、生姜、胡椒、蔗糖及"无数其他香料"。642年萨桑王朝遭到更致命的打击，它被不可阻挡的伊斯兰军队彻底征服，香料通道随之转到伊斯兰人的控制之下。在随后的1000年里，基督教徒们依赖犹太人和伊斯兰人提供他们祈祷所需的芳香物。

长期以来有一种看法认为，罗马世界分为伊斯兰教和基督教两个敌对的战争区域，使得贸易和接触几乎完全中止，但是香料在西方持续不断地出现使得这一说法出现了很深的疑问。由于香料始终是宗教活动的一个重要组成部分，它们显然以某种方式得以流通，从这种意义上说，宗教不但不是不同信仰之间的贸易壁垒，相反很可能是对它的一种促进。

因为显然，在中世纪的早期和中期香料和熏香一直都是宗教活动中经常可见的东西，但它们更多的是作为特殊场合的奢侈品，而不是日常用品。952年（也可能是953年）当圣乌尔里希完成了一次遗物收集活动，带着圣莫里斯的遗物胜利回到赖兴瑙寺院时，奥格斯堡的居民们以游行队伍、圣水、音乐、歌曲和焚烧香料向这两位已死的和活着的圣徒致敬。意大利编年史家、(贝内文托的)法尔科内在记述1120年8月人们为欢迎教皇加里斯都二世的到访而举行的庆祝活动时说,从金银香炉中飘出的熏香和桂皮的气味充溢着大气。神圣罗马皇帝亨利六世1191年4月在罗马加冕,他的入城仪式伴随着香液、熏香、芦荟、肉豆蔻、桂皮和甘松的香气。宗教虽有不同,但香料所起的作用却与古希腊罗马时代没有什么大的区别,其景象与萨福①描写的赫克托耳与安德洛玛刻的婚礼情形也着实相差不多,当时的婚礼队伍伴随的是里拉琴的琴声与肉桂的飘香。

在这几百年间许多提到香料的场合只有从圣典礼仪的背景来看才能理出头绪。现存有若干封罗马教会的负责人写给教皇卜尼法斯(第一个在德国活动的传教士,公元754年被弗里西的异教徒杀害)的信件中,结尾注明奉送有香料礼物,其中一封写的赠送物是:桂皮四盎司、胡椒两磅、苏合香一磅。另一封的结尾注明赠送若干熏香、胡椒、桂皮。这位禁欲的圣徒对自己的饮食其实是很不在意的,从罗马寄来的这些包裹与他第一传教士的形象也不符合,他从来不挂念自己的冷暖安危,在异教的德国荒原上过着艰苦的日子。在一封信中,一位梵蒂冈的执事长寄了一些香料并提出了一个请求,请卜尼法斯为他祷告,其意图很清楚,所附的香料及与之配伍的熏香就是为这一目的。执事长狄奥菲拉希亚斯在公元752年写的一封信中称他所寄的香料是"一点祈福的小礼物"。语言和背景都倾向于表明,卜尼法斯的桂皮并没有进他的肚皮,而是被用来制作圣油,以涂敷于那些在他的说服下皈依基督教的德国人、牧师、主教的前额上,或涂抹于他在异教的荒原上所建的教堂的圣坛、圣餐杯和墙上。

---

① 萨福(公元前612—前?年),古希腊女诗人,作品有抒情诗9卷,哀歌1卷,仅有残篇传世。——译者注

或者（这一点可能争议更多）被用于国王的加冕。由于卜尼法斯主持了矮子丕平①的加冕，这位第一传教士的香料可以猜想被用在了苏瓦松的加洛林王朝第一位国王的涂油礼上。自丕平的加冕仪式起，加洛林王朝的王室涂油仪式都是有意识地遵照旧约中有关加冕的记述，其中圣油是仪式象征的不可分割的一部分，涂了上帝的圣油之后，被涂油者就被赋予了国王和牧师的资格，他的长袍"散发着没药、芦荟和肉桂的香气"。这里的联想可能是宗教的，但需要却是政治性的。加洛林人尽管实际上握有法兰克王国大宰相的权力，但必须认可墨洛温王朝最后一个残存成员的神权，而后者是一个整日乘着牛车闲逛的白痴。教会提供了解决的办法，即以涂圣油的方式确认丕平国王兼牧师的合法身份，这样他就不再仅仅是世俗的统治者。由于有这个仿照旧约行事的先例，可以猜想加洛林人是用桂皮来制作圣油并用于有关的宗教仪式的，至少在对贝伦加尔的加冕仪式的记述中有这样的暗示。贝伦加尔自公元888年起为意大利国王，自915年起为神圣罗马帝国皇帝，一位匿名诗人在记述他的加冕仪式时说，他被涂敷以"神酒配制的油膏"，那是根据《圣经·出埃及记》中的油膏配方配制的，也就是用桂皮配制的。

至少，文献中对桂皮与圣事圣礼的联系这一点是明确的，就连胡椒也像被用做调料那样经常地被用于圣礼。②在11世纪以前，许多提到香料的地方往往也同时提到熏香，这是因为它们或为同一商人所售，或用于类似的目的。11世纪教皇圣利奥的一个奇事就是有关一个狡诈的律师出售给这位教皇上坟用的胡椒和香料。由于能提炼出气味

---

① 矮子丕平（714—768年），法兰克王国加洛林王朝创立者，查理大帝之父，曾帮助教皇打败伦巴第人，两度平定萨克森的叛乱，镇压巴伐利亚的起义。——译者注
② 在南印度Granganore的迦梨女神神庙中，人们用黑胡椒给女神上供，"以祈求驶往国外的香料船平安无事"。

第六章 神之食物

浓烈的油精，这种香料仍被用于制作香水、香油和油膏。在圣·米歇尔山修道院的档案中有一份1061年的文档，记载了修道院长拉努法斯和（阿夫朗什）的主教约翰之间的一个协议，根据该协议前者负责向寺院提供献主节（2月2日）宴庆所需的用物。在中世纪时期这曾是一个很重要的节日，自7世纪末期教皇塞尔吉乌斯一世①每年以烛光游行作为庆祝（因而也称"烛光节"）。那位主教为修道院提供（按原来的次序）1块祭坛布、3磅熏香、3磅胡椒、6大块蜡和3支蜡烛。如果我们认为这里的香料只是用来吃的，从上下文来看就显得很奇怪了；或许它们是供庆祝活动之后的宴席用的，但同样可能的是，这些香料起着某种礼拜仪式上的作用，比如掺和在熏香中以供在香炉中焚烧，或者用做涂敷油的配料。

这种如果仅从食用的角度来看香料就使上下文显得不协调的地方很多。735年圣比德临终时要他的弟子古瑟伯特赶快到他的修道院的小屋中去把"凡是有价值的东西"都收集来，那位圣徒传作者所列的东西包括：胡椒、亚麻布和熏香："快去，把我们寺院中的修道士都叫到我这儿来，这样我可以把上帝给我的微薄礼物送给他们。"8世纪的诺森布里亚②竟会有胡椒存在这就够让人惊奇了，如果传记作者把这位圣人比德描述成在上气不接下气地说出临终之言时，最关心的事之一是他的那些修道士同行们的口腹之欲，那就更不可思议了。因为如此看重饮食是与当时的精神生活完全不相容的，而（如那位传记作者想告诉读者的）比德正是这种精神生活的光辉典范。只有当香料被看做圣礼之物或药物（很可能二者兼有），他的临终赠礼才说得通。照他

---

① 塞尔吉乌斯一世（？—701年），叙利亚籍教皇，在伦巴第国王丘尼波特的帮助下统一了意大利的教会。——译者注
② 诺森布里亚，中世纪早期七国时代的国家之一，位于今英格兰东岸亨伯湾和苏格兰东岸福思湾之间。——译者注

的传记作者的记述,在分赠完香料之后,比德最后的话语是把胡椒、亚麻和熏香与奢侈但世俗的金银相比,后者是那些富人们临终时常常分赠的东西。对比的说服力依赖于,胡椒(在某种被遗忘了的和未知的意义上)有一种更深层次的与圣徒的贫困生活相应的象征意义。这里把精神和肉体的康乐混在一起而论,是因为在比德(或更重要的是那些受过启迪的读者)的心目中认为香料有着内在的价值。

当然,由于香料的仙气早已消失,这样的故事也就失去了意义。这看来与其说是一种有意识的、教义上的分歧,不如说是贸易发展的结果。很可能的是,香料在餐桌上越来越普遍地使用,使它们越来越不适合用于圣礼,它们的象征意义被夺去了。到了中世纪后期圣礼上已经完全看不到香料的踪迹,作为经常使用的芳香物只剩下了香液(balsam),而这多少是一种任意的选择。在一篇12世纪、据认为是(圣布莱斯的)"黑森林"寺院的沃纳写的布道词中,在提到桂皮被用于制作涂敷膏油时用的是过去时,显然,在那个时候这已成了某种需要向集会的教徒们作解释的东西。在14世纪中期犹金教皇四世有关制作圣油的指示中只提到了香液。

香料在东正教中的延续时间要长些。13世纪中,科普特基督教会用的涂敷油仍然基于掺有异域香料的配方,包括肉豆蔻、丁香和小豆蔻。据伊本·卡巴尔当时写的一篇有关礼拜仪式的论文《教会仪典》中所说,使徒们所用的油的配方是上帝交给摩西的,其中掺有没药和黄芦,以纪念(阿里麦西亚的)尼科迪默斯和约瑟夫把香料带到基督的墓地。科普特教会的习俗认为,使徒们是在"上堂"(upper room)调制涂敷油的,然后带着传播福音的使命出发,把圣油带往世界的各个角落。在伊本·卡巴尔的时代,每年在上一年剩下的油的基础上制作一批新油,因此据信,科普特教会所使用的圣油中仍然包含有某些当年给基督本人涂敷的香料。

俄罗斯教会至今仍然在圣油中掺混香料。在复活节前的一周内，莫斯科的教长辖区制作一年用的圣油，彼时把油、酒、鲜花和香料搅拌混合，熬煮浓缩，在最后三天里并且伴有不间断的福音书的诵读。所用的配料并没有严格的界定，但最常用的配方仍然是基于《圣经·出埃及记》中的模式，即包含橄榄油、桂皮和玉桂，以及其他一些香料如丁香、生姜和小豆蔻。圣油制好之后，由教长祈福保佑，倒入圣化的钵中，然后分送到全国的主教教区。香料这种使用的典据可追溯到僭主狄奥尼修斯的时代，象征"圣灵所赠的诸礼物的赐福香气"。

即使这种做法也与古代的升入天堂的香料有了很大的不同。除了少数例外，基督教实际上已经把它的香料史置于脑后了，宗教是祛除香气的。而颇为不可思议的是，对于今天的基督徒来说，香气的观念大多只被看做代表一种华而不实的格调，是与低教会派[①]所粉饰的清廉简约相对的东西。有些牧师在制作圣油时除了使用香液，仍使用一些香料，但这只是随意的选择，所混合的东西依赖于牧师本人的喜好。（不列颠哥伦比亚省戈尔登的）理查德·费尔柴尔德牧师的妻子使用多香果、丁香、桂皮制作为她丈夫使用的圣油，但她的这种做法显然只是少数例外，即使在这种情形下，香料的作用也只是一种纯粹的象征意义，不再被作为有很深寓意的东西了。

今天香料只是一种残留的边缘性的东西，在互联网上大范围地搜索一下可以看到，对加有香料的熏香和香气的信仰仍然存在着，但说法有很大不同。有的说香料创造一种精神交流的情绪，有助于保持镇定、沉思或专注的状态。有一种见解认为，胡椒会使产生"超意识（super-consciousness）的惊醒"；还有的建议用香料遮盖吸食大麻后的味道，

---

① 低教会派（Low Church），英国基督教圣公会中的一派，主张简单化的仪式，反对过分强调教会的权威地位，较倾向于清教徒，与高教会派（High Church）相对。——译者注

以免被人察觉。[即使这种用途与古时的用途也不无联系。寺庙中所用的香料和熏香很可能也有遮盖宰杀牺牲后留下的气味的作用。在近东炎热的夏季里,"积存数月的牺牲的臭气(阿普列乌斯语)"定使寺庙闻起来像一座屠宰场。]美国"神智学会"(the Theosophical Society)的网站建议把桂皮掺入熏香,以"营造一种神圣的氛围"。

另有些人的说法就更为夸张了。督伊德教的祭司提出用生姜制作一种使人"赚钱快的油",用丁香和胡椒制作使人"增加胆量的油",用胡椒制作使人"刀枪不入"的油,用桂皮制作"星际巡游的油":"涂于肚子、手腕、脖颈后面和前额上,仰面躺下,想象自己被射入星空"。这些配料效力甚大,必须谨慎使用。"女巫会"(Sibylline Order)和"古道会"(Ancient Ways)的会员莉萨写道,在一次"女神礼仪"上,她无意中用桂油点了前额,结果使她看起来很愚蠢。摆弄香料时必须小心:"为了达到魔法的效果,在看电视或与你母亲在电话里谈重要事情时,最好不要调制圣油,因为那样会分散你的注意力,使有害物混入其中。"

肉桂植株
原载克里斯托瓦尔·阿科斯塔《论印度东方的药材与药品》
（布尔戈斯，1578年）

第七章

清淡总相宜

> 不必要和污染性的调料必须避免。
> ——沙特勒兹修道院第五任院长吉戈·德卡斯特罗
> 　（1083—1137年）

> 斯巴达人靠饥饿和劳作来增加食物的味道。
> 这就是我们教派的调料。
> ——西多会修道士（弗罗伊德蒙特的）埃利南
> 　（1150—1230年）

圣贝尔纳的家庭风波

能使小阴茎增大的香料对于禁欲的修道士们来说并没有什么太大的吸引力，但正是这一点使圣贝尔纳（St Bernard）[①]感到不安，虽然他的表述略有不同。

作为他那个时代最著名的教士之一，（克莱尔沃的）贝尔纳（1090—

[①] 贝尔纳，法国基督教神学家，克莱尔沃隐修院的创建人和院长，神秘论者，著有《论恩宠和自由意志》、《致圣殿骑士团书》等。——译者注

1153年）是集神秘论者、禁欲者和诗人这些迥异特质于一身的人，他有着天才抒情诗人的狂放和严格禁欲者的尖刻：他是诗人华兹华斯与耶利米①的结合。他曾是欧洲社会的一个了不起的人物，他的权威使他可以羞辱傲慢的女王，让飞扬跋扈的封建歹徒忏悔；他责难教皇、挑战异教，他是第二次十字军远征的吹鼓手、十字军"圣殿骑士团"的鼓动者和主要招募人。而这样光辉的生涯却是靠沃姆伍德山谷贫瘠的土壤滋生养育的，那是奥布河在香巴尼和伯艮第布满丘陵的交界地冲刷出来的一块狭窄的荒原。贝尔纳1115年创办克莱尔沃隐修院，在那里他带领着一小群修道士过着一种极端贫困和与世隔绝的生活，夏日灼烤、冬日饥寒，弃绝一切世俗珍美之物，苦寻接近上帝之途。在这样贫瘠狭小的地域内，贝尔纳的个性魅力创造了奇迹，许多人听了修道院复兴的传闻慕名而来，人数之多很快就使得克莱尔沃隐修院原有的地方不够用了，不得不搬到下游一个对健康更有利的新址。在十年工夫里，这所隐修院已经变得与其说是一所修道院，不如说是修道者的小城了。

但是在1120年的夏天，克莱尔沃隐修院和贝尔纳的名声还是日后的事情。这个初创的社区那时还在为生存而挣扎，它所受的一次公开羞辱的刺痛还没有平复，在那次羞辱中贝尔纳意识到香料徘徊不去、招惹麻烦的特点。虽然他也像中世纪的几乎每一位神秘主义者一样经常借助香料来唤起那神圣不可言喻的东西，把它们视为献身、爱和不朽的象征，可是这次带来的只有创痛。因为对他来说，这些香料即使不是祸首，也是使他和他的弃婴群落受伤害的同谋，它们是丑闻的助虐者。

贝尔纳所担心的并不是香料对他自己情欲上可能造成的影响，而是对他的门徒和侄子罗贝尔的影响。麻烦起自贝尔纳在一个"像麻风

---

① 耶利米，《圣经》中的人物，公元前7世纪和6世纪时希伯来先知，象征悲观的预言人，针砭时弊者。——译者注

第七章　清淡总相宜

病人的破屋"的偏远寺院里度过了12个月的隐居生活，之后他于1119年秋天参加了西多会的全体修道士大会。在贝尔纳不在隐修院的这段时间里，克莱尔沃接待了一位由"隐修院长君主"（prince of priors）派来的客人——伯艮第克卢尼大修道院院长。这位被贝尔纳称为"披着羊皮的狼"的院长在罗贝尔的耳边悄声地怂恿和奉承，终于使后者决心离开虽然安全却不是温馨之乡的克莱尔沃隐修院，告别那里的严酷、石块和森林，投奔克卢尼的舒适与安逸。

这可以说是一种偷猎行为，而且是很卑劣的偷猎。罗贝尔出身名门，而且是他自己请求进入克莱尔沃隐修院的，他多次发誓要在这里恪尽职守，这一切都会使这位圣徒思虑再三。而在12世纪寺院体制纷争无序的局面下，罗贝尔的叛离尤其使人痛心。克卢尼在当时是寺院中的翘楚，有大约三百名修道士，另有一万多名独立的聚居者，仅在法国境内就有115个分院。早先几百年间的教皇都出自克卢尼修道院。相比之下，克莱尔沃隐修院只是寺院中的一个小字辈，它的几十个修道士还住在漏雨的破屋中。这种等级上的差别更使贝尔纳觉得罗贝尔的出走是一种背叛。从地理上看，罗贝尔从克莱尔沃到克卢尼的旅程没有多远，从香巴尼的地势起伏的边境往南，穿过北伯艮第的丘陵、平原和山谷。但在精神上，至少在贝尔纳看来，罗贝尔走上了一条宽广舒适之途，但通向的却是万劫不复的地狱。即使不像贝尔纳所暗示的是一种叛教，在每个人看来也都是一种变节。

令贝尔纳特别担心的是罗贝尔去到那里后要吃的东西：实际上他也猜想，克卢尼的安逸生活是使这位年轻叛逃者作出决定的一个很重要的因素。贝尔纳的克莱尔沃隐修院清贫的白衣修士们引为自豪的很大一部分就是他们饮食上的克俭，而克卢尼修道院却是（至少在贝尔纳看来）寺院堕落的典型。他毫不掩饰地认为，克卢尼是在教会外皮下提供俗欲享乐的场所，在那里贪吃、饶舌、猎奇、放纵都打着有明辨能力的旗号；说教者鼓励纵酒，谴责节俭。对于贝尔纳这样一个"吃肉如同受刑"、没有医生之命不吃肉的僧侣来说，想到罗贝尔要在克卢尼修道院宽敞的餐厅中那样地吃喝就使他备感痛苦。罗贝尔原来穿的布袍已换成了毛皮长袍，素食改换了美食，贫困转向了富足。克莱尔沃的清贫苛俭变成了克卢尼的奢侈荒淫：柔软的衣服，舒适的毛织品，修道士的长袖罩袍，还有教堂里丰盛的宴席，艳丽的手稿，精巧的雕刻，神姿优美的塑像，悠闲自在的生活方式——而这一切只能滋养肉体，不能滋养精神，它们是软弱的种子，不是战斗的武器。

如果贝尔纳的话是可信的，那么可以说克卢尼的诱惑很重要的一方面在于，修道士们可以毫无顾忌地大吃香料："胡椒、生姜、孜然芹、鼠尾草，还有无数这类调料，它们在满足口腹之欲的同时也会引发情欲。"只有愚莽的僧侣才会去吃这种危险的食物，它们滋养了身体却使灵魂处于危险之中。对于西多会清廉的生活来说，审慎清明的对话已是足够的娱乐；对所吃的白菜、面包、豌豆和小扁豆来说，只有盐和饥饿才是可接受的调料。

在后来的年月里，贝尔纳对他侄子的责备已成了一个近乎经典的故事，一个对修道士生活方式中的危险和陷阱的指南。西多会会员们把广泛传播贝尔纳对他侄子的责备视为一种责任（它被列在贝尔纳大量通信中的第一篇），特别是在香料这个论题上，他的批判使之成为寺院生活的一个戒律。贝尔纳的圣徒传作者和信徒（圣蒂里的）威廉对蒙戴的托钵修道士们讲了类似的话，诚恳地告诫他们要戒除使人"耽于情色和享乐"的香料和调料，理由是它们会"影响欲望的节制"，他的观点是"我们的食物能吃就够好了"。到了后来，就连贝尔纳那封信的写作本身也成传奇故事。就是这位威廉讲述道，圣贝尔纳离开一年回来后发现罗贝尔已经投奔了克卢尼和那里的安逸生活，他怒气冲冲地带着书记员来到一个山坡上，随即开始口授他的信。夏日的晴空之下突然下起瓢泼大雨,但他坚持要那位书记员继续照他说的写,他对那位惊慌的伙伴说道:"这是上帝的工作。"经此一说,那位修道士便又接着写下去,让人惊奇的是,虽然他和贝尔纳都已淋得浑身透湿,那写信的羊皮纸却滴水不沾。后来为了纪念这一奇迹,人们在那原址上建了一座教堂,一直到宗教改革时期仍然矗立在那里。

借助这样的故事,贝尔纳的见解得以广为人知,后面我们将会看到,即使在今天仍然可以听到一些回响。但是谴责香料的腐蚀和情欲影响的远不止贝尔纳一人。10世纪以后随着香料贸易的恢复,香料伤风败俗的名声不是减弱反而增强了,香料更普遍地流行,而所传播的却不是好名声。随着它们在医药、饮食、香水和春药方面使用的增加,在中世纪偏激的道德风气下,对它们诱人的隐害的意识也达到了空前的地步。它们受一些人热切地宠爱,也受另一些人强烈地憎恶。虽然双方的争论一般是从基督徒的道德这个角度来表述的,但是在贝尔纳口授的那封"遇雨不湿"的谴责信发表后的几个世纪里,香料成了一种更深层次的辩论的试金石,包括宗教的和世俗的,涉及到食物、奢侈、节俭、贫困和节制这些让人困惑的问题。正如不同见解通常有的情形那样,这些批评使人更深刻地看到香料众多诱人之处的矛盾性。

从某一个角度来看,像贝尔纳这样的苦行修道的基督徒反对这些最世俗的食物不是什么奇怪的事,但是牧师们的这种激烈反对和在宗教仪式上使用的并存却是让人感到惊奇的。因为,如我们已经看到的,香料被视为有神性和不可言说的:它们是象征美德的气味,是唯一可以比之于圣母玛利亚的东西。如前面已经提到的,贝尔纳一伙神秘论者及他们的前辈彼得·达米安也有着类似的有关香料的想象,把寺院(实际上正是克卢尼修道院)的庇护所比喻为散发着香料气息的天堂乐土,充溢着香料、鲜花以及美德的馨香之气。而正是那些赞美天堂中的香料的神秘论者往往也是最反对它们在俗世间使用的人。所有神秘论作家几乎无不具有这种两重性，天上的佼物便是地上的恶物，甚至是危险之物。

对香料的这种矛盾心理绝不仅仅是一种修道士特有的双重标准，实际上它们源自于作为中世纪神秘论思维方式的核心的对立观，即把现世与来世绝对地分开。正因为贝尔纳把天国与人世的分界视为深渊，因此象征崇高的东西在现实中就可能是卑下的，甚至是亵渎的。这里的关键在于背景和意图。因为这个原因，彼得·达米安甚至把香料比做伊甸园的禁果。有一个圣诞节他在偏远的加姆格诺修道院中，令他惊恐的是，那儿的人给他端上了香料酒："因为本性上好的东西会因为违背禁令使用而造成罪孽；造物主严禁的东西由于人的自由意志的冒犯会导致大罪。"如果仅仅因为偷食苹果人类就被逐出天堂，食用奢侈诱情的天堂美食的罪孽又当如何？

从远在 21 世纪的今天来看，我们会认为达米安和贝尔纳那样激烈的抱怨是过分了，不过是中世纪人对于一种老调的重弹，即凡是与享乐沾边的东西都是有害的。但是从中世纪的角度来看，贝尔纳仅仅是在重述一种正统的思想。由于香料的春药名声，要使它们与独身修行的行当谐调起来显然是困难的。在贝尔纳看来，即使没有香料，人的脆弱的肉体自身就有一种罪孽的倾向，即便是像贝尔纳这样的知识分子，妖魔也是切实的和无处不在的，其中淫荡之魔亚司马提是最阴险和时刻准备侵犯的魔鬼之一。①

除了淫欲就是贪食。正如那些异教的批评家们一再指出的，香料和调料本身并没有明显的滋养目的，其作用主要在于给食物增加味道，刺激食欲使人吃得更多。这个道理很容易从基督徒的角度来转述。对圣奥古斯都来说，胡椒就是贪食的标志，大吃那些奇异稀有

---

① 有一次贝尔纳曾被一位年轻女人引诱得欲火难耐，于是他赶紧跳入一个冰冷的池塘中，一直待到欲火退去，而这多半会使那个女子感到十分好笑。

的菜蔬，一道道菜上都"撒上相当量的胡椒"——这是与他的观念相背的。他主张饮食节俭，只需将将够吃的白菜和猪油，能够聊以果腹就行。

在这些前提之下，香料在基督教徒对饮食的悲叹中占有突出的地位就几乎是不可避免的了。它们象征不可食之物的典型。由此，在寺院传统的一些创始文档中可以看到对香料的固执的警觉就不足为怪了。在东方，公元4世纪时埃及隐士圣安东尼的伴侣谢拉皮翁就知道丁香和胡椒有很强的壮阳作用。大约在同一时期，《圣巴西勒规章》(*The Rule of St Basil*) 明文禁止用昂贵的调料制作奢侈的菜食。在西方，他的同时代人圣杰罗姆在写给有志于做修道士和修女者的一系列信中，制定了中世纪基督徒饮食的一些基本原则。在一封394年左右写自罗马的信中，他规定要做修道士的人应禁食胡椒及阿月浑子果和枣椰子等美味，因为"如果我们贪食美味，我们就会使自己远离天堂"。清贫能保灵魂的平安，吃的东西也应当是这样："身为贫贱之人，我们没有财富，我们也不会屈尊去接受施舍。乡下人不会去买香液、胡椒和枣椰子，凡寻求财富的人便会堕入魔鬼的诱惑和圈套。"

杰罗姆的这些告诫在后来的几百年间对基督徒们饮食态度的形成有着很大的影响。公元6世纪圣本尼狄克在制定修道院生活的"准则"时强调，修道士的饮食应俭朴、有营养，以吃饱为原则。对香料的拒斥在公元4世纪时的一封长久以来被认为是苏尔皮西厄斯·塞维鲁 (Sulpicius Severus) 写的信中变得更明确了。塞维鲁是西方修道院制度的创始人之一，他的那封信是写给古罗马高卢一个小的修道团体的头领的。信中写道，他给这个团体派来了一个新的厨师，后者只会做简单的饭菜，而他对此不但没有歉意，反而有些得意之色：

我听说你们的厨师都离开了你们的厨房，我想这是因为他们不屑于只使用那些普通的调料来做菜。我从我们这里的厨师中派去一个小伙子，他已经学会了烧豆子和用醋及调汁做腌甜菜根，他会做普通的为饥饿的修道士们填饱肚子的粥；他没听说什么胡椒，也不知道"拉斯尔"（古罗马烹饪中另一种很被看重的昂贵的调料），但用孜然芹没有问题，用研钵捣香草他也是一把好手。

除了是一位不高明的厨师，他还是一个神经质的园丁（"如果让他到花园里去，他会用剑把他能触及的东西都砍削掉"）。所有新奇昂贵的调料都被从修道院的厨房里摒除了。

这种情形（至少在理论上）持续了一千好几百年——贝尔纳在山坡上口授的那封信或多或少也是受了这种影响。因此，在香料这个问题上，贝尔纳不过是在重复古已有之的虽然是有些陈腐的老生常谈。而这些老生常谈在他的那些西多会同行们的眼里却如同法律一般，那里的长者们规定，"在隐修院中，我们通常不得使用胡椒、孜然芹之类的香料，只能使用我们自己土地上生长的普通香草"。

这种状况在中世纪后来的年代里一直保持着，至少从文字记载上看是这样。不过虽然香料背负的恶名使它们为社会所不容，它们在本意或严格的文学角度上的使用并没有被排除。正如贝尔纳用食用香料作为他那叛逃的侄子的耻辱，在基督教的辩论中香料也常常用来借指不忠诚，作为不虔诚的修道士的标志。甚至在贝尔纳的时代，那种只想着满足口腹之欲而不想着救赎自己（或他人的）灵魂的托钵修道士已成为文学上的一种人物类型，其中12世纪的一个讽刺作品很有代表性，它描写一个懒惰、馋嘴、好色的修道院长，其人甚爱香料和沙司，他睡觉时常常因前一天晚上的过食而醒过来呕吐，在沉思冥想时，"他想得更多的是沙司而不是圣事,是鲑鱼而不是所罗门",①在念"颂扬"和"求主祈怜"的晨经声中夹杂着放屁和打嗝的声音。他大吃鸡蛋和裂口的胡椒,每次55粒。"让我怎样描述他的沙司和调味品?给他提供的是最黑、味道最辛辣、最浓烈的胡椒沙司……这是他在代替基督忍受的痛苦。"法国利古格修道院的一位修道士也以谐音的方式讥讽他的一位同事:"他本应用宗教的语言说到天界的灵魂(esprits),而他却说成了地上的香料(espices)!"

这种讽刺的对比在(里尔的)阿兰(Alain,1128—1202年)的作品中表现为一种更粗俗的形式,在想象新的和更可怕的过量食用香料的后果方面,这位修道士超过了他的同行西多会的贝尔纳,其中最让人瞠目的是,他把香料与鸡奸并举,认为这二者的关系就像马与马车一样地相连。他的诗《自然的抱怨》(Nature's Complaint)也许是有关鸡奸②的著述中流传最久和心怀忧愤的。该诗以阿兰与拟人化的"大自然"进行忧伤地对话的形式展开,双方都为"大自然"所称的"整个世界为不道德的爱的欲火所危及"而焦虑。诗的开始是阿兰的一个梦境,忧虑的"大自然"向他描绘了一幅颠倒的世界的可怕图景,其中笑声变成了眼泪,愉悦变成了哭泣,贞洁的封印遭到破坏,"大自然"的慷慨施舍被挥霍一空,男人失了男子气,社会为肉欲的妖魔所摆布,"他变成了她",谓语变成了主语,整个世界毁灭堕落,在贪食的风浪中倾覆,被疯狂的吃喝所席卷。

对这德行的过失,香料既是图腾,也是表征和原因。在阿兰看来,

---

① 英语中"沙司"(sauces)与"圣事"(sacraments)、"鲑鱼"(salmon)与"所罗门"(Solomon)发音相近。——译者注
② 这个论题对于中世纪的修道士有着比人们的想象更为密切的关系。读过翁贝托·爱柯(Umberto Eco)《玫瑰的名字》(The Name of the Rose)一书的读者会对全为独身男士的修道院中的那种性压抑有所意会。

贪食无度是一种大罪，①它有多种表现形式，其中最有害的是对食物的过分讲究，尤其是贵族们（如果阿兰的话是可信的，还包括牧师们）所热衷的精细的香料沙司。"大自然"抱怨道："虽然我的慷慨给人类提供了如此多种多样的食物，使他们可以享受如此丰富的菜肴，他们对所施的恩惠却是忘恩负义，无节制地吃喝，狂饮无度，用沙司的浓烈味道来刺激味觉，这使他们更加嗜酒，更频繁地滥饮。"在她（大自然）的眼里，最贪吃的人群乃是高级教士，最有害的食物就是香料。她认为神职人员食用香料是一种邪恶的习惯。如同那些仰慕神圣的胡椒的偶像崇拜一样，牧师们在性生活方面的堕落是由他们独出心裁的饮食（那些香料鱼，那些用浓厚的香料酱汁调拌的禽肉）反映出来和受到激发的。不知感恩和不满足于"大自然"的恩赐，他们热衷于寻找各种新调料，激发起的情欲使他们变得更加放纵：

> 这种伤风败俗之事不限于平民百姓，且广泛流行于高级教士之中，他们玷污洗礼的仪式，鲑鱼、梭子鱼等一类不寻常的鱼成了他们洗礼的对象，洗礼盘中放有他们视为神圣的胡椒，这些鱼就像殉道者一样被处死以做各种花样的烹调，经过这番洗礼，它们就变得别有滋味。

这是上帝所赐的面包和基督血的简朴圣餐形象的一种颠倒，贪食者的盛宴是洗礼仪式的逆施，是对殉道形式的嘲讽。

就像许多有关牧师堕落的情形一样，阿兰对这些行鸡奸、嗜香料的教士的描写也带有很大的夸张，低调描述从来不是他们这些中世纪宗教辩士习用的手法。实际上可以说，通过这种谴责让人们看到的是

---

① 基督教中谓有使灵魂死亡的七宗大罪，即骄傲、贪婪、淫邪、愤怒、贪食、忌妒、懒惰。——译者注

这些神职人员生活的奢侈而不是虚伪，揭示了一种文化而不是物质现实。那么我们对于这种现实又应如何看待呢？阿兰和贝尔纳认为牧师们大多无视对香料的禁用，这种说法至少是有一定道理的吗？

回答这个问题要看时间和地点。寺院的戒律（和资产）各有不同，对香料的消费也不相同。当然，像阿兰和伯尔纳所说的那种肆意地食用香料即使有也是极少见的，它们从来没有像这些批评家们企图让我们相信的那样被认为是无害的和可以接受的。即使在克卢尼修道院，香料的使用也是有各种条件的限制的。在贝尔纳时代的前二三十年，克卢尼修道院的乌尔里希曾骄傲地说道，他的寺院中有大量的胡椒、生姜、桂皮和"其他有益健康的根茎"，说那主要是给病人吃的。以胡椒做食物用，一年只允许有一次，那就是在四旬斋前的最后一个礼拜日，那时它们可以被用来撒在鸡蛋上吃。在做弥撒之后有时也提供一些胡椒酒。在可以用香料做菜的少有的场合，也只是由仆人而不是修道士在适当隔离的厨房中当厨。其他时间，食谱上只有蔬菜、面包和鱼。

对这些戒规的解释和执行在各个时期有所不同。在贝尔纳的时代，克卢尼修道院以前的严格戒律在世俗的贵族庞斯·德梅尔奎尔院长（1109—1122年）当权时被放松了，不过使贝尔纳极为高兴的是，在此之后不长的时间里，甚至像克卢尼这样有势力的修道院也改弦更张了，这在很大程度上是由于他个人榜样的影响。就在贝尔纳口授了那封责难信两年之后，庞斯便被教皇罢免了，他企图复位的努力没有成功，结果由副主教比得（Peter the Venerable）接任院长（约1122—1156年）。新院长刚上任时，所定的制度颇不受欢迎，他很快就完全禁止了修道士们喝香料酒，唯一可以奢侈一下的机会是星期四的濯足节宴席，彼时可在酒中加一些蜂蜜，但不能加香料。（使贝尔纳一定备感欣喜的是，彼得除了严格规定了克卢尼的食谱，他还把贝尔纳叛逃的侄子遭送了回来。贝尔纳遵循自己的诺言宽恕了罗贝尔，而后者最终证明自己不愧为西多会的修道士，据说他也对香料产生了厌恶，贝尔纳后来把他提升为他自己在第戎的修道院的院长。）在彼得所实行的制度下对于"皇族香料"的严禁不亚于贝尔纳时期："依据什么凭据，那些异域的东方香料，耗费如此大的精力去搜寻，花费如此多的钱财去购买，最后被掺入贫寒禁欲的修道士的酒中？"

但是如果说对香料之战取得过什么胜利的话，贝尔纳的那些牧师们都会相信那不过是一场大战中的零星战役，魔鬼是不知疲倦的侵袭者，需要时时刻刻地提防，即使是在修道院的庇护所里，也到处是网罗和陷阱，修道院的食堂、厨房和地窖是最危险的地方。如果说戒规的宗旨是严格明确的，在具体措辞上往往有松动甚至例外，即使在管理最严的修道会中，也会在一些特殊场合允许使用香料。有些寺院规定在医疗上必要时可以使用，丰塔纳利修道院长圣安塞及苏（约770—843/844年）也许是最早明确作出这种规定的。另一方面，香料被拒之于前门，并不妨碍它们从后门溜进来。由于在诊疗所治病期间可以食用肉和香料，病床便成了可以一待的地方。病可装，而这看来也并不少见。12世纪时（布洛瓦的）彼得牧师就讽刺过那些假装患病的僧侣，他们吃厌了一成不变的鱼和青菜，称病吃吃干药糖剂，沙司里面必得放桂皮、丁香和肉豆蔻："这些信神者是伊壁鸠鲁的门徒，而不是基督的弟子。"

从那时医学理论的角度说，这些穿教袍的伊壁鸠鲁的弟子担心吃那些冷性食物的不良后果是有道理的，但他们的这种担心与他们节俭的道义是冲突的。对贝尔纳的同时代人、他的神秘主义者同事（圣维克托的）休来说，不要说香料，就是本地产的大蒜和孜然芹亦属禁忌之物。他对那些饮食挑剔的僧侣大加斥责，后者坚持要吃各种不同的菜食和调料，理由是他们的体质要求这样做，不能吃太热也不能吃太凉的东西；这里要加一点儿孜然芹，那里要放一点儿香料盐和一点儿滋补的胡椒，"就像孕妇一样挑食"。在休看来，这种对肉体的精心与犯贪食的大罪无异，后者还包括面包师的精细面包、厨师的精制沙司、四足兽与鸟类的肉、海里和河里的鱼、胡椒、大蒜、孜然芹和一般的调料。

对于那些守戒甚严的人来说，即使医疗上在必要的情况下使用香料也是对肉体过于关心了。12世纪的一本对想做女修道士者提出告诫的书《女修士守则》(*Ancrene Riwle*)对此就持严厉不阿的态度："倘若一个人病了，手边正好有些可治病的东西，他当然可以使用，但对这些东西过于热切，特别是一位信教者，他将使上帝不悦。"灵魂的保健在肉体的保健之上，为了说明这一严厉的告诫，举了三个修道士的故事，其中一个

> 因为自己的胃寒常吃香料，在饮食方面比另两位讲究。那两个修道士自己也有病，但他们对吃喝之物不特别关心，不在意它们是有益健康还是有害健康，凡是上帝给的他们就接受，从不细察。他们不觉得生姜、莪术、桂竹香、丁香有什么重要。有一天，三个人睡着了，我所说的第一个人睡在另两个人中间。这时神后降临，有两位侍女陪伴，其中一个看来拿着药糖剂，另一个拿着一把小金勺子。神后用勺子取了一勺药糖剂，放入第一个修道士的口中。侍女接着来到第二个修道士身边，但神后说："不，他是给自己治病的医生，去到第三个人那里。"

修道院曾是医学研究的前沿，这是长期以来的一个不解之谜，因为它们实际上对任何肉体享受的东西都持反对的态度，用圣贝尔纳的话说就是："你是一个僧侣，不是医生。如果一个人戒除了享乐，但整天都

把精力和心思花在研究体质的差别上，或者琢磨烹调食物的方法，这种戒除有什么用呢？"即使得病也比食用香料治好了强。

如果生病的借口，不管是装的、自己担心还是真的，是在修道士的防线上开了一个缺口，聚餐日就是被打开的另一个缺口。在寺院的日历上，一些消费香料最多的场合是葬礼宴席，如按照（旺多姆的）伯爵、圣徒布尔查德（958—1007年）的教令所举行的那些宴席。这位圣徒要求在他死后为他建立教堂，为超度他的灵魂做弥撒，然后为那些负责操办葬礼的修道士们举行豪华的、加有贵重香料的宴席。1137年，当（圣丹尼斯的）苏格尔因患疟疾生命垂危时，他把修道士们召集到身边，命令他们把少量[①]香料酒以及小麦和葡萄酒分送给穷人。克卢尼修道院的乌代尔里克在总结了历史上修道士们的简陋饮食之后，讲到负责为修道士们提供物品的库房管理员（apocrisarius）"在可能弄到配料的情况下，可给修道士们提供放有适量香料的鱼，并配一些色素"。一方面有严厉的戒规，另一方面又有时不常大吃大喝的宴席，这使得很难对实际的日常情况作出判断，但不管怎么说，香料偶尔被食用这一点是没有疑问的。

其他修道院的情况大致也都是这样，理论和实际是相脱离的。就在贝尔纳对厨房中的腐败堕落发出严厉谴责的时候，他的同时代人、修道院长鲁道夫曾毫无忌讳而且详尽地谈到布拉班特的圣特鲁多修道院修道士们的香料饮食。他一方面说一些修道院管理松懈，修道士生活腐败，另一方面又得意地写道（却没有意识到其中的矛盾）圣莱米和特鲁多修道院的宗教节日的食谱，说他们用鱼和胡椒做出了各种各样的花样。第一道菜是用胡椒和姜汁调味的鱼，上面放有鸡蛋和更多

[①] pittance 古时指给宗教组织的小额捐赠，后来指给修道士们的少量餐食补助，这里借指"少量"。

的胡椒。接着是胡椒蒸鲑鱼，其后还有放有大量胡椒的烤鲑鱼。最后是各种其他的鱼和胡椒拌的鱼子。

不过这些宴席只是在一些特殊场合举行的。更让人吃惊的是受宣福礼的威廉（符腾堡希尔绍的本笃会慈善院院长，生前曾以从克卢尼引入严格的教规而出名）在写于更早些时候的11世纪的一本书中的记述。他掌管的修道院虽然是外表寂静无声（只有忏悔时间除外）且对违规之举惩罚甚严，但只要修道士们想要，他们看来就可以得到香料（只是如克卢尼的情形一样，它们的烹调不是由托钵修道士而是仆人们来做，且只能在修道院食堂里受监督的情况下食用）。修道士们用一种复杂的手势语，"表示生姜的手势与表示香草的手势一样，但右手要攥拳，高举，在额下画圈，连续画圈，然后伸出舌头，吮舔食指"。

如果由此要得出什么结论的话，那就是：对于香料的警告由于实际状况的需要而常不断地被提出。随着时间的推移，修道院厨房里发生的情况与人类饮食史上恒常的情形一样：在有限的物资条件下，努力把斋戒变为宴席。

一句话，结果便是香料回到了修道院的菜谱上。由于厨师们的精巧手艺，许多斋戒日的饭食实在难以说成是苦行赎罪之食。为了缓解斋戒季节的苦日，一些寺院特别选在四旬斋期间加用香料。即使在贝尔纳时代，他的同时代人彼得·阿贝拉尔就由于修道士的虚伪而闹出了丑闻。他在给埃卢伊斯的一封信中写道，香料使四旬斋的食物更好而不是更坏："我们戒吃肉食的意义何在，如果我们随后大吃其他的奢侈食物？……我们花费很多钱去买各种鱼……掺入胡椒等香料，用酒腌制，一边吃一边喝着大瓶的白酒、小瓶的香料酒，而这一切的借口就是因为戒除肉食！"

另一些人甚至对宗教节日的食物也作如是评论。一些批评家抱怨，节日时的短暂开戒被当做了大吃大喝的特许权。1179年三一节时坎特伯雷大教堂的副院长为到访的杰拉尔德斯·坎布兰塞斯举行欢迎宴会，客人发现安排的食物与修道院自称的操守大有出入，尽管是在节日期间。餐桌上确实没有上肉，但是用几十个"奢侈华丽的盘子"上的数十种不同的鱼和香料美食，使得任何自称的节欲都形同虚设："如此多种类的鱼，烧的和烤的，带填料的和煎的，如此多用鸡蛋和胡椒烹调的菜肴，各种厨艺，各种风味和调料，目的是为了刺激食欲，使胃口大开。"这些食物都以香料酒灌下，那位客人说，蔬菜却没有什么人去碰。

具有讽刺意味的是，由此人们的感悟与那些严守戒律者得出的结论差不多：在灵与肉的战斗中，肉体从来没有完全被打败过。毫无疑问，有些修道士是信守其言的，但从长远的角度来看（或从一开始）严守派所进行的就是一场注定失败的斗争。1300年伍斯特的一个寺院发给每个修道士18银便士，让他们"根据自己的体质去买适合的"香料。（这不但违背了饮食上的戒律，也违背了严禁私产的规定。）虽然一些寺院记载的香料支出不多，但到了中世纪时，另有一些寺院的食欲胃口已可以和贵族不相上下。1418年，阿宾登寺院的35个修道士购香料用去53磅15先令，相当于一个中级乡村教区牧师一年的薪俸。

在某种程度上，这种戒律松弛是修道士规范普遍松懈（或照路德一类人喜欢用的词——他们的腐败）的表征。随着时间的发展，基督徒们对他们饮食方面的担忧逐渐减弱了，利古格修道院的院长认为，东方苦行僧所立的戒规不能套用到法国修道者身上，因为法国人是不同的："昔兰尼加人可以忍受只吃煮的香草和大麦面包是因为天性和必要性使得他们习惯于此。"东方隐士的情况不适用于法国的条件："我们是高卢人，我们不能像天使似的不吃不喝地活着。"

可以看到，在神职越高的阶层香料的使用也越多，许多高级教士或寺院举行的宴席与世俗的宴席没有什么大的区别。在伊利修道院主教约翰·莫顿1478年举行的宴席上，客人们受到的款待是肉、鸡蛋、水果和放在一种肉冻中的香料。如果没有用糖和香料做的一些精致的《圣经》主题的装点，人们会以为这是一个贵族举办的奢侈宴席。但是莫顿的欢宴要与坎特伯雷圣奥古斯丁修道院宣布的副院长拉尔夫·德伯恩1309年所举行的就职日宴席相比就是小巫见大巫了，后者参加的客人多达六千多人，吃掉了300头猪、30头牛、1 000只鹅、500只阉鸡和母鸡、473只小母鸡、200头乳猪、24只天鹅、600只兔子和9 600个鸡蛋。在总计287.8英镑的开销中，28英镑用于购买未提名的香料，另有1.14镑用于购买胡椒和藏红花。除了30英镑用于购买200磅"羊肉"，香料是最大的一笔购物开销。

神职界对香料的偏好可以一路上溯到最高层。在圣诞夜弥撒举行之后的1274年初，教皇乔治十世在梵蒂冈举行了一个仪式，其间他为自己和扈从们准备了大量葡萄酒和香料。那个冬天，圣史蒂芬举行了一个豪华的宴席，晚间还有聚会小吃，其间食用了胡椒。有关准则虽然放松了，但香料仍然被认为是有冒犯性的东西。在1425年之前不久有人用中古英语写了一首诗，名为《塞莱斯丁和苏安娜的传说》，其中提到一位罗马教皇被召到地狱的门口，人形的贪食神在那里得意地恭候他，谓之曰："我让你享尽了美味的肉食、香料和香料酒……你的灵魂已属于我！"在被指控和定罪之后，这位教皇被拖到那些受诅咒的人群中。

这是因为香料的危险性从来没有被降低或置于不顾，即使香料的消费变得更为普通了，它们的危险性依然存在，此外还带有污染性。教皇马丁五世1428年对克卢尼修道院进行的改革显示，在贝尔纳之后的300年中，饮食的戒规已经发生了多么大的变化（或堕落）。除了降临节和四旬斋的斋戒期，修道士们已被允许无顾忌地食用香料和肉，其根据的是一种可疑的历史上的说法，即"按照罗马教廷（Apostolic

Seat）的古代传统的许可"，可以吃肉、鸡蛋、奶酪及香料做成的"热食"。克卢尼修道院允许食用这些奢侈物的借口是，没有足够的水区可以提供这么大的宗教群体所需的鱼（虽然这个修道院在彼得副主教掌管时期看来可以应付）。调料和肉食可以滋养身体和避免单调乏味，当然前提是不能过量食用。复活节礼拜日的宴席一定是让人特别眼馋的，修道士们届时可以吃熏肉、奶酪、4个炸鸡蛋和半磅胡椒。

但即使是在这个时候，人们仍然感到食用香料要有一定之规，改革的策划者们认为应当规定香料在何时和怎样吃。它们仍然是一种相当飘忽不定的东西，需要纳入教皇的教令中，前一任教皇已对食用的放宽点了头，这并不是说香料突然变得安全了，改变的只是在对限制的解释上，在什么是可接受的意识上。直至1690年，本笃会修道士和学者埃德蒙·马特尼仍然认为，本笃会有关饮食的戒规实际上是戒除一切调味品。

这里我们再一次看到的是让人担忧的理论和实际的脱离，但是指出这种脱离的存在并不等于说那些不遵守或忘记了戒规的人是堕落者或伪君子。对这个问题进行过探讨的一个人道的神学家是（海因斯特巴赫的）凯撒利乌斯（约1170—1240年），他是中世纪时最流行的书之一《奇迹的对话》（*The Dialogue of Miracles*）一书的作者。在讨论诱惑的问题时，凯撒利乌斯讲述了一位叫吉斯尔伯特的修道院长的逸事。这位院长允许他的修道士们每天进食三粒香料（可能是胡椒子），当有宗教同事反对时他解释说，用少量香料使质量不好的饭食变得有味，使他们能够把那些蔬菜、小扁豆和豌豆都吃光，这样就可以避免生病和营养不良："如果一个修道士由于忧郁或体液不调而不想吃豌豆和小扁豆，这比他吃得过多所犯的罪还要大。"因为如果他们的伙食太差他们就会不想吃，一个营养不良的修道士体质会变弱，就会无法完成他的义务。一切都以中庸为最佳。

另一方面，禁欲不但没有效果反而会适得其反。照凯撒利乌斯的说法，诱惑"来自肉体的冲动或魔鬼，或二者兼而有之，特别是在禁欲之后"："可叹的是，人的天性总是使人去追求那些被禁止的东西"。在凯撒利乌斯看来，教会对香料的抵制不但没有损害它们自古就有的魔力和诱情的名声，反而增加了它们的吸引力。在一个有着自身的显然是矛盾的对禁欲体验的时代，人们很难对这一点表示异议。这无疑是自早期基督教神父时代起牧师们掀起的禁欲大潮的回流。这并不是说所有那些摇旗者、诅咒者、圣伯尔纳一流人是天真无知的，他们对于禁限的结果当然是有所了解的，这里只在于指出一种悖论、一个禁限者永恒的困境。禁止某种东西只能抬高它的价值，煽起它的吸引力，在这种意义上，那些想把香料从中世纪的食谱中除去的人只能事与愿违。也许香料的批评者们最恒久的遗教就是：在香料的各种吸引力（真实的和想象的）中，最大的莫过于禁果的诱惑。

不义之财

毋庸置疑，人们对有关香料的各种争议——它们在诱情、健康和胃口刺激方面的作用——所持的态度很大程度上取决于他们所处的社会地位。牧师们对香料的反对之处往往正是我们在前面几章所见过的香料的那些特点，这并不是巧合。凡是贵族们拥赞的牧师们就会反对。香料带给人们的是味道的增加，而不是适当的营养；是促使人吃得更多，而不是适度；是挥霍，而不是检点；是极度的性欲，而不是独善其身。对于批评者和崇拜者来说一样的问题是，香料的这些特点（不管是好还是坏）很多都涵盖在"奢侈"这个极度矛盾的概念下。这里同样的是，如果我们对它们的模糊性没有适当的了解，我们就不能充分理解香料为什么有那么大的吸引力。

近几个世纪以来，人们对"奢侈"的观念有了很大的转变，不论是度假、住房还是住旅馆，广告上都告诉我们说，奢侈是好的。即使是我买来用做早餐的穆兹利①，照标签上的说法，也是奢侈品。但是在中世纪时，"奢侈"的标签却是有着很大的歧义和模糊性的：是的，对很多人来说，它不是一种恭维，而是一种贬责，它使人联想到罪孽。（海因斯特巴赫的）凯撒利乌斯认为"奢侈，像贪食一样，是世界上许多最大的灾难的作俑者"。他列的这些祸害包括洪水、火与硫磺对平原五座城市的摧毁、约瑟的被囚、以色列的遭贬、参孙的目盲、以利的孩子们的降格与死亡、大卫王的通奸与被杀、所罗门偶像崇拜、苏珊娜被定罪、施洗者约翰被砍头。像其他六宗大罪一样，奢侈一方面本身是错误的，同时又是其他更大灾祸的根源。大罪（deadly or cardinal sins）的概念源自于拉丁文 cardo，意为枢轴或铰链，是大灾祸得以进入的开口，它不是个人消费的问题，而是一个更广义的道德过失。

或者至少"奢侈"（luxury）是原词 luxus 的许多不到位的翻译之一，原词义指"过分张扬之误"，含有"过度"、"肤浅"、"怪异"、"反常"、"违禁"以及"贪欲"（lust）之意，而后者不过是这同一类概念中的一个子集。对凯撒利乌斯来说，"奢侈"及其附属的概念包括"由不洁欲望引发的心身的肆意糟蹋"，表现为不同程度的卖淫、淫荡、通奸、乱伦及不自然的恶习。这个词本身和罗马词 luxuria 同源，意为"蔓生无度"，这一含义在原词现代的各种衍生意义中只隐约保留着。

---

① 穆兹利（muesli），一种瑞士食品，用碾碎的谷物、干果、坚果等加牛奶制成的。——译者注

该词原用于植物的生长状态，含有反常的、超自然限度的无节制生长。

香料在何种程度上超过了自然限度，这一点是从那些认为香料过分"奢侈"（在这个词的后一种极度否定的意义上）的人的用词上间接显现出来的。对于那些愿意俭约吃喝的人来说，香料象征着浪费和挥霍，如一位批评者所说的，那些昂贵食物足以养活大批穷人。使那些一心炫耀富有阔绰的贵族们倾心的东西，在另一些人看来则是对资源的荒诞浪费，一种"让人憎恶的消费"。14世纪时的一本题为 Mum and the Sothsegger 的论辩著作的匿名作者说，奢侈的香料会卡在嗓子眼里。与那些生活简朴、辛勤劳作的"耕地农夫"们形成对照的是宫廷里的花天酒地，国王应当白天有精神，而不是晚上有精神，宫廷的那些美味、歌舞、小丑、"罪恶的镜子"（mirrors of sin）、①香料、蜡、葡萄酒等也不应超过必要的限度。这里除了小丑、歌舞和镜子以外，Mum 中所列的东西与我们前面提到德祖拉拉列举大度的"航海者亨利"慷慨施与人们的相同：蜡、酒和香料。

香料除了昂贵以外，最使那些清教徒批评家们恼火的是它们在使用上所体现出的那种虚华。这种观点的根据是：我们的需要是简单的，上帝赐给的已经足够了，因为世界是上帝造的，他显然不指望它是另外的样子：田野中的百合花比所罗门的服饰更绚丽。任何打乱这种秩序的企图就是打乱上帝的意志，就是干预上帝的意欲，这种想法不但是顺理成章的，而且简直可以说是逻辑的推论。任何有人为造作气味的东西都是对上天创造的一种篡改，是对自然本性的颠倒。把清教徒们的这种直感应用到餐桌上所表现的形式就是打破传统习俗：如果营养的正当目的是滋养身体，由此可以推论，任何厨艺都是非自然本性的，其功能只在提高味觉享受，由此把上帝的创造变为一种庸俗和颠

---

① 镜子长久以来就被批评家们认为是助长虚荣心的东西。

倒的形式。把异域的风味引入本地食物只是在扩张我们原本简单的需要，干预已经充分提供的东西，而这仅仅是为了满足短暂的口腹快感。故此，乔叟指责厨师用"香叶制的"沙司酱使上帝的创造物蒙羞，他认为这是令人"讨厌的额外添加"，是把"本质属性变为偶有属性"，把事物的实质内容变为单纯的外在形式。香料是食物的逆反，它们改造和隐藏了上帝所造。它们不但是多余之物，更糟糕的是它们的不虔诚。香料食客不但是贪食者，崇拜肚子这个假神，他们还犯有撒旦堕落之罪。

　　这些担心所涉及的不仅仅是神学上的辩论，这一点我们可以从但丁对地狱18圈上各类人的分布上看出来。其中有一个叫尼柯罗的锡耶纳人美食家深陷于麻风病的恐怖泥潭中，他的罪孽是发明了"昂贵的丁香的使用"。① 富有启示意义的是，和他在地狱同一角落的是那些被但丁归为"作伪者"一类的人。和食丁香的尼柯罗一起的还有卡西亚·德阿西亚诺和阿巴葛利亚托，这两个人都是锡耶纳"挥霍帮"（brigata spendereccia）的成员，这些人以狂吃豪饮之后把杯盘砸碎而臭名昭著。这个圈子里的另一个人是格里弗里诺·德阿莱佐，他是一个异教徒和金属的作伪者，因为声称自己会飞而被烧死。还有（佛罗伦萨的）卡波奇奥，他是一个1293年被烧死于火刑柱上的化学家。这些人都被判在瘴湿的阴沟中受永世的折磨，罪孽是篡改自然的秩序。

　　但丁显然不喜欢刺激的口味。在香料所背负的所有污名中，最固执难除的是它属于少数富人享用的非自然食物。对于宗教改革者约翰·威克利夫来说，香料简直不亚于恶魔。他在14世纪晚期写的一篇题为《反基督徒及其追随者》的论文中，说那些人看来喜欢吃华美的

---

① 这看来是但丁的几个没有根据的诋毁之一。在那之前几百年英国的亨利二世国王就已经发明了"昂贵的丁香的使用"（泡在酒里）。12世纪的一本盎格鲁—诺曼的菜谱中有一个叫"mawmeme"的丁香佐味的食谱。

食物，"有辛辣的香料调拌，加沙司和糖汁后变得极辣"。他在后来写的一个小册子《伪善者潜移默化的影响》中，谴责那些大喝希波克拉斯酒的假修道士，假装过着修士的贫困生活，实际上是吸食教友的寄生虫。他们与其贵族保护人分享的香料酒，是他们过着与教士原则相反的生活的标志。他们是贪婪和掠夺成性的伪君子，他们的生活方式使他们比"普通的窃贼和强盗"更恶劣，后者偷抢富人，但至少还与穷人分赃。与他们类似，14世纪晚期一首题为《皮尔斯——庄稼汉的信条》的诗中写道，方济会的修女们本应过着贫苦和赤足的生活，但细观之下却发现，她们穿的长袍内有毛皮衬里，穿着时髦的带有扣袢的鞋和透明的长筒袜。另一首诗说，一位托钵乞讨修士因向"女人和妓女"兜售香料——这当然使女人高兴，但却要丈夫付钱——而获取不菲的利润。更有甚者，这位托钵修士"会毫无顾忌地与一位女人私通，在肚子里留下一个孩子，甚至一次两个"！当时还有一个人写道，多明我会和奥古斯丁会修士（"犹大的同类"）挨户敲门，索取香料作为贿赂。如果一位牧师为人说情或为婚丧仪式做弥撒，后者就要准备香料，因为教会的人"没有香料是不会白费口舌的"。

随着香料价格的大幅度下降，这些指责也大部分失去了意义，但至少在世界的一个角落，与之连带的那种庸俗堕落的风气在中世纪后仍然留存着，不过这主要表现在一些行业的礼节规矩上。至少自13世纪起，在法国流行一种以香料疏通司法程序的风气，因此诗人维永曾写过一首讽刺贪婪律师的诗，他曾给后者满满一篮丁香，那是从另一位更贪婪的辩护律师那里拿来的。一直到18世纪末，在法国的法庭用香料进行几乎不加掩饰的贿赂仍然是一种风俗，原告和被告为了使案子对自己有利都以香料向法官和陪审团送"礼物"。"付香料"这句话成了"胜诉"的代名词，莫里哀和拉辛都曾讥讽过这种腐败，但这种香料贿赂的完全戒除还有待后来的一场革命。

从寺院到法庭，对于香料浮华奢侈的抱怨很容易推论到整个国家的经济层面。也许与其他任何贸易相比，与东方进行的远途奢侈品贸易受到这样的指责最多：即它没有必要地去使外国人变得更富足，使国人变得更贫困。当然，那些外国人指的是谁却是一个见识上的问题。大多数欧洲人认为他们是印度人。15世纪的一个不知名的辩士在题为《对英国政策的诽谤》一文中，指责热那亚人用大帆船载运"金子、银子和黑胡椒"，他认为应当把这些热那亚人从英国的水域中驱逐出去。他特别蔑视威尼斯和佛罗伦萨人的那些"商品和精致的物品"，他们的大型划船上装载着"他们引为沾沾自喜的物品"，这些商人向英王国源源不断地供应香料和其他奢侈品。和那些猩猩、长尾猴一类"昂贵而无用的东西"一起购买的"贵重而欺骗人的"香料等"浪费钱财的商品"实际上是把财富送到敌人手里的一种最有效的手段。

可是这篇文章只会让威尼斯、佛罗伦萨或任何其他意大利贸易共和国的商人感觉好笑，因为他们自己也常常受到这种指责。在这些意大利人看来，那些吞食了钱财的外国人大部分是穆斯林人和拜占庭的东正教徒。实际上这种指责可以沿着香料的运送路线一直追溯到丁香和桂皮生长的丛林，正如自从普林尼悲叹人们对昂贵的印度胡椒的热衷以来，那些道德家们把指责由一个传向另一个。而这种指责恰恰出现在"大发现"时代开始时投入大量人力物力去搜寻香料的那些国家（不论是东方的还是西方的），也许是最让人感觉吃惊的事。哥伦布的赞助人斐迪南国王就曾担心稀有的西班牙货币流入葡萄牙，仅仅换回一些胡椒和桂皮。"让我们制止这种贸易，"王室的命令中说道，"大蒜就是最好的香料。"

在边境的那一边也有着同样的担心，这一点对斐迪南来说算不上什么安慰。就在最初的发现和征服那些令人飘飘然的日子里，葡萄牙王室便被这样的问题困扰着：它的东方帝国的那些辉煌和武功都是虚假的。葡萄牙诗人弗朗西斯科·德萨·德米兰达（1481？—1558年）是一个实地目睹的人，与那些涌向帝国淘金、被冲昏头脑的人不同，他认为香料是傻子的金子，但他所担心的不是王国财政的枯竭，而是人力资本的耗费：

> 我不担心卡斯蒂，
> 那里没有传来战争的吼声；
> 我担心的是里斯本，
> 我担心桂皮的香味，
> 把王国的人员折损。

这种有关劳民伤财的抱怨一直延续到中世纪之后，随着香料贸易的中心从地中海转向大西洋，这种抱怨也从欧洲的一个强国转向另一个强国。在17世纪和18世纪，荷兰和英国的东印度公司都不时地被抱怨说，它们的东方贸易使国家越来越穷。在英国，这个问题不断地在国会上提出，而东印度公司不得不面对那些为了香料而使国家资本流失的指责进行辩解。这个问题对英国人来说特别严重，因为除了极少量在印度的荷兰人眼皮底下走私的以及从悲惨的疟疾横行的苏门答腊明古连港口挤榨出的胡椒外，英国的所有胡椒都来自中间商。为此，1662年查理二世国王发布命令，禁止从生产者以外的人手里购买桂皮、丁香、肉豆蔻子和肉豆蔻皮。这一措施是针对荷兰人和从事这种贸易的"国内的不法商"的，其做法使王国的资财悲惨地耗竭。

这种指责不断地发出，直到历史的进程最终使这种贸易变得无足轻重，随着时间的发展，各种原因使得这种不断的抱怨失去了效力，渐渐衰微和被遗忘了。从绝对数量上说，香料贸易从中世纪到近代在不断增加，但它们在人们的视野中却在缩小。出现了新的贸易，其他花钱更多的进口使香料显得不那么重要了。那些道德卫士们发现其他商品更需担忧,在伦理上更可怀疑,它们包括:蔗糖、茶叶、咖啡、巧克力,①但所有这些抱怨都被更强大的发展这些贸易的刺激因素击败了。因此开明的经济思想也将动摇和最后铲除重商主义②者的逻辑,后者使对香料的指责增加了力度,或者相反,它使香料变为一种有效显示名贵手段的象征。然而到了那个时候,除了少数几个出口国外,香料早已不是国家迫切关心的问题,已不值得为之进行国家经济或道德上的辩论了。为何和何时出现的这种情况,这是我们接着要谈的问题。

---

① 不过食糖的批评家们也许在开始反击。
② 重商主义 (mercantilism),17—18世纪流行于欧洲的一种经济学说和政治体系,认为只有金银才是一国的真正财富,只有外贸出超才能使更多的金银流入本国。——译者注

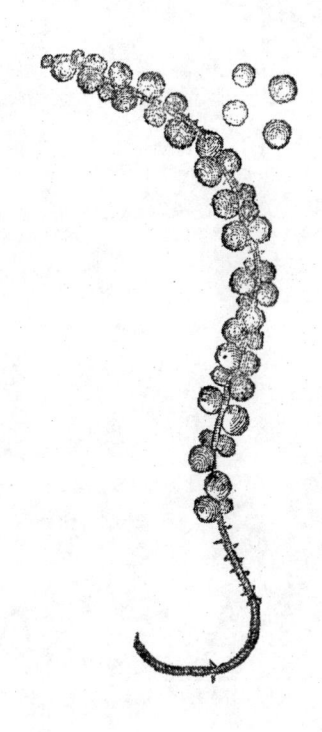

长于藤上的白胡椒
原载约翰·杰拉尔德《植物通史》(伦敦,1636年)

尾声
香料时代的结束

> 物以稀为贵,在印度薄荷比胡椒更贵重。
> ——圣杰罗发姆(347—410/420年)《致传教士》

1755年2月在遥远的摩鹿加梅约岛附近,一艘伤痕累累飘扬着法国旗的"鸽子号"轻帆船摇摇晃晃地驶入了人们的眼帘。远途航行使它疲惫不堪,勉强在水面上漂浮着,它的古旧的装置残破得使它已经不能顶风航行。船主是一个独臂的法国人,此行有着精明的计划。说来奇怪,他的名字跟他所要干的事情正相符合,他的法语名字"皮埃尔·普瓦夫尔"相当于英文的 Peter Pepper,意即"胡椒"。像许多在他之前航行到摩鹿加的人一样,他来的目的不是进行贸易,而是偷窃。

自有丁香存在以来,摩鹿加就是其唯一的故乡,当普瓦夫尔在此下锚时,情况大体还是如此。最早的产地只限于哈马黑拉岛以西的5个小岛,在普瓦夫尔到来时已扩大到附近的十几个岛屿,它们当时都在荷兰东印度公司的严密控制之下。1605年葡萄牙人被赶走之后,荷兰东印度公司便着手把世界上出产的每一枝丁香据为己有。在荷兰的统治下,这些岛屿受到从未有过的残酷和高效率剥削,葡萄牙人垄断时的种种漏洞——被堵死，所有暗中进行的贸易被取缔。这些岛屿受到与广为人知的加勒比岛上的蔗糖和棉花种植庄园同样残酷的压榨，被迫的反抗遭到无情的镇压。1650年病卧在床的荷兰总督仍然坚持要亲自把德那第岛上反抗头领的牙齿敲掉，捣烂他的上腭，割下舌头，割破喉管。

为了防止闹事和镇压走私，荷兰人采取的手段是把丁香的生产集中于安汶及一些偏僻的岛屿，对德那第和提多尔两岛的苏丹作退休安置，以钱和武力威胁软硬兼施使其驯服，烧毁那里的丁香园。[①]位于安汶岛上的荷兰东印度公司要塞每年都派征讨队去捣毁违禁的丁香树和惩罚逆忤。走私贩被驱逐出了水域，凡私自种植丁香者以死刑论处。荷兰军队捣毁了位于望加锡的走私中心，那里常有英国、中国和葡萄牙商人非法购买丁香。在普瓦夫尔到来的那个时期，在大炮加资助的两手策略下，丁香得到几千年来空前的广泛流布，如一位目击者所写的，荷兰人对丁香的严密防范就像一个妒忌的恋人防护他的情人。

摩鹿加的第二种香料肉豆蔻也受到与此类似的严厉防护。早期的一位以残暴著称的总督扬·彼得松·库恩概括了殖民者当时的心理："善行积德"获取不了大利润，必须"用铁腕对付土著民"。荷兰人果然不虚此言，到17世纪20年代，荷兰东印度公司实际上已把土著的班达人赶尽杀绝。公司从其他地方输入奴隶充当种植园的奴隶。被判刑的爪哇人和雇用的日本人被利用来平息当地人的反抗，而实际并没有什么真正的反抗，不过是想象出来的。岛屿上的头人受到严刑拷打，被迫说出了所有谋反的企图。要塞城垛内荷兰人的大炮监视着世界上所有的肉豆蔻供应。为了做到双倍保险，所有肉豆蔻收获之后都用石灰水进行处理，使之不能再在其他地方播种。

[①] 有少数幸存下来，在德那第岛的噶马拉马火山坡上有一棵丁香树已生长了四百多年。

正是荷兰人自己从班达人手里偷掠了香料，又以血腥的效率驱走了欧洲的竞争者，他们的怀疑防范心理是不难理解的。他们损失了不少，但也收获了很多。在整个17世纪丁香和肉豆蔻的涨价幅度是百分之两千，这种暴利使荷兰人的黄金时代更显辉煌，使大批中产市民得以支付高雅漂亮的住房和摆设。为了把价格人为地控制在高水平，荷兰人定期地举行香料篝火晚会，这不禁使人联想起古代多神教时期的香料大焚烧。仅在1735年，在阿姆斯特丹一地就焚烧了125万磅肉豆蔻。一位目击者曾见篝火之旺使流出的香料油把旁观者的鞋都浸湿了。一位观者从火中取了一把肉豆蔻便被处以绞刑。

普瓦夫尔来到摩鹿加的目的正是要大规模地盗取荷兰公司的香料，其赌注之高超过了先前任何为香料渡海而来的人：成功意味着名誉和财富，失败势必被处死。

这后一种可能性看来并没有使普瓦夫尔感到担心，他是一位完全属于18世纪的人物，他的一生就是一系列冒险和侥幸逃脱，包括几次与荷兰皇家海军发生纠葛，数度进监狱，挑逗那些牧师，与神权起小冲突。他摆出一位实业家的风度和博学，有着强烈的自负和虚荣心，他虚张声势在印度洋上环绕以发泄他的情绪。他到梅约岛的经历颇为曲折。他于1719年8月23日生于里昂，早期接受过圣约瑟夫传教会的教育，后又在巴黎的外国传教会继续学习，由于这个十足国际化的机构的教育，他对自然科学发生了兴趣，产生了去亚洲看一看的雄心。他20岁时，当时还只是一个见习修道士，传教会把他派往东方。他先在中国度过了不顺的两年，后到交趾支那（今日越南）生活了两年。这期间他得以有机会学习了亚洲植物，也和上级发生了首次激烈的冲突。他的上司有时开始严重怀疑他的职业选择，感觉他的悟性不在宗教而在商业方面。有一次他在广州遇到爱尔兰冒险家和实业家杰克·奥弗雷尔，这使他产生了在东方寻求偏于世俗的机会的想法，他对从事牧师职业的兴趣衰减了。他的上司觉出他的不满情绪，决定把他遣送回法国。那位在广州的上司认为他是一个机会主义者，加入教会不过是为了弄到一张周游世界的免费旅行票。这样他于1745年登上了"太子"号启程回国，而事业和前途一片茫然。

那次航行结果没有按计划进行，当"太子"号通过位于苏门答腊东海岸的邦加海峡时，不幸与英国武装船只"迪皮福特"号相撞，后者的船长是一个老油子私掠船头领，名叫巴尼特。这不是一场势均力敌之争，在一场短暂而血腥的战斗之后，"太子"号被俘。普瓦夫尔的手腕被步枪打伤，被俘后关在下层船舱。他受伤的右手很快开始生坏疽，24小时后他发现自己躺在一张临时当做手术台的桌子上，"迪皮福特"号上的外科医生站在他的旁边，身上沾满了血，毫无表情地告诉他，他的下半截右臂现在正随着海中的波浪起伏，成了饥饿的海鸥的午餐。

这血淋淋的一幕是决定他日后命运的最重要的时刻。由于缺少食物配给，英国人急切地想甩掉那些多余的争饭吃的嘴，于是他们在荷兰的巴达维亚镇（今日雅加达）释放了普瓦夫尔和其他被俘者，他们数人只得在那里等待更友好一些的船只到来。在东方的荷兰帝国首都被迫旅居的那4个月是他一生命运的最低谷。显然，他的传教士生涯已走到了尽头——只剩下一只胳膊使他无法主持圣餐礼。不过这倒给他提供了时间，使他可以认真考虑从事其他职业的可能性，他的丰富的想象力此刻有了用场，他开始为自己筹划更光明的未来。

巴达维亚的勃勃商业生机很快就使普瓦夫尔陷入思考。这个蚊子肆虐、卫生状况极差但却充满生机的城镇既是荷兰与欧洲贸易的中心，同时又是群岛和亚洲的利润更为丰厚的贸易的集中地。来自日本、中国、暹罗、孟加拉、马拉巴尔、锡兰和苏门答腊的船只在这里穿梭往返。在这个肮脏与富庶混杂的环境里，来自各国的商人们为普瓦夫尔的伤愈提供了激励，其中荷兰香料商人的阔绰给他留下了特别深刻的印象。他和几位荷兰商人进行了谈话，后者对于荷兰东印度公司对摩鹿加的控制坚信不疑，很乐意地向这位看来没有什么危险的伤员透露了实情。另一些人讲述的情况是：安全防范松懈，走私和偷漏就在当局的鼻子底下进行，在荷兰人巡逻不到的地方有人在偷偷种植香料。这情况颇使普瓦夫尔感到吃惊，在他看来荷兰东印度公司简直是门户洞开。

于是一个主意在他丰富的想象力中诞生了：他将设法在荷兰人的鼻子底下偷取香料植株，把它们运到法国在热带的殖民地移栽，以此打破荷兰东印度公司的垄断。（他也许并没有意识到，他的香料植物移植的企图早于他3 000年之前就有人尝试过，当时埃及女王哈特谢普苏特①曾想把香料移栽到埃及的蓬特。）有了香料他就会给法国、法国殖民地及他本人创造一个可能带来丰厚利润的财源，同时给荷兰在东印度群岛的势力以致命打击。他思忖着，如果一切得以按计划实行，这将是有史以来最大的产业间谍活动。用他自己的话说："我那时意识到，占有香料是荷兰在东印度群岛势力的根基，而它所以能这样做是由于其他欧洲贸易国家的无知和胆小。人们要做的只是了解这一点，并有胆量与荷兰人分享他们在地球这一角落所独霸的取之不尽的财源。"

为了这一目的，在经过了几年思考和策划之后，人们看到普瓦夫尔站在他倾侧的小船的舱面上举着望远镜察看梅约岛上的丁香园林。他最终取得了一定程度的成功，不过那次没有。当时的风向不对，那只破旧的船使他无法登陆。像摩西在荒野里的情形一样，他只能对着

---

① 哈特谢普苏特，埃及王后（公元前？—前1482年），她在丈夫图特摩斯二世死后成为儿子图特摩斯三世的摄政者，发展贸易，大兴土木，在底比斯附近建达尔巴赫里御庙。——译者注

那些香料林望洋兴叹。在他的任务报告中,他抱怨船只破旧,也隐约提到赞助人、东印度群岛公司的支持不够:"离这个岛只有咫尺之遥,上面种植着那么多丁香,可这并不能给我些许慰藉,我不能登陆上岛,收获这些珍贵的果实,弄走这些让人垂涎欲滴、可以给公司带来财富的植物……为什么我不能有一条比这倒霉透顶的船更好一些的船只来完成这样的壮举?"

他万般无奈,只好另寻他处。季风正在集拢,那条船的状况越来越恶化,他在香料岛(今日菲律宾领土以北、帝汶以南)周围荡来荡去,茫然地搜寻那些珍贵的香料植物。一次次看似有希望的开端,结果却毫无所获。有一次他升起一面荷兰旗,以防被一艘过往的荷兰船俘获。最后他好歹在葡萄牙的属地帝汶岛弄到一些质量不好的肉豆蔻植株,他成功地把它们运到了印度洋对面的法国殖民地"法兰西岛"(毛里求斯)。

结果这又是一次徒劳无功之举。那些植株没有成活,眼见有望的成功很快成了泡影。与岛上的关系也变得恶化了,普瓦夫尔变得抑郁易怒。他看到内部的争斗,那些实际的和他想象出来的敌人的阴谋和嫉妒。一个植物学家对手声称,那些肉豆蔻植株是假的。鉴于它们是普瓦夫尔从帝汶岛上弄来的,而据记载那岛上长有一些肉豆蔻的亲缘植物而非正宗,那位植物学家很可能是说对了。还有一次普瓦夫尔声称有一位心存妒忌的竞争者用开水或"某种汞毒品"摧残他那些宝贵的幼苗。上司对这些不感兴趣,甚至对这位只知要钱和船以实现其计划的野心勃勃的独臂汉抱有恶感。似乎没有人表示关注,一时间普瓦夫尔的计划看来已成竹篮打水。

在这种情况下,他于1756年启程返回欧洲,面对的又是渺茫的职业前途。不巧他所乘的船又一次遭到英国人的劫掠,他被在爱尔兰的监狱中关了一个时期。在科克郡待了几个月之后他回到了法国。他的计划和幼苗或许没有成功，但他至少有了一段时间来写回忆录，那书堂而皇之地名为《哲人航行录》(*Voyages d'un Philosophe*)。

而他的笔头生涯又意外地使他偷盗香料树种的计划得以复活。这缘于一位慧眼识珠的读者，他碰巧又是路易十四政府中的一位大臣，法国在印度洋殖民属地麻烦的财政问题使他极为苦恼，而他对普瓦夫尔的想法深感兴趣，他提出让这位生性好动的实业家当那些岛屿的总督，也许后者的计划能为法国耗资巨大的殖民地所需的源源资助提供一个解决办法。这样普瓦夫尔于1767年重返东方。现在他终于可以摆脱殖民地事务中的那些琐屑的争斗，他也可以雇用其他人去冒险。他选中了两个可靠的印度洋水手，一位叫埃夫拉尔·德·特里米格农，另一位叫埃切夫里，让他们掌管两艘快速帆舰，分别叫"警觉号"和"火星号"。他们于1770年驶往摩鹿加。

这两位代理者比普瓦夫尔头一次的运气要好。埃切夫里在位于安汶岛上的荷兰总部北边一点的斯兰悄悄登陆后，碰到一个正在海滩上修补船的荷兰人。喝酒的时候那位荷兰人很快便意识到到访者所提的那些问题的意图，不过算埃切夫里有运气，那荷兰人因对岛上的生活深感失望，把他想知道的东西都告诉了他，指示他到一个叫"古拜"的岛上，那里的居民在密林的深处非法偷偷地种植着丁香和肉豆蔻。

埃切夫里谢别了那位荷兰人，但对自己是否会遭骗也满腹狐疑，但他最后还是去了古拜岛。开始那岛上的人以为他是荷兰袭击队的成员，待弄清楚之后，对于有损于荷兰人的事他们显得特别乐意帮忙。岛上种植的香料树已被荷兰人的一个巡逻队发现并烧毁了，但他们引导这位法国人到附近的一个岛上。在这里埃切夫里手下的人弄到了数千株鲜活的适于移植的肉豆蔻幼苗。

但是仍然没有见到任何丁香的踪影，尽管村里的头人保证说将从一个邻近的岛上弄来一些幼苗，但这位法国人已开始犹疑不安。又过了8天焦灼等待的日子，季风正在地平线上积聚，荷兰巡逻队随时都可能来搜查，他们决心返航，虽然只完成了一半任务，可是逆风又使他们的启程不得不推迟。不过这倒是一个好运，就在他们等待的时候，岛上居民的一个小船队载来数百株丁香幼苗。

这样他们的目标便达到了，那些法国人迅即启程前往"法兰西岛"。他们最后的一次严重障碍是碰到了一支荷兰海岸巡逻队，但他们假装成迷失的旅游者混了过去。在向西航行无风险地驶过印度洋之后，一行人于6月25日胜利返回，船舱中满载着2万株肉豆蔻幼苗和300株丁香幼苗，上岸之后栽种在法兰西岛的"国王花园"。数年之后这些幼苗大部分死亡，少数得以成活。1776年收获了第一批丁香，两年之后又收获了肉豆蔻。为这两次收获都举行了隆重的仪式，如巴黎的一本小册子中所写的，"就像古罗马人通常用他们所征服的国家的树庆祝胜利一样"。一批象征性的克里奥尔香料货物被运送给了国王。普瓦夫尔设想在其他一些法国在热带的属地如塞舌尔、卡宴和海地岛上扩大种植。他的同时代人阿贝·雷纳尔把他的功绩比之于偷取金羊毛的希腊神话中的英雄伊阿宋。

但是尽管赞誉之声相传，普瓦夫尔的移植远没有像他许诺的那样成功，他的冒险活动可说是雷声大雨点小。他们所移植的幼苗的后代至今仍能见到，但是显然，普瓦夫尔移种于法兰西岛的那批盗取的骨干香料幼苗由于官员的疏于管理和当地猴子的破坏，从来没有赢过利。在大革命前夕，法国每年仍要进口大约9 000英镑的丁香，全部收益都进了荷兰人的腰包。也许最重的一次打击发生在1778年，当时普瓦夫尔在位于塞舌尔的新殖民地马埃岛上种植他珍爱的香料幼苗已经有十几年了，是在一种极度保密的情况下种植和培育的，可是自一艘飘扬着英国国旗的军舰到来之后，一切都成了泡影，园丁们用火炬点燃了所有的香料幼苗，以防落入敌人的手中。事实上他们过于谨慎了，那不过是一艘贩卖奴隶的船只，而且还是法国船，船员们升起英国旗是因为他们误以为马埃岛是英国人的属地。

但是从长远来看，普瓦夫尔的那些神经过敏的园丁对皇家海军的担心是不无道理的。在拿破仑战争期间，摩鹿加曾两度被英国军队占领，一次是在1796到1802年间，一次是在1810到1816年间。那些勤勉的军人时间充裕，于是他们动手把香料移植到英国在槟榔屿和新加坡的属地，在托马斯·斯坦福德·拉弗尔斯爵士的鼓动下，种植园得到国家的鼎力资助和支持。1843年肉豆蔻被约翰·比尔船长引入位于加勒比海的格林纳达岛，"因为他喜欢喝五味酒"。普瓦夫尔的努力只是在他死后多年才有了赢利，虽然法国人并没有从中得到利润。1818年前后普瓦夫尔偷来的那些丁香的后代被从毛里求斯移植到马达加斯加、奔巴和桑给巴尔，它们在那里生长得出奇地好。在差不多200年之后，香料在印度洋上的运输发生了逆转，印尼成了丁香的纯进口国。

不过，如果说普瓦夫尔最终证明是个勇气有余而业绩不足的人，他却成了香料贸易衰落时期的象征性人物，因为不管他努力的成果是姗姗来迟还是忧喜参半，在他身上却体现了那个时期业已开始的一种潮流，这种潮流导致了古代以来香料所具有的那种魅力的迅速消失。大面积的扩种意味着香料正在变成一种普通寻常的东西。

如我们已经看到的，普瓦夫尔绝不是唯一梦想使香料在整个地球上普遍传播的人。葡萄牙人在亚洲的殖民地被荷兰人夺走之后，根据1678年王室颁布的一项命令，他们曾努力想把丁香、桂皮、肉豆蔻和胡椒输送到巴西，这种努力在整个18世纪都在继续着。16世纪时西班牙人在他们的中美洲的属地也曾有过类似的企图，只是在那个早期阶段只有生姜和桂皮似乎生长得还可以。在普瓦夫尔之前200年就曾有人尝试过窃取丁香，而其他香料的逐渐散播则早就开始了。一般认为，早在公元1世纪胡椒就已开始由产地马拉巴尔向东传播到了苏门答腊，继而又到整个印尼群岛，自那以后传播速度不断加快。那时玉桂已经在中国西南、印度的阿萨姆邦和东南亚的大部分地区种植了。

最后散布到世界各地的香料之一是锡兰的肉桂。锡兰岛17世纪30年代落入荷兰人手中后，荷兰东印度公司靠垄断和封锁相结合的手段，使肉桂保持着昂贵的价格，那种制度与荷兰人对丁香和肉豆蔻所采用的基本相同，与之同样的是当地人毫无希望的反抗和荷兰人残酷的镇压。1760年6月，到阿姆斯特丹的旅游者目睹了价值1 600万法国里弗尔[①]的桂皮被焚烧，大火在阿姆斯特丹的海事法庭大楼外烧了两天，散发出的桂皮香气烟云笼罩了整个荷兰。仍然是由于英国皇家海军大炮的缘故，荷兰人的体制于1795年突然结束，锡兰成了英国的殖民地，垄断体制被废除了，肉桂被移植到英国的其他热带属地。

香料的孤立封闭状态被打破了，它们自古以来的稀有和贵重的二重性至此已成明日黄花。由于供应方式发生了变化，需求也随之改变。即使当普瓦夫尔在摩鹿加群岛四周荡游时，香料已经被其他更新、更有利可图的商品如茶叶、白银、橡胶及编织品超过了。当英国人到来时，荷兰东印度公司业已摇摇欲坠、行将破产，香料已经不再是它们昔日那样的摇钱树了。

可以说这个过程在欧洲人最初涌向东方去寻找香料之时就已经开始了，香料的鼎盛时期也就是它们的吸引力开始衰落之时。当然，这一结束过程用了几百年时间，但是正是由于有葡萄牙和西班牙的探险家们、后来的英国人及最重要的荷兰东印度公司的成功，香料才渐渐变成人们可以买得起和熟知的东西，市场的操纵可以减缓但阻挡不了这一大趋势。香料的产地仍然是人们竞争（或掠夺）的宝地，但它们

---

① 里弗尔（livre），法国古代的记账货币，相当于一古斤银的价格。——译者注

的那种古代魅力和神秘性早已不复存在了。现在它们成了人们研究、勘察和精明买卖的对象，它们的产品已沦为商品。曼德维尔（Mandeville）①和马可波罗的游记已让位给在危险和有利可图的东方生存和飞黄腾达的故事，以及在受贿者和蚊叮虫咬之中攫取财富、在巴达维亚或科伦坡纵酒放荡的传说。

正因为那些探索发现者们成功地获取了香料，由之导致它们魅力的丧失。旧日的神秘和传奇不会遽然消失，但香料再也不会是以前那个样子了。弗朗西斯科·德塔马拉1556年时曾声称，当红海海水上升的时候，水面上将覆盖着桂皮和月桂树叶，而这话在那时听起来已越来越让人感觉不过是中世纪式的虚妄之言。未来的论述方式将是（奥尔塔的）加西亚那样的方式，作为葡属印度埃斯塔多的臣民，他有充分的机会亲自考察实际的情况，他所著的《探讨》一书以文艺复兴时期特有的精确性——破除了古代的那些虚构的神话。香料给餐桌带来的最迷人的风味——利润、风险、遥远和模糊混在一起的刺激，正在迅速消失。

所有这一切与中世纪（那时香料是从已知世界之外来到欧洲的）已完全不同了，香料成了任何人都可有的发财手段，只要他甘愿去冒远航的风险和忍受极度单调的热带生活以及那些恼人的莫名其妙的疾病。香料是被拖进现代世界中的，而由此它们也就具有了那种必然的品格——可获得性。

---

① 曼德维尔，14世纪英国作家，著有《约翰·曼德维尔爵士航海及旅行记》，内容多取材于百科全书及他个人的游记，关于他的种种传说，无从确证。——译者注

"东方，"一位苏格兰长者一次突然说道，"东方只不过是一股气味！"

—— 丹·麦肯齐《芳香物与灵魂》（1923年）

香料失去了它们以前从寺庙直到卧室内的种种用途的吸引力，但最大的影响还是发生在厨房里。正如任何有关口味变化的讨论一样，对香料人们也很难说出这种变化的具体原因。近代早期菜肴的辛辣程度与在其之前的中世纪相比并不逊色，但很多方面已经发生了变化，在品味、精细和对健康的影响方面，香料已不再是决定性的因素。就在荷兰东印度公司把越来越多的香料带到欧洲时，已经出现了一种思潮，对放有很多香料的中世纪菜肴抱有一种掺杂着厌恶、居高临下和取乐的态度。这可说是物多则贱。

近代和中世纪特点的分界是模糊的，饮食和任何其他领域一样也是这种情况。在16世纪时欧洲各国所出版的各种菜谱中，香料仍然占有突出的地位。英语版的《烹调新编》(Proper New Book of Cookery, 1576年) 和迭戈·格拉纳多所著的《烹饪之艺术》(Libro de Arte de Cocinar, 1599年) 中记载有几十种典型的中世纪香料沙司和蜜饯，正是人们对一个耗费大量精力去获取香料的时代所预期的菜谱。与此同时，在哥伦布之后的100年时间里，香料贸易绝对数额差不多翻了一番，在18世纪末达到了顶峰。

可是早在17世纪中叶，在一些圈子里大量使用香料已被看做是某种烹饪方面的笑话。1665年法国讽刺作家布瓦洛写了一篇题为《可笑的款待》的文章，对"古代的饮食"加以嘲讽。布瓦洛所写的那位请客的主人是一个喜欢摆出一副有高雅情趣和风味而实际粗俗低下的人:"世上再没有比他更在行的毒食专家。"他注意到他的客人很少去碰摆在面前的让人没有食欲的食物,便问他是否有什么不舒服,劝他多吃一些:"你不喜欢吃肉豆蔻吗?人们做菜总爱放这个。"这位主人可能指的是一位历史人物、布罗辛修道院的院长,一个喜食肉豆蔻的人,人们嘲笑他在所有的沙司中都放这种香料。他的味觉早已因过度食用香料而麻木,因此总是要用更强的味道加以刺激。

这里,布瓦洛的讽刺与其说是表明香料的广泛使用,不如说是证明香料已失去了对人们的吸引力。那位主人在菜里多放肉豆蔻恰恰表明他不懂风味,是烹饪方面的落伍者,把过时的中世纪食物当做时兴的口味,这种时代之差让他显得可笑。口味已经发展变化了。

香料的失宠发生在它们要在越来越拥挤的市场上竞争的时代,这很可能并不是一种巧合。世界正在变得越来越小,其所带来的好处已开始在餐桌上体现出来。土豆、南瓜、西红柿、胡椒属类的出现使厨师们有了更多的调剂的可能性,同时也减少了香料的负担。比起胡椒来,美洲红辣椒既便宜味道又强,而且几乎可以在任何地方种植。自哥伦布首次把样种带回来之后,这种植物在世界上传播之快,竟使得许多欧洲人以为它的原产地是亚洲。从西班牙到匈牙利,红辣椒普遍扎下了根,长期以来被认为无可替代的胡椒如今已有了超越者。

红辣椒不过是若干争相引人的刺激品之一。16、17世纪对烟草的嗜好开始风靡世界,咖啡和茶则紧随其后。中世纪时蔗糖已为人知(但却不经意地被归为香料一类,多用于医药),但是大量地消费还是16世纪开始的。该世纪末巴西开始批量生产,稍晚时西印度群岛也加入其行列,这显然是西方人普遍爱吃甜食的结果,而这一趋势一直保持到今天,我们的牙齿为之付出了代价,而牙医们却发了财。那些狂欢作乐漫不经心的荷兰的伟大艺术家们不得不忍受牙齿的痛苦。食糖带有几分以前香料的那种迷人而又让人敬畏的魅力,而危险的新奇性可能并没有影响它的吸引力。

与此同时，长期以来影响贵族饮食习惯的社会背景也逐渐发生了根本的变化。17 和 18 世纪出现了前所未有的贵族与资产阶级口味的融合，其影响至今仍能感觉到。18 世纪时王公贵族与中产阶级饮食上的区别已经显得越来越过时了，简言之，那是中世纪的东西。1665 年英国出版的一本名为《女王的储藏室打开了》的书展现了这种新的时代精神，该书让人看到的是皇族的饮食和习惯，而其面向的是一个广大的读者群，也就是说那是资产阶级家庭的王室口味。1691 年海峡对岸弗朗索瓦·马西亚洛特出版了《王室与资产阶级的饮食》，就在一百多年前这书名会让一个阶级感觉倒胃口，而让另一个阶级觉得荒谬。到那个世纪末时这本书的印数已达 10 万册。过了不久另一本先驱著作《资产阶级的饮食》更为火爆，在 1746 到 1769 年间共出了 32 版。

独具特点的中产阶级饮食在美学上与在其之前的饮食截然不同，首先是在作为中世纪和古罗马饮食标志的色美、价高、精细方面的改变。不过这并不是说食物变得不分阶级从而也不需要香料了，而是说在医学、社会和宗教上香料都再也没有以前那样的魅力了。随着文艺复兴的到来，万物被重新排序，宗教和寓意的重要性降低了，香料也随之失去了其象征意义，失去了它们古代时在健康和神灵方面的重要性。（在中世纪贵族烹饪中占有重要地位的金子也因大体同样的原因遭遇相同的命运。）与此同时，消费的渠道逐渐从餐桌转向珠宝首饰、音乐、服装、住房、艺术和交通工具。近代的餐饮与中世纪相比变得更为私家性。土地和金钱的代号意义没有改变，但是高雅和富有的表达方式已不再相同。

贵族饮食的一些标志性食物（特别是野味）仍留存着，但贵族们的口味已经开始向简朴和新鲜转移，社会各阶层（除了穷人，他们从来没有很多的选择余地）所追求的是素朴和更多的本地风味。中世纪烹饪寻求的是食物味道的转化，而新的理想目标是食物的原味。新的烹调方法强调食物自然、原本的味道，使菜料经过烹调更彰显其特有的味道。17世纪后期食谱上的食物已经显得现代化了，新的口味形式常常体现的是那些喜好乡村食物的胃口，"乡土风味"（不管是如何设计出来的）成了好东西。① 上层阶级对于田园牧歌式的农民生活的向往使得乡村菜肴出现在上层阶级的餐桌上。正是出于同样的冲动，玛丽·安托瓦内特②在凡尔赛宫的花园中建起了模拟的村舍和牛圈。中世纪和古罗马人的精巧、新奇，把鱼像肉禽一样捆绑起来的烹调，在人们看来已显得过分造作和考究。

在这方面，餐桌上的变化反映的是更广大的世界的潮流。民族—国家出现的时代同时也是民族饮食出现的时代，而在这些饮食中都不大使用香料。在地方和全国范围内，意大利是这种潮流得以最充分和成功体现的国家，意大利烹调的特点和地方创造性始终是喜爱较少、素朴和新鲜的食物。盎格鲁—撒克逊的烹饪走的是一条不同的而且更无兴味的道路，同样也越来越远离香料。在17和18世纪的食谱中，精细和耗费让位于经济和实惠。1747年出版的汉纳·格拉斯（Hannah Glasse）所著的《烹调术》（*Art of Cookery*）是一百多年来讲英语的人口中最流行的一本食谱，而其中对香料的使用是绝对禁止的。胡椒所保留的作用和今天差不多，不再是像中世纪黑胡椒沙司那样的重要成分了。大西洋对岸基本也是这种趋势。有一些留存下来的东西："盖兰提尼"（galentyne）保留了下来，但由原来的香料沙司变成了一种果子冻。总的趋势是把香料降格成甜食配料，如甜馅饼和布丁等，它们的这种角色一直保留到很晚近的时期。

---

① 现在仍然如此，《乡土托斯卡纳》食谱的出版发行依旧很火。
② 安托瓦内特（1755—1793年），法王路易十六的王后，神圣罗马帝国皇帝弗朗西斯一世之女。——译者注

这种结果大概会使圣贝尔纳和彼得·达米安们感到满意了,事实上他们的那些更严格的清教徒继承者们的确在使香料在近代西方厨房中的作用降低方面起了一定的作用,因为正如社会和经济状况的改变导致食物朝清淡的方向发展一样,宗教改革也起着这样的作用。就饮食方面来说,宗教改革和反宗教改革的结果使得原本只限于僧侣界的对于食物的辩论普及开来,和前一章中的耶利米不同,他们看来在把自己的主张传播到寺院领域之外方面颇为成功。清教徒们和古代基督徒们有着一样的感觉,即要小心地使食物烹制只限于满足本能需要的水平,这在很大程度上是新教徒的饮食以清淡出名的原因。颇具讽刺意味的是,新教兴起的那些国家正是香料贸易的领导者。在17世纪的荷兰,正当荷兰东印度公司把一批批丁香、桂皮和肉豆蔻运回来时,加尔文教派的牧师们严词指责东方香料的腐蚀作用和它们所带有的异教肉欲气息。在克伦威尔的英国,宣传者们在谴责纵狗斗熊和剧院的同时对香料加以攻击。粗糙乏味的食物开始变成既是一种宗教的也是一种爱国的责任,如一位诗人所叹息的:

先知的子孙们拒食那些佳品,
香料肉汤太热辣,
十二月饼①藏叛逆祸种,
猎食野味是自毙之源。

英伦三岛共和国不久就摇摇欲坠了,但它在厨房中的影响却延续了很长时间。在王政复辟之后,香料身上仍带着叛逆的气味,随着时间的发展,原来出于重商主义理论和宗教信仰的主张渐渐成了人们的习

---

① 一种加香料的布丁,是现代圣诞布丁的先宗。

惯。在17和18世纪的饮食中清淡是受赏识的，这个时代英国的游记已有去往国外的游客的描述，他们抱怨外国食物中让人讨厌的香料味道。约翰·伊夫林觉得在葡萄牙使馆中提供的食物"根本不适合英国人的胃口，他们要吃的是实打实的肉"。他的同时代人罗切斯特爵士说得更直白，他说他喜欢吃"我们自己的简朴食物……硬得就像莫丝莉的屁股"（莫丝莉是伦敦一家妓院的女老板，显然是一个讨价还价的老手）。

在一些个别地方香料仍在继续使用，但已非比从前了。今天精明的饮食考古学家仍能发现像德文郡的香料面包这样的遗迹，再往北部还有许多加有大量香料的布丁。苏格兰的民族食物香料羊杂碎布丁实质上是一种中世纪食物。斯堪的纳维亚和巴尔干半岛都保留着一些中世纪的烹调方法，主要是在饼干、面包、烙饼和白酒的制作方面。一种极有意思和意想不到的食物是在墨西哥留存下来的"柏布拉辣烧"（molé poblano），那是一种美国配料但具有西班牙风味的食品：火鸡肉、巧克力、香草和红辣椒杂以杏仁、丁香和肉桂。据传说有一次墨西哥柏布拉的圣罗莎寺院的一位僧侣被请来给到访的总督准备宴席，他在梦境中想出了这样一种混合式食物，这就像美国蒙特苏马地区的口味和罗马天主教国王的口味汇集一盘。

但是这种留存下来的风味只是特殊情形，往往出现在一些偏远地区，更准确地说，它们被当成了一种落后的现象。西欧的旅游者到了那些喜食辛辣食物的地区会马上认为香料的留存是褊狭或落后的象征。18世纪晚期当马布利教士访问克拉科夫时，他对当地人的盛情款待显得蔑视，"非常丰盛的一餐，如果当初俄国人和同盟国毁掉了那些如今在这里大量使用的芳香草（aromatic herbs）（原文如此），比如那些毒害到德国来的旅游者的桂皮和肉豆蔻，这样的饭食就真的是好极了"。他的这种蔑视绝不仅仅是在法国人中仍很盛行的看不起异域食物的传统的个别情形,而是一个很普遍的观念上的转变。当时的一个已被认同的看法是,香料只是味道浓烈而缺乏细腻,最好是留给那些味觉粗糙的东方人去吃。

人们越往东行,食物就变得越辛辣和粗糙。在一个民族意识强烈的时代,食物被看成了民族优缺点的体现,人们吃什么显现出一个民族是率真还是颓败。本书前面提到德莱顿翻译了尤维纳利斯和佩尔西乌斯的讽刺诗文,其中多处讽刺进口东方或怪异的食品,认为它们会使人堕落和虚弱。香料越来越被与东方人的习惯联系在一起,它们是异域和神秘的,使人变得女性化和淫荡。一个早期的例子是斯宾塞的《美丽的女王》中的"残酷的萨拉赞",他是一个吸鸦片的中国人或嗜好印度大麻的土耳其人,故事从反面讽刺他为了增强自己的男子气不是像他的基督徒主人那样战斗,却借助邪门歪道的刺激物,"想偷偷地用从遥远的印度获取的香料美味,去燃起他的男子气概"。

香料变成了一种异域的标志,一种颓废的、不相容的异物。耽于感官享受的东方人被描绘为在香料市场上溜达或斜靠在天鹅绒的躺椅上,边享用香料大餐边欣赏美女们的舞蹈。在《赫尔迈厄尼》一诗中,拉尔夫·瓦尔多·爱默生[1]想象一个"被热带的香料麻醉的"阿拉伯人。斯温伯恩[2]的《维纳斯颂》中流溢着

> 怪异的香料和气味,那是肤色黝黑的国王们[3]
> 践踏水果和香料发出的奇味,
> 这是他们情欲发作时的取乐,
> 还有烧焦的乳香和搓碎的檀香根。

---

[1] 爱默生(1803—1882年),美国思想家、散文作家、诗人。——译者注
[2] 斯温伯恩(1837—1909年),英国诗人、文学评论家。——译者注
[3] 这里指亚洲国王。——译者注

有意思的是，对香料的外来异物感在19世纪时变得最为强烈，那正是和那些"肤色黝黑"的国王及他们的香水开始有最广泛接触的时候。早期欧洲到东方的开拓者们除了与之同化以外没有更多的选择，葡萄牙人、荷兰人和英国人都开始吃印度食物并发明了一些自己的混合餐，其中"温达卢"（vindaloo）大概是最具代表性的。① 到了英国人统治的时期，渐渐形成了一种平行的白人自己的饮食，这种令人生畏的白人和棕色人结合的食物至今仍可在一些富有的印度家庭和寄宿学校里发现。与此同时，在欧洲法式"大餐"的创始人和19世纪口味的裁判者安东宁·卡雷姆（Antonin Carême，1783—1833年）认为滥用香料是与美味的烹调相对立的。严厉的苏格兰作家丹·麦肯齐简要地概括了香料带有固有的东方危险这种意识，他对那些"异域的东方香物"的"怪异陋习"、"那透着恶习和冲动而不是美德和平的气味"的香料颇为反感。可幸的是，他所在的国家历经了长老会信徒们的涤荡和清扫："因而，我有理由赞颂我们的神父，是他们洒扫了我们的国家，涤荡了污浊之气，喷洒了清爽的香水，使我们享受到灵魂的愉悦和振奋。"即使当西方以空前规模向东方渗透时，东西方在餐桌上仍是各行其道的。在这种意义上，吉卜林②说的是对的。

但是从历史上看，吉卜林显然是错误的，因为没有任何地方像在餐桌上那样东西方的历史是杂交在一起的。为了香料的缘故东方和西方在古代就建立了联系，因为香料在东西方交往的最初时期就出现在了西方，可以有理由推断香料是东西方走到一起的"动因"。然而香料的"外来物"的感觉如此根深蒂固，使得人们对地中海本地产的香料

---

① 该名称源于葡萄牙语的"酒"（vinbo）和"大蒜"（d'albo），即酒蒜沙司。这道菜实际上是葡萄牙和印度食物的结合，欧洲的酒和醋加上印度的姜和小豆蔻。
② 吉卜林（1865—1936年），英国小说家、诗人，作品表现英帝国的扩张精神，有"帝国主义诗人"之称，获1907年诺贝尔文学奖。——译者注

尾声　香料时代的结束

的芳香物如孜然芹、胡荽、藏红花和茴香等也更多地与采用它们做作料的东方国家的菜肴联系在一起，而对它们的原产地却不大知道。这也提醒人们，在香料路线上所进行的文化交流是双向的。在萨弗伦沃尔登的埃塞克斯镇之外，很少有人会想到在中世纪时英国在一个很长时期曾是欧洲最大的藏红花产地。今天，当香料又有所回潮、大西洋两岸的人对香料的兴趣又高涨起来时，常有人说香料是随着过去殖民地的人大批移民到欧洲时引入的。这种说法会使最初到亚洲的欧洲人感觉惊异，特别是因为他们中很多人正是被香料吸引到那里去的。16世纪当英国人和葡萄牙人跟印度莫卧儿人和在王公的宫殿中进餐时，除了一些不熟悉的配料外，从所用的香料和精致程度上他们立刻会看出那与他们国内的国王和贵族所吃的食物并没有很大的区别。

可是什么是没药？什么是肉桂？
什么是芦荟、玉桂、香料、蜂蜜、葡萄酒？
噢，那是圣礼所用之物！我希望你仔细地
思考一下这些东西。
看、尝、闻、评都无济于事，
如果你不知道它们的用途。
——托马斯·特拉赫恩（1637—1674年）《气味》

17世纪60年代，英国医生、一度被称为"医学界的莎士比亚"的托马斯·西德纳姆声称发现了一种奇药。他夸口说他的劳丹酊能够让人极度"兴奋"。这是用一品脱雪利酒或加那利白葡萄酒调制的，其主成分是藏红花、肉桂和丁香，另加两盎司鸦片以增强效力。在很长一段时间里西德纳姆的劳丹酊十分受他的医生同事们的赏识。这种加香料的鸦片剂经常开给那些躁动不安的儿童、精神紧张的讲演者、眠轻易醒的睡眠者、孕妇、多位首相和他们的妻子们、诗人和艺术家们。

这种药给他们催眠、解痛和带来欣悦的感觉。

像鸦片一样，自西德纳姆时代之后，香料也有了前途，但主要不是医药上的用途。像在餐桌上一样，香料在医药上的用途也因种种原因而大为减少。直到最近，由于香料受到科学界越来越多的关注，它们在医学上的应用才又被提了出来，不过现代的发现与历史上声称的那些用途没有什么联系，再也没有人相信桂皮是万能灵药了。

像在饮食上一样，香料在医药上的衰落也不是一夜之间的事情。直到17世纪米尔顿①还提到德那地和蒂多尔岛，"商人们从那里带回用香料配制的药"。1588年沃尔特·巴利写了一本书专门颂扬胡椒的益处。1677年苏格兰博学家马修·麦凯尔写了另一本有关肉豆蔻皮的书。路易十四的药剂师皮埃尔·波梅特在提到桂皮时说"我们很少有用得这么多的药"，他认为桂油是"我们所拥有的最好的兴奋剂（补药）"。肉豆蔻的用途如此广泛，对之"我们已无需多言"。直到19世纪芳香味仍被用来防御疾病的侵害，虽然这种做法已越来越多地被视为一种民俗了。狄更斯在《双城记》中描写对查尔斯·达奈的审判时，说那法庭"摆满了香草，喷洒了醋，以驱除监狱的浊气和热病（斑疹伤寒）"。古希腊名医盖伦的嗅觉理论在17世纪后期受到批判，但是直到巴斯德发现微生物后瘴气的说法才最后退出历史舞台。医学上实验和实证方法的出现给了体液理论以致命的打击，自古代以来就盘桓于医学思想中的那看不见的致人死命的空气——气味和毒气的说法都被确定为错误理论。随着瘴气和体液理论的失势，香料也退出了舞台。

在欧美的医学院中，药物学的研究广泛地使用实验的方法，因而很少借助于传统的草药。到了18世纪初，内科医师与药剂师（中世纪

---

① 米尔顿（1608—1674年），英国诗人，对18世纪诗人产生深刻影响，主要作品为长诗《失乐园》、《复乐园》和《力士参孙》。——译者注

香料师的后继者）的分离已变得很明显了，前者的名声不断提高。在伦敦，"化学家"和药剂师（truggists）与可开处方兼售药的药师（apothecaries）分离开来。在巴黎，1777年药房（pharmaciens）与香料杂货店（épiciers）分离。那些推出化学与合成药物的新兴学科被视为更科学、可靠和可信。售药的药师越来越被认为是出售民间药物的骗子。在伦敦内科医师学院指责草药学家尼古拉斯·卡尔佩珀为"占星术医师"、江湖骗子。

随着香料不再受活人青睐，它们也不再受死人欢迎。我们已经看到，罗伯特·赫里克（1591—1674年）多次提到用香料给尸体作防腐处理。在那之后不久，路易·彭尼彻尔在去圣但尼的途中用香料给死去的王储涂抹尸体。19世纪随着甲醛研制和动脉防腐技术的提高[它是弗雷德里克·勒伊斯（1665—1717年）最早发现的]，香料处理最终变成了过时的东西。

香料制的春药延续的时间要更长一些。福楼拜的小说《包法利和佩古舍》（Bouvard et Pécuchet）中，佩古舍担心香料会"使他的身体着火"。至少在世界的有些地方，这种信念延续到很晚近的时期。在记述20世纪的摩洛哥时，一位权威知道有一种生姜、丁香和高良姜混制的恢复体力的药物，而说到这儿，他的一位对话者声称："我的祖父自青年时代起就一直不间断地服用这种药，现在他已经年纪很大了，但还像青年人一样结实和活跃。他还在忙于工作和旅行，他有几个妻子，她们每年都还在为他生孩子。"可是就是在卧室里，香料也不得不在一个更为拥挤的领域里竞争。在现代的春药配方书中仍然时有提及，但它们只是众多春药中的一种，不但它们的医学逻辑早已过时，也许更重要的是，它们的昂贵和稀少——人们往往凭此而相信春药——也不复如从前了。

在香水的制作方面香料的作用也日见衰落了，虽然那些使用香水的人往往会有意无意地喷洒一些香料。18世纪的香水制作者喜欢更清新的香气，更多地使用鲜花的芳香。19世纪有机合成技术的出现大大提高了香水合成的多样性，从而也减少了对香料的依赖。由于价格的降低，高级香水长期以来赖以炫人的社会等级标志也大部失去了。今天它们可以被替代甚至重新创造，使用人工合成物质、新的组合以及——也许更重要的是——依据各种形象设计者所宣称的这种或那种香味更独特、更昂贵、更奢侈、为名人们所使用。一度为绝对高档货的桂油，如今不过是数千种配料中的一种。

最后，也许最重要的是，香料失去它们所带有的神秘和近似魔幻的性质。到了中世纪后期，香料在宗教上的使用已成了少数有见识的神学家们依稀和留恋的记忆。宗教改革使熏香也从一些（不是全部）教堂里除去了，新教的辩士们重又谈起对祭礼上香气的担忧：

> 好像祭礼的气派、树脂和香料的香味
> 会使那些看不见的神仙们高兴。

忠实的、改革以后的宗教去除了圣坛，清扫和粉刷了教堂，扔掉了香炉。香料的那种纯粹的比喻作用甚至也被遗忘了。与中世纪的前辈不同，现代的神主通常是不识气味的。

随着香料变为无关紧要的东西，它们也就不再被认为是有害之物了。认为香料有潜在的诱惑性——长期以来被中世纪的道德说教描绘为会引人贪食、纵欲和世俗气——的看法，现在成了纯属个人消费意识的问题。香料价格的下降和变为普通易得之物，使它们失去了原来的象征意义。认为它们与基督教义不相容、应当除去香料而过贫困的生活等，都已成为无稽之谈。自近代以来，食用香料的已多是穷人而不是富人了。

总之，香料已失去了那种危险的诱惑神态，可是，正如我在这部对其历史的冗长漫谈中一直试图指出的，它们在今天显然仍有一定的影响，我们仍能感觉它们依稀的提示和回响，当然这大部分已是文学上的而不是实际上的了。从这个富含意义的词身上，人们仍然能够听到隐约的文化回声，它们身具的那种奇异性的诱惑仍然活现在济慈1819年的诗中：

> 透亮的糖浆，像桂皮一样的色彩；
> 船队从非斯运来甘露和椰枣；
> 从出产丝绸的萨马堪德和生长雪松的黎巴嫩
> 载来香料美食，应有尽有。

那些喜爱吃不同文化、不同风味融合的美食的新兴美食家们与中世纪贵族浮夸做作、追求新奇的审美情趣并没有很大的差别，事实上在伦敦和纽约一些后现代的新潮餐馆中的食物使人更多地想到中世纪的餐饮。

香料甚至可能在现代资本主义防卫最严的秘密中起着作用。马克·彭德格拉斯在总结他的可口可乐历史时透露了这个世界上人们喝得最多的有象征意义的饮料的一些配方秘密，看来那里边是加有桂皮和肉豆蔻这样的香料的。早先透露的配方虽然各有不同，但也有同样的提示。如果彭德格拉斯之言是可信的，那么香料就像它们以前一样仍然是时代的口味，只不过隐形遁迹于位于亚特兰大的可口可乐总部的地下室中。彭德格拉斯说的是对的吗？人们的感觉是，它应当是不会错的。

鸣谢

很多人有意和无意地为这本书的完成作出了贡献。我特别要感谢德那地岛上的村民，是他们把我带到一英里高的盖马拉马火山峰，我们穿过丁香气飘溢的丛林来到散发着硫磺气味的火山口。站在山顶我们俯视着那几个长久以来被认为是丁香唯一故乡的岛屿，正是为了获得这里的香料蕴造了推动历史发展的伟力。这次经历使我感悟到植物学上的偶发事件对整个地球产生的影响，我为之感到惊奇，而这种感觉随着时间的发展变得越来越强烈。

我现在意识到，早在那之前这个观念的种子就在一个十分不同的背景下种下了。那是在讲授萨福和马提雅尔的充满芳香气的诗歌的课堂上，讲课的是我极为怀念的朋友和师长彼得·康纳。不论是在研讨室还是在阿勒颇①的咖啡屋中,他对我都是一个无穷尽的鼓励、启发和引起兴趣之源。此外还有很多人:威利·达尔林普尔给我指出了途径,而当我犹豫不决、转向更有利可图的行当时,他说我不忠实。乔恩·赖特、保罗·基尔迪亚、安格斯·特朗布尔和萨姆·米勒总是慷慨地提出建议和批评。在帝力②度过的赤日炎炎的1年中,桑迪·诺尔斯和斯科特·吉尔摩陪伴着我,并为我提供了电和空调设备。巴巴拉·赖泽对我的不敷应用的葡萄牙语给予了帮助,汉斯约里·施特罗迈尔在德语方面、弗洛尔·德皮里诺夫在古法语方面都予我以惠助。

对于我在思想方面的直接受益,我已在尾注③中致谢,但是有几本著作需要特别提出。J·英尼斯(J.Innes)的极有风格的《罗马帝国的香料贸易》(*Spice Trade of the Roman Empire*)给我以最初的启发,这也包括亨利·皮雷纳的著作。阿兰·科尔宾(Alain Corbin)的《疫气与长寿花》(*Le miasme et la jonquille*)告诉我,可以通过感官的范畴想象历史,即通过嗅觉和味觉探索过去。

在作研究的过程中我使用过许多不同的图书馆和档案,我特别要感谢纽约公共图书馆、不列颠图书馆、纽约医学院和纽约植物园的员工们。

在把一种思想变为一本书这件务实的事中,我要特别感谢我的代理人贾尔斯·戈登和拉塞尔·盖伦最早对我抱有的信心和热情。在我对手稿作最后润色时,传来了贾尔斯突然去世的消息,没有他我也许根本不会动笔,对他我永怀感激之情。

本书的编辑迈克·菲什威克和乔恩·西格尔在业务方面堪称楷模,他们还表现了让人叹服的自我抑制力,很少向我询问何时能完成交

---

① 阿勒颇(Aleppo),叙利亚西北部城市。——译者注
② 印尼帝汶岛东部城市。——译者注
③ 中译本未收入。——译者注

稿。罗伯特·莱西对手稿副本的编辑使我免除了许多尴尬。薇拉·布赖斯是本书的设计者。我的父母、岳父、岳母给我提供了住宿之便，同时予我以爱心、陪伴和支持。

最后也最重要的是海伦娜·弗雷泽给我的支持，是她让我坚持了下来，特别是有时香料的吸引力看起来捉摸不定，那些最初跨越地球去寻找它们的人想必也有过类似的感觉，他们发现自己是在捕捉一缕飘忽不定的烟云，这种失望沮丧的心情我也时有所感，还波及到她。这本书是献给她的——我的像香料一样永远充满活力的妻子。

新知
文库

01 《证据：历史上最具争议的法医学案例》［美］科林·埃文斯 著　毕小青 译
02 《香料传奇：一部由诱惑衍生的历史》［澳］杰克·特纳 著　周子平 译
03 《查理曼大帝的桌布：一部开胃的宴会史》［英］尼科拉·弗莱彻 著　李响 译
04 《改变西方世界的26个字母》［英］约翰·曼 著　江正文 译
05 《破解古埃及：一场激烈的智力竞争》［英］莱斯利·亚京斯 著　黄中宪 译
06 《狗智慧：它们在想什么》［加］斯坦利·科伦 著　江天帆、马云霏 译
07 《狗故事：人类历史上狗的爪印》［加］斯坦利·科伦 著　江天帆 译
08 《血液的故事》［美］比尔·海斯 著　郎可华 译
09 《君主制的历史》［美］布伦达·拉尔夫·刘易斯 著　荣予、方力维 译
10 《人类基因的历史地图》［美］史蒂夫·奥尔森 著　霍达文 译
11 《隐疾：名人与人格障碍》［德］博尔温·班德洛 著　麦湛雄 译
12 《逼近的瘟疫》［美］劳里·加勒特 著　杨岐鸣、杨宁 译
13 《颜色的故事》［英］维多利亚·芬利 著　姚芸竹 译
14 《我不是杀人犯》［法］弗雷德里克·肖索依 著　孟晖 译
15 《说谎：揭穿商业、政治与婚姻中的骗局》［美］保罗·埃克曼 著　邓伯宸 译　徐国强 校
16 《蛛丝马迹：犯罪现场专家讲述的故事》［美］康妮·弗莱彻 著　毕小青 译
17 《战争的果实：军事冲突如何加速科技创新》［美］迈克尔·怀特 著　卢欣渝 译
18 《口述：最早发现北美洲的中国移民》［加］保罗·夏亚松 著　暴永宁 译
19 《私密的神话：梦之解析》［英］安东尼·史蒂文斯 著　薛绚 译
20 《生物武器：从国家赞助的研制计划到当代生物恐怖活动》［美］珍妮·吉耶曼 著　周子平 译
21 《疯狂实验史》［瑞士］雷托·U·施奈德 著　许阳 译
22 《智商测试：一段闪光的历史，一个失色的点子》［美］斯蒂芬·默多克 著　卢欣渝 译
23 《第三帝国的艺术博物馆：希特勒与"林茨特别任务"》［德］哈恩斯—克里斯蒂安·罗尔 著　孙书柱、刘英兰 译
24 《茶：嗜好、开拓与帝国》［英］罗伊·莫克塞姆 著　毕小青 译
25 《路西法效应：好人是如何变成恶魔的》［美］菲利普·津巴多 著　孙佩妏、陈雅馨 译
26 《阿司匹林传奇》［英］迪尔米德·杰弗里斯 著　暴永宁 译
27 《美味欺诈：食品造假与打假的历史》［英］比·威尔逊 著　周继岚 译
28 《英国人的言行潜规则》［英］凯特·福克斯 著　姚芸竹 译
29 《战争的文化》［美］马丁·范克勒韦尔德 著　李阳 译
30 《大背叛：科学中的欺诈》［美］霍勒斯·弗里兰·贾德森 著　张铁梅、徐国强 译

31	《多重宇宙：一个世界太少了？》［德］托比阿斯·胡阿特、马克斯·劳讷 著　车云 译
32	《现代医学的偶然发现》［美］默顿·迈耶斯 著　周子平 译
33	《咖啡机中的间谍：个人隐私的终结》［英］奥哈拉、沙德博尔特 著　毕小青 译
34	《洞穴奇案》［美］彼得·萨伯 著　陈福勇、张世泰 译
35	《权力的餐桌：从古希腊宴会到爱丽舍宫》［法］让—马克·阿尔贝 著　刘可有、刘惠杰 译
36	《致命元素：毒药的历史》［英］约翰·埃姆斯利 著　毕小青译
37	《神祇、陵墓与学者：考古学传奇》［德］C. W. 策拉姆 著　张芸、孟薇 译
38	《谋杀手段：用刑侦科学破解致命罪案》［德］马克·贝内克 著　李响 译
39	《为什么不杀光？种族大屠杀的反思》［法］丹尼尔·希罗、克拉克·麦考利 著　薛绚 译
40	《伊索尔德的魔汤：春药的文化史》［德］克劳迪娅·米勒—埃贝林、克里斯蒂安·拉奇 著　王泰智、沈惠珠 译
41	《错引耶稣：〈圣经〉传抄、更改的内幕》［美］巴特·埃尔曼 著　黄恩邻 译
42	《百变小红帽：一则童话中的性、道德及演变》［美］凯瑟琳·奥兰丝汀 著　杨淑智 译
43	《穆斯林发现欧洲：天下大国的视野转换》［美］伯纳德·刘易斯 著　李中文 译
44	《烟火撩人：香烟的历史》［法］迪迪埃·努里松 著　陈睿、李欣 译
45	《菜单中的秘密：爱丽舍宫的飨宴》［日］西川惠 著　尤可欣 译
46	《气候创造历史》［瑞士］许靖华 著　甘锡安 译
47	《特权：哈佛与统治阶层的教育》［美］罗斯·格雷戈里·多塞特 著　珍栎 译
48	《死亡晚餐派对：真实医学探案故事集》［美］乔纳森·埃德罗 著　江孟蓉 译
49	《重返人类演化现场》［美］奇普·沃尔特 著　蔡承志 译
50	《破窗效应：失序世界的关键影响力》［美］乔治·凯林、凯瑟琳·科尔斯 著　陈智文 译
51	《违童之愿：冷战时期美国儿童医学实验秘史》［美］艾伦·M·霍恩布鲁姆、朱迪斯·L·纽曼、格雷戈里·J·多贝尔 著　丁立松 译
52	《活着有多久：关于死亡的科学和哲学》［加］理查德·贝利沃、丹尼斯·金格拉斯 著　白紫阳 译
53	《疯狂实验史Ⅱ》［瑞士］雷托·U·施奈德 著　郭鑫、姚敏多 译
54	《猿形毕露：从猩猩看人类的权力、暴力、爱与性》［美］弗朗斯·德瓦尔 著　陈信宏 译
55	《正常的另一面：美貌、信任与养育的生物学》［美］乔丹·斯莫勒 著　郑嬿 译
56	《奇妙的尘埃》［美］汉娜·霍姆斯 著　陈芝仪 译
57	《卡路里与束身衣：跨越两千年的节食史》［英］路易丝·福克斯克罗夫特 著　王以勤 译
58	《哈希的故事：世界上最具暴利的毒品业内幕》［英］温斯利·克拉克森 著　珍栎 译
59	《黑色盛宴：嗜血动物的奇异生活》［美］比尔·舒特 著　帕特里曼·J·温 绘图　赵越 译
60	《城市的故事》［美］约翰·里斯 著　郝笑丛 译